Jean-Denis Godet

BLUMEN

Sicher bestimmen mit allen Details

Für meine Kinder
Flavia und Pascal
in Dankbarkeit und Liebe

Der Autor

Jean-Denis Godet war Primar-, Sekundar- und Biologielehrer für Gymnasien. Er ist Autor zahlreicher Pflanzenbestimmungsbücher wie „Baumrinden", „Knospen und Zweige", „Bäume und Sträucher", dem Taschenführer „Einheimische Bäume und Sträucher", „Holzführer" und „Alpenpflanzen".

Die Originalausgabe des vorliegenden Buches erscheint unter dem Titel „Einheimische und eingewanderte Wiesenpflanzen" im Arboris Verlag, CH-3032 Hinterkappelen

Haftung

Die in diesem Buch enthaltenen Empfehlungen und Angaben sind vom Autor mit grösster Sorgfalt zusammengestellt und geprüft worden. Eine Garantie für die Richtigkeit der Angaben kann aber nicht gegeben werden. Autor und Verlag übernehmen keine Haftung für Schäden und Unfälle. Bitte setzen Sie bei der Anwendung der in diesem Buch enthaltenen Empfehlungen Ihr persönliches Urteilsvermögen ein.
Der Verlag Eugen Ulmer ist nicht verantwortlich für die Inhalte der im Buch genannten Websites.

Bibliografische Information der Deutschen Nationalbibliothek
Die Deutsche Nationalbibliothek verzeichnet diese Publikation in der Deutschen Nationalbibliografie; detaillierte bibliografische Daten sind im Internet über http://dnb.d-nb.de abrufbar.

Wollgrasweg 41, 70599 Stuttgart (Hohenheim)
E-Mail: info@ulmer.de
Internet: www.ulmer.de
Umschlaggestaltung: Verlag Eugen Ulmer

Druckvermittlung: BESTinGraphics BVBA, Belgium

ISBN 978-3-8001-5600-9

Inhaltsverzeichnis

Vorwort

In den letzten Jahren häuften sich die Anfragen, ob nicht die Möglichkeit besteht, das in den verstrichenen 40 Jahren zusammengetragene Bild- und Textmaterial auch zu unseren Wald- und Wiesenpflanzen in einer noch etwas vertiefteren Form zusammenzustellen. Diesen Wünschen soll heute entsprochen werden. In diesem neuen und umfassenderen Taschenführer, geeignet für den Unterricht, aber auch für Spaziergänge und Wanderungen, soll erreicht werden, dass eine unbekannte Pflanzenart rasch und zweifelsfrei bestimmt werden kann.

In den letzten 7 Jahren wurde das bereits bestehende Bild- und Textmaterial erweitert und für diejenigen ersten 200 Arten aufbereitet, die wir in Mitteleuropa von der Ebene bis in die Bergstufe häufig antreffen. Hier vorgestellte Pflanzen, die etwas seltener sind, werden erfreulicherweise immer mehr durch Botanische Gärten und Gartenbaubetriebe gepflegt und vermehrt und gelangen nach und nach auch in private Gärten und Parkanlagen. Ein gutes Beispiel bildet die Sommer-Knotenblume (S. 36/37).

Die Grundlage für eine sichere Bestimmung bildet die Kenntnis des Baus der einzelnen Pflanzenorgane. In der Einführung werden diese nicht nur möglichst genau beschrieben, sondern es wird auch kurz auf die wichtigsten Wiesentypen eingegangen. Um die im Hauptteil ausführlichen Pflanzenbeschreibungen besser verstehen zu können, empfiehlt es sich, die erläuterten Fachwörter zu verinnerlichen.
Wichtig sind auch die „Höhenstufen der Vegetation". Hier wird aufgezeigt, welche Höhenlagen sie umfassen, welche klimatischen Bedingungen vorherrschen und wie in ihnen die Hauptvegetation beschaffen ist.

Im nachfolgenden neu geschaffenen 14-seitigen Bestimmungsschlüssel soll die Möglichkeit gegeben werden, rasch eine erste Übersicht zu gewinnen, dies mit Hilfe der 125 rechteckigen und mit einem schwarzen Hintergrund versehenen Bildfeldern. Bei 79 von ihnen sind wir schon bei der gesuchten Pflanzenart angelangt (Darstellung z.B.: S. 36/37). Bei den restlichen 46 Feldern werden 2 oder mehrere Arten mit ähnlichen Merkmalen zusammengefasst (Darstellung z.B.: S. 32–37). Die Kurztexte dienen dazu, eine erste Sicherheit zu erhalten.
Die Grundfarbe der Seiten dieses Bestimmungsschlüssels ist weiss, gelb, rot, blau, 2-farbig oder grün und weist jeweils auf die Hauptfarbe der jeweiligen Blüte oder der Zungenblüte hin. Besonders bei den rot und blau blühenden Arten war es oft nicht einfach, die richtige Gruppe zu wählen, denn die Farbe der Blüten kann ja variieren. Die hier getroffene Einteilung zu einer Farbe sollte jedoch im grossen und ganzen korrekt sein.

Im Hauptteil erhält jede der 200 Arten 2 Seiten. Links sind die ausführlichen Texte und die Bilder aus der Natur vereinigt. Es ist nicht ausgeschlossen, dass mit diesem Bildmaterial eine Art noch nicht genau bestimmt werden kann. Um diese jetzt noch vorliegende Unsicherheit zum Verschwinden zu bringen, wurden auf der rechten Seite zahlreiche Detailbilder zusammengestellt. Dabei wird das Hauptgewicht auf die Blüten gelegt. Für eine erfolgreiche Bestimmung sind jedoch auch Blätter, Früchte und Samen ebenfalls wichtig und werden, wo dies möglich war, zusätzlich aufgeführt.
Die Pflanzennamen bei den Porträts sind wie folgt angeordnet: gebräuchlicher Schweizer Name, gebräuchlicher deutscher Name. Wenn nur ein Name steht, stimmen diese überein. Unter dem Familiennamen steht entweder ein weiterer in der Schweiz oder Deutschland verwendeter Name, ein lokaler Name oder ein zweiter lateinischer Name.

Das Literaturverzeichnis und ein 5-sprachiges Register schliessen dieses Werk ab.

Herrn Prof. Dr. Rolf Rutishauser, pensionierter Mitarbeiter des Instituts für Systematische und Evolutionäre Botanik der Universität Zürich, sei für die Durchsicht der Arten und die wertvollen Hinweise recht herzlich gedankt. Für die Nennung von hervorragenden Standorten danke ich Herrn Dr. Stefan Eggenberg, Direktor Info Flora Bern und Frau Sabine Tschäppeler, Leiterin der Fachstelle Natur und Ökologie von Stadtgrün Bern. Mein Dank geht aber auch an die Direktion, die Mitarbeiterinnen und Mitarbeiter der Botanischen Gärten von Basel, Bern, St. Gallen und Zürich für die Möglichkeit, in ihrem Garten arbeiten zu können.

Möge dieser schon etwas umfassendere Band ein guter Ratgeber und treuer Begleiter sein und gleichzeitig dazu beitragen, dass uns die Schönheiten und die Vielfalt unserer Wiesen und Wälder auch für die nächsten Generationen erhalten bleiben.

Hinterkappelen, im Januar 2019 — Jean-Denis Godet

1. Einführung

Ein grosser Teil unseres waldlosen Bodens wird heute durch Siedlungen, Verkehrswege oder mit Pflanzengesellschaften bedeckt, die erst in den letzten Jahrzehnten durch uns Menschen geschaffen wurden. Ohne menschlichen Schutz würden diese Äcker, Gärten, Parkanlagen, Wiesen und Weiden bald verbuschen und zu einem späteren Zeitpunkt verwalden.
Als Wiesen und Weiden werden baum- und strauchlose Gebiete auf trockenen bis feuchten und nicht torfigen Böden bezeichnet, die mit Gräsern, Kräutern und Stauden bewachsen sind. Sie entstanden vor allem durch Waldrodungen. Viele der hier lebenden Pflanzenarten wachsen auch in lichten Wäldern.
Je nach Bodenverhältnissen, Exposition, Höhenlage oder der Art der Nutzung können u.a. unterschieden werden:

Halbtrocken- und Trockenwiesen
Die ersten Besiedler bei Blockhalden und Felsen sind gesteinslösende Krustenflechten und Algen. Ihnen folgen weitere Flechten und polsterbildende Moose. Die abgestorbenen Organe dieser Erstbesiedler bilden bald eine erste jedoch noch dünne Humusschicht, auf der höhere Pflanzen wie Farne und horstbildende Gräser zu wachsen beginnen. Mit ihren Wurzeln tragen sie zur weiteren Ansammlung von Verwitterungsprodukten bei. Vor allem im Herbst wird diese Schicht durch den Abbau der anfallenden Pflanzenreste erhöht. Die entstandene noch lückenhafte Humusdecke kann sich nach und nach schliessen und bildet vor allem über trockene, wasserdurchlässige, nährstoffarme (v.a. stickstoffarme) und flachgründige Böden an sonnenexponierten Lagen gute Bedingungen für Halbtrocken- und Trockenwiesen. Ihre Bewohner sind vor allem einjährige Pflanzen, die im feuchten Frühlingsboden rasch blühen und kurz danach fruchten. Der Höhepunkt der Blütenentwicklung dieser kräuterreichen Wiesen wird im Frühling und im Frühsommer erreicht.
Wo der Boden weniger trocken und die Humusschicht schon etwas dicker ist, finden wir typische Vertreter der Halbtrockenwiesen wie z.B. den Knolligen Hahnenfuss, den Hufeisenklee oder die Esparsette.

Fettwiesen
Natürliche Wiesen sind in Mitteleuropa vor allem in den Gebirgen zu finden. Alle anderen wurden nach der Abholzung der Wälder künstlich geschaffen und durch regelmässige Mahd oder Beweidung künstlich am Leben erhalten.
Auf wechselfeuchten und nicht zu trocknen Böden und durch regelmässige Düngung (z.B. Eintrag von Gülle) sind nährstoffreiche Wiesen entstanden, die ohne landwirtschaftliche Nutzung bald verschwinden würden. Diese Fettwiesen werden zur Heugewinnung alle Jahre 2- oder 3-mal geschnitten, und wenn es die klimatischen Bedingungen erlauben, im Herbst noch beweidet. Intensiv genutzte Fettwiesen werden heute bis zu 6-mal pro Jahr gemäht. Das Schnittgut wird als Heu oder als Silage gelagert.
Neben Süssgräsern sind Löwenzahn, Scharfer Hahnenfuss, Wiesen-Kerbel und Wiesen-Bärenklau sehr häufig vertreten. Intensiv genutzte Flächen weisen jedoch eine sehr geringe Artenzahl auf.

Äcker, Unkrautfluren und Gärten
Als Folge intensiver Kulturmassnahmen entstanden neuartige Pflanzengemeinschaften. In ihnen haben sich in Konkurrenz zu den Nutzpflanzen verschiedene Unkräuter angesiedelt. Diese müssen nicht nur der fortwährenden Bodenbearbeitung trotzen, sondern zusätzlich den Massnahmen der Ernte und der Saatgutreinigung gewachsen sein. Bei der Acker-Winde und der Acker-Kratzdistel werden die Wurzeln durch Hacken und den Einsatz des Pfluges zerstückelt. Aus diesen Teilwurzeln können sich neue Pflanzen entwickeln, was im Gartenbau und in der Landwirtschaft nicht gerne gesehen wird (diese Teilstücke nicht auf den Kompost werfen, sondern entsorgen).
Einige einjährige Getreideunkräuter besitzen Samen, die denjenigen des angebauten Getreides ähnlich sind. Bei einfachen Reinigungsanlagen werden sie nicht aussortiert und gelangen wieder ins Saatgut. Viele dieser Pflanzenarten sind deshalb erst mit dem Getreideanbau aus dem Mittelmeerraum und dem Nahen Osten nach Mitteleuropa gelangt. Infolge der verbesserten Saatgutreinigung und dem Einsatz von Herbiziden sind sie in den letzten Jahren stark zurückgegangen.
An zahlreichen Ruderalstellen (z.B. Abfalldeponien, Erdaufschüttungen, Gleisanlagen, Hafenanlagen, Schuttplätze, Strassenränder, ungepflegte Hausgärten, Wegränder, also stark von Menschen geprägten Standorten), die oft reich an Mineralstoffen sind, behaupten sich viele Unkräuter besonders gut, trotz des intensiven Einsatzes von Unkrautvertilgungsmitteln.

2. Der Bau der Kräuter und Stauden

Das charakteristische Erscheinungsbild eines Krautes oder einer Staude wird durch die Wuchsform und Beschaffenheit des Stängels, die Gestalt, Gliederung der Blätter und ihre Anordnung, aber auch durch den Bau und die Färbung der Blüten und Früchte gekennzeichnet. Alle diese Organe können entsprechend den vorherrschenden Umweltbedingungen in ihrer Ausbildung variieren. So verkleinert sich z.B. die Grösse der Pflanze mit zunehmender Meereshöhe. Gleichzeitig kommt es in den Alpen zu einer intensiveren Blütenfärbung, hervorgerufen durch eine stärkere Strahlung und den grösseren Temperaturunterschieden.
Die Blütezeit ist von den jahreszeitlichen Wetterbedingungen und vom Standort abhängig. Dies hat zur Folge, dass Arten, die ein grosses Verbreitungsgebiet besitzen, bezüglich Blütezeit eine grössere Spanne aufweisen, als dies bei isolierten Pflanzenarten der Fall ist.
Für die korrekte Bestimmung einer Pflanze werden vor allem die Blüten und Laubblätter herangezogen. Ihre genaue Beschreibung ist Voraussetzung dafür, dass bei der Bestimmung keine Fehler unterlaufen.

2.1 Der Spross

Er besteht aus der Sprossachse, ein für jede Pflanzenart typisch geformter und stabförmiger Körper, und den Laubblättern. Neben dem Tragen der Blätter, Blüten und Früchte transportiert sie in den Leitbündeln das Wasser und die Mineralsalze von den Wurzeln bis in die entferntesten Zellen und gleichzeitig die während der Photosynthese entstandenen Produkte an die Orte des Verbrauchs (u.a. Speicherung, Bildung von Früchten und Samen).
Gegliedert ist sie bei vielen Pflanzenarten in längere Abschnitte (= Internodien) und verdickte Knoten (= Nodien). Hier sitzen die seitlich abstehenden Blätter.
Alle 1-jährigen Arten verholzen nicht. Bei mehr- und vieljährigen Pflanzen kann die Sprossachse verholzen.
Sehr viele Kräuter und Stauden wachsen aufrecht. Niederliegende oder kriechende Pflanzen haben einen dem Boden entlang wachsenden Spross. Bei Pflanzen mit einer aufsteigenden Sprossachse wachsen die Stängel zuerst dem Boden entlang, und erst später richtet sich dieser auf.
Als speziell ausgebildete Sprosse sind Rhizome, Sprossknollen (z.B. Kartoffeln) und Zwiebeln zu nennen.
Bei krautigen Pflanzen wird der Spross als Stängel und bei Gehölzen als Stamm, Ast oder Zweig bezeichnet.

2.2 Die Laubblätter

Am Hauptspross bilden die Laubblätter die Hauptmasse des Blattkleides. Sehr oft sind die ersten von ihnen (Jugend- oder Primärblätter) anders gestaltet als die Folgeblätter.
Über ihnen liegen sehr oft Hochblätter. Sie sind vor allem als Tragblätter der Blüten und der Blütenstände ausgebildet und können noch gefärbt sein.
Die Laubblätter sind wichtige Transpirationsorgane, Orte der Photosynthese und bestehen aus einer meist dünnen, flächig verbreiterten Blattspreite, oft aus einem stängelartigen Blattstiel und dem Blattgrund. Bei ungestielten Blättern ist dieser direkt mit der Sprossachse verwachsen.

2.2.1 Die wichtigsten Laubblatt-Arten

Keimblätter:	Als ein Teil des Keimlings haben diese ersten Blätter die Aufgabe, die Ernährung der wachsenden Pflanze so lange sicherzustellen, bis sich diese mit den gebildeten Wurzeln und Blättern selbständig mit Nährstoffen versorgen kann. Danach sterben sie meist ab.
Niederblätter:	Es sind kleine, einfache, ungegliederte und meist schuppenförmige Blätter. Bei den Knospen von Bäumen und Sträuchern sind es Knospenschuppen, bei unterirdischen Sprossen farblose und kurzlebige Schuppen oder bei Zwiebeln dienen sie der Speicherung von Stoffen.
Nebenblätter (1):	Es sind Zipfel oder kleine Blättchen beim Blattgrund. Sie können fehlen, werden wohl angelegt, jedoch bald abgeworfen oder, wie bei den Hülsenfrüchtlern, den Rosen- und Veilchengewächsen, gut entwickelt. Für die Bestimmung einer Art sind sie oft hilfreich.
Tragblätter:	Es sind meist kleinere Blätter, die in ihrer Achsel eine Blüte oder einen Teilblütenstand tragen.
Vorblätter:	Sie liegen zwischen Blüte und Tragblatt. Es ist auch möglich, dass ein Vorblatt gleichzeitig ein Tragblatt darstellt.
Hochblätter (2):	Es sind vor allem Tragblätter von Blüten und Blütenständen. Sie sind meist etwas kleiner als die Stängelblätter, sind meist grün, können aber auch gefärbt sein.
Dornen (3):	Es sind umgewandelte und stechende Sprossachsen, Blätter, Nebenblätter oder Wurzeln. Sie sind von Leitbündeln durchzogen. Da sie mit dem Spross mehr oder weniger fest verbunden sind, können sie von diesem nur schwer getrennt werden.
Stacheln:	Es sind keine umgewandelte Organe, sondern vielzellige Auswüchse von Pflanzenorganen, wie z.B. von der Sprossachse oder vom Blatt. Auch fehlen die Leitbündel. Im Gegensatz zu den Dornen lassen sie sich vom Spross oder vom Blatt leicht abtrennen.

2.2.2 Anordnung der Laubblätter an der Sprossachse

Wechselständig:	An jedem Knoten befindet sich nur 1 Blatt. Das nächstfolgende weist in seiner Stellung einen kleineren Winkel als 180° auf.
Gegenständig:	Immer 2 Blätter stehen bei einem Knoten einander gegenüber.
Kreuzgegenständig:	Die Blattpaare stehen kreuzweise übereinander.
Quirlig/wirtelig:	Beim Knoten stehen 3 oder mehrere Blätter auf gleicher Höhe.
Grundständig:	Alle Blätter entspringen an der Basis des Stängels.

2.2.3 Blatformen bei einfachen Blättern

Bei den einfachen Blättern ist die Spreite unzerteilt oder sie hat Einschnitte verschiedenster Tiefe (20- bis 40 % der Spreitenhälfte). Sie besteht wenigstens entlang der Blattspindel aus einer zusammenhängenden Fläche. Bei den Einschnitten werden die Teile als Abschnitte bezeichnet. Der Spreitenrand kann ganzrandig, gezähnt, gesägt oder wellig sein.
Diese Spreite ist:

Linealisch, lineal Grasförmig:	Mindestens 8–10-mal länger als breit, mit parallelen Blatträndern und mit einer langen Spitze
Länglich (A):	Etwa 3–8-mal länger als breit, mit mehr oder weniger parallelen Blatträndern und mit einer abgerundeten Spitze
Lanzettlich (B):	3–8-mal so lang wie breit, mit der breitesten Stelle in der Mitte und gegen die beiden Enden verschmälert
Lineallanzettlich:	Im Grenzbereich zwischen linealisch und lanzettlich und 7–10-mal länger als breit
Pfriemlich:	Sehr schmal 3-eckig, bis 6-mal so lang wie breit, am Grund am breitesten und am Ende in eine Spitze verschmälert
Dreieckig 3-eckig (C):	1–6-mal so lang wie breit, am Grund am breitesten und gegen das Ende zu allmählich verschmälert
Rhombisch Rautenförmig:	Ein auf der Spitze stehendes Viereck, 1–3-mal so lang wie breit und in der Mitte am breitesten
Herzförmig:	Wie ein Herz, am Ende zugespitzt oder auch etwas abgerundet und unten mit einem abgerundeten Einschnitt
Elliptisch:	Bis 3-mal so lang wie breit, und die breiteste Stelle ist in der Mitte
Eiförmig:	Bis 3-mal so lang wie breit und mit der breitesten Stelle unterhalb der Mitte (Ovale Form entpricht durchwegs dem Profil eines Vogeleis)
Verkehrt eiförmig:	Eiförmig, jedoch ist die breiteste Stelle oberhalb der Mitte
Eilanzettlich:	Im Grenzbereich zwischen eiförmig und lanzettlich, 3–8-mal so lang wie breit, und die breiteste Stelle ist unterhalb der Mitte
Spatelförmig (D):	Im obersten Drittel am breitesten, mit einer abgerundeten Spitze und gegen den Grund zu beidseitig verschmälert
Rund, Stielrund Rundlich (E):	Kreisrund oder mehr oder weniger kreisrund

2.2.4 Blattformen bei zusammengesetzten Blättern

Die Spreite ist in mehrere vollständig voneinander getrennte und oft gestielte Abschnitte geteilt. Diese Teile werden Blättchen oder Fiedern genannt. Die Blättchen setzen an der Blattspindel an, die der Mittelrippe des einfachen Blattes entspricht.

Gefiederte Blätter: (F, G)	Paarig gefiedert (F): Es gibt kein Endblättchen, sondern eine Ranke oder eine Spitze. Die Fiederblätter müssen nicht unbedingt gegenständig sein, sondern können in ihrer Höhe etwas variieren. Unpaarig gefiedert (G): Es gibt ein Endblättchen oder einen Endabschnitt.
Dreizählige Blätter 3 zählig (H):	Bei dreizählig **gefingerten** Blättern sind die Blättchen gleich lang gestielt. Bei dreizählig **gefiederten** Blättern ist das mittlere Blättchen länger gestielt.
Fussförmige Blätter:	Fussförmig: Die Blättchen sind fast handförmig angeordnet, gehen aber von einem etwas erweiterten Blattgrund aus.

2.2.5 Der Spreitenrand

Ganzrandig:	Der Rand weist keine Einschnitte auf.
Gesägter Rand:	Zwischen den Zähnen befinden sich spitze Einschnitte.
Gezähnter Rand:	Zwischen den Zähnen liegen abgerundete oder gerade Einschnitte.
Gekerbter Rand:	Zwischen den abgerundeten Zähnen liegen spitze Einschnitte.
Geschweifter Rand:	Flache, runde oder spitze Vorsprünge wechseln mit weitbogigen Einschnitten ab.
Gefranster Rand:	Die Spreitenränder besitzen unregelmässig lange, schmale und fadenförmige Spitzen.
Gewimperter Rand:	Er weist kleine abstehende Haare auf.

2.2.6 Die Ansatzstelle der sitzenden Blätter an der Sprossachse

Stängelumfassend:	Die Basis der Spreite umfasst den ganzen Stängel.
Halb-Stängel-umfassend:	Die Basis der Spreite umfasst etwa den halben Stängel.
Verwachsen:	Zwei gegenständig angeordnete oder mehrere quirlständige Blätter sind am Grund verbunden.
Herblaufend:	Die Spreite setzt sich am Stängel abwärts flügelartig fort.

2.3 Der Bau des Blütenstandes

Viele unserer Pflanzenarten weisen pro Sprossachse nur eine Blüte auf. Bei anderen Arten sind mehrere bis zahlreiche Blüten in einer bestimmten Anordnung zu Blütenständen (= Infloreszenzen) vereinigt. Diese bilden stark metamorphosierte Sprossteile, die sich von den rein vegetativen Bereichen mehr oder weniger stark unterscheiden.
Die Entwicklung von der Einzelblüte zum Blütenstand dürfte vor Millionen von Jahren damit begonnen haben, dass sich in den Blütenachseln Lateralblüten entwickelten.
Wichtige Blütenstandstypen:

Ähre:	An der Sprossachse sitzen die Blüten ohne einen Stiel zu besitzen.
Traube:	Diese Ähre weist Blüten auf, die gestielt sind.
Rispe:	Diese Traube besitzt verzweigte Seitenäste.
Kopf (Köpfchen):	Der Blütenstand weist eine mehr oder weniger kugelige Form auf.
Körbchen:	Die Blüten stehen in einer Ähre mit einer stark verkürzten Achse.
Dolde:	Sie besitzt keine Hauptachse. Alle etwa gleich langen Nebenachsen gehen von einem zentralen Punkt aus. Bei einfachen Dolden sind diese unverzweigt, bei doppelten Dolden sind sie verzweigt, und an den kleineren Stielen sitzen die Blüten (Blühfolge: Von aussen nach innen).
Trugdolde:	Die Hauptachse endet mit einer gestielten Blüte. Auf gleicher Höhe des Ansatzes dieser Blüte entspringen Nebenachsen, die dann ebenfalls Blüten tragen. Meist blüht die Terminalblüte der Hauptachse zuerst (Unterscheidungsmerkmal zur Dolde).
Wickel:	Die Hauptachse schliesst ihr Längenwachstum mit einer Blüte ab. Eine Nebenachse übernimmt das Wachstum des Blütenstandes, überflügelt die Hauptachse und endet ebenfalls mit einer Blüte. Unterhalb dieser bildet sich eine neue Nebenachse, die wiederum mit einer Blüte endet. Abwechselnd werden jetzt rechts/links neue Nebenachsen gebildet.

2.4 Die Blüten bei Angiospermen (Bedecktsamige Pflanzen)

Unter einer Blüte verstehen wir einen Sprossabschnitt, welcher mit der Ausbildung der innersten beziehungsweise obersten Blütenorgane sein Wachstum abschliesst und die der geschlechtlichen Fortpflanzung dienenden Blattorgane trägt. Diese sitzen der Sprossachse entweder in spiraliger oder kreisförmiger Anordnung auf.
Alle diejenigen Pflanzen, welche Samen bilden, werden in die 2 Abteilungen Nacktsamer (Vertreter sind Föhren-, Eiben-, Ginkgo- und Zypressengewächse) und Bedecktsamer gegliedert. Als wichtigstes Unterscheidungsmerkmal gelten die Samenanlagen, die bei den ersteren nackt sind, d.h. auf dem Fruchtblatt frei aufliegen. Bei den letzteren werden sie durch ein Fruchtblatt oder mehreren von ihnen umschlossen.
Die Angiospermenblüte wird vor allem durch die oft sehr auffällige Blütenhülle charakterisiert. Ihre Ausbildung zu einem Schauapparat hat sich offensichtlich in Anpassung an die blütenbesuchenden und bestäubenden Insekten vollzogen. Vor allem im Paläogen und Neogen (neue Begriffe für das Tertiär: Beginn vor 66 Mio Jahren) kam es mit der Entwicklung der Insektenvielfalt zu einer Fülle von Farben und Formen.

2.4.1 Die Kelchblätter (Sepalen)

Sie sind in der Regel aus Hochblättern hervorgegangen, die in den Blütenbereich aufrückten. Im Knospenzustand dienen sie als Schutz für die inneren Organe. Nach der Entfaltung der Blüte fallen sie gelegentlich ab (z.B. Mohnblume, S. 246/247). Bei sehr vielen Arten bleiben sie jedoch bestehen und erbringen unter anderem auch Assimilationsleistungen, die der Blüte, aber auch den sich später entwickelnden Früchten, zugute kommen.
Sie können frei oder miteinander verwachsen sein.
Werden sie am Grund von einer Hülle kleinerer Hochblätter umgeben, so sprechen wir von einem Aussenkelch.
Eine Übernahme der Anlockungsfunktion durch die Kelchblätter ist dann zu beobachten, wenn sich die Krone in ihrer Gesamtheit stark zurückgebildet hat.

2.4.2 Die Kronblätter (Petalen)

Gegenüber den Kelchblättern sind sie meist durch ihre zartere Konsistenz und durch eine weitaus stärkere Flächenentwicklung gekennzeichnet. Da sie verschiedene Farben aufweisen, stellen sie gewöhnlich den auffälligsten Teil der Blüte dar. Dieses für Blütenbesucher optische Anlockungsmittel wird sehr oft noch durch chemische Reize (z.B. Blütenduft, nektarabsondernde Honigblätter) verstärkt.
Kronblätter sind in vielen Fällen umgewandelte Staubblätter. Übergänge zwischen den beiden Blütenorganen sind bei der **Weissen Seerose** gut ersichtlich, einer Pflanzenart, die aber erst in einem der nächsten Taschenführer beschrieben und vorgestellt wrd.
Sind die Kronblätter miteinander verwachsen, so sprechen wir von einer sympetalen Krone (z.B. Primelgewächse). An der Anzahl der freien Kronzipfel lässt sich meist erkennen, wie viele Kronblätter am Aufbau der Kronröhre beteilig sind (z.B. viele Korbblütler). Diese kann gelegentlich so kurz sein, dass eine Freikronblättrigkeit vorgetäuscht wird. Beim Herausziehen aus dem Kelch löst sich die Krone der Sympetalen in ihrer Gesamtheit ab (z.B. Hülsenfrüchtler).
Sind die Kronblätter miteinander nicht verwachsen, so sprechen wir von einer choripetalen Krone (z.B. S. 62/63; S. 286/287).

2.4.3 Die Staubblätter

In ihrer Gesamtheit werden sie als Androeceum bezeichnet. Sie konnen an der Blütenachse spiralig oder in Wirteln angeordnet sein. Häufig sind von ihnen deren 2 vorhanden, die jeweils in den Lücken der Kelch- und Kronblätter stehen.
Ein Staubblatt wird meist von einem Staubfaden (= Filament), den Staubbeuteln (= Antheren) und einem sterilen Mittelstück (= Konnektiv) aufgebaut. In seinem Innern liegt ein Gefässbündel. Jede Anthere setzt sich aus 2 Theken zusammen.
Staminodien, die ebenfalls vorhanden sein können, sind verkümmerte Staubblätter, die keinen fruchtbaren Pollen mehr produzieren und daher steril sind. Bei einer weiteren Reduktion können sie komplett ausfallen.
Eine weitere Art dieser Staubblatt-Umbildungen bilden die nektarabsondernden Honigblätter, die zwischen den Blütenhüll- und Staubblättern liegen. Bei einzelnen Arten sind sie klein und unauffällig, bei anderen blumenartig gestaltet und täuschen Blütenhüllblätter vor. An ihrer Basis tragen sie jeweils eine Honigschuppe.
Es gibt auch Staubblätter, bei welchen das Filament stark reduziert ist.

2.4.4 Fruchtblätter und Fruchtknoten

Den weiblichen Teil der Blüte bilden die Fruchtblätter (= Carpelle), welche in ihrer Gesamtheit als Gynoeceum bezeichnet werden. Sie sind bei den bedecktsamigen Pflanzen (= Angiospemen) zu einem Gehäuse umgestaltet und bergen darin die Samenanlagen. Sind sie miteinander nicht verwachsen, so sprechen wir von einem apocarpen Gynoeceum. Sind sie jedoch zu einem Gehäuse verwachsen, so liegt ein coenocarpes Gynoeceum vor. Dabei wird der angeschwollene und die Samenanlagen tragende Basalteil als Fruchtknoten bezeichnet. Sehr oft verlängert sich dieser spitzenwärts in einen säulenartigen Griffel, der an seinem Ende mit einer für die Aufnahme der Pollenkörner klebrigen Narbe endet.
Für die Bestimmung der Pflanzen kann die Kenntnis über die Stellung des Fruchtknotem gute Dienste leisten. Wir unterscheiden 3 Hauptformen:

Beim oberständigen Fruchtknoten (A1, A2) entspringen die Staub- und Perianthblätter (= Kelch- und Kronblätter oder Perigonblätter) unterhalb des Fruchtknotens.
Der mittelständige Fruchtknoten (B) kann frei oder mit der Blütenachse zum Teil verwachsen sein, und die Staub- und Perianthblätter entspringen etwa auf halber Fruchtknotenhöhe. Der unterständige Fruchtknoten (C1, C2) ist in der Blütenachse versenkt. Die Ansatzstelle der Staubblätter und der Blütenhülle liegt deutlich am oberen Ende.

2.5 Geschlechtsverteilung, Bestäubung, Befruchtung

Zwittrige Blüten enthalten Staub- und Fruchtblätter und somit beide Geschlechter. Eingeschlechtige Blüten haben entweder nur Staub- oder nur Fruchtblätter. Übergänge zwischen den beiden Formen sind auch möglich. So gibt es Blüten, die wohl beide Geschlechter aufweisen (morphologisch zwittrig), doch ist das eine Geschlecht nicht mehr funktionsfähig (funktionell eingeschlechtig).
Finden wir die männlichen und weiblichen Blüten auf derselben Pflanze, aber nicht in derselben Blüte, so ist die Pflanze monözisch oder einhäusig. Befinden sich die beiden Geschlechter auf verschiedenen Individuen, so wird die Pflanzenart als diözisch oder zweihäusig bezeichnet.
Im Gegensatz zu den nacktsamigen Pflanzen (z.B. Nadelhölzer), bei welchen die Pollenkörner beim Bestäubungstropfen der Samenanlageöffnung (= Mikropyle) kleben bleiben, wird der Pollen bei den bedecktsamigen Pflanzen von einer klebrigen und papillösen Narbe festgehalten.
Um die Eizelle überhaupt befruchten zu können, müssen die Pollen (= Pollenkörner, Blütenstaub) durch Tiere (vor allem Insekten), Wind oder das Wasser übertragen werden.
Eine Selbstbestäubung ist jedoch auch möglich.
Sind die Pollen auf den Narben eingetroffen, so ist die Blüte bestäubt. Sind es die richtigen Pollen, so beginnen sie zu keimen und bilden einen Pollenschlauch. Dieser enthält u.a. 2 unbewegliche Spermazellen, die zur Eizelle befördert werden müssen. Der Schlauch wächst durch das Gewebe der Narbe und des Fruchtknotens bis zur Öffnung des Eiapparates und entlässt die 2 Spermazellen. Die eine vereinigt sich mit der Eizelle, woraus der Embryo entsteht, die andere mit einer Zentralzelle des Eiapparates. Daraus bildet sich das Nährgewebe (= Endosperm). Diese doppelte Befruchtung ist eine Besonderheit der bedecktsamigen Pflanzen.
Die Zygote (= befruchtete Eizelle) beginnt sich laufend zu teilen und entwickelt sich zum Embryo, in welchem schon in einer frühen Phase die 3 Hauptorgane der Pflanze (Wurzel, Stängel, Blätter) gebildet werden.
Der Same besteht aus dem Nährgewebe, dem Embryo und der Samenhaut. Das Nährgewebe versorgt die keimende Pflanze so lange, bis sich diese selbständig ernähren kann.

2.6 Früchte und Samen

Die Frucht entwickelt sich aus dem Fruchtknoten. Sie enthält einen einzelnen oder zahlreiche Samen. Die Fruchtwand besteht meist aus 3 Gewebeschichten:

- Die äussere Schicht – Exokarp
- Die mittlere Schicht – Mesokarp
- Die innere Schicht – Endokarp

Bau und Struktur der einzelnen Gewebeschichten und womöglich noch die Beteiligung von anderen Gewebeteilen führen zu verschiedenen Frucht-Typen.

2.6.1 Streufrüchte

Nachdem die Frucht das Reifestadium erreicht hat, öffnet sie sich und entlässt die Samen.

Balgfrüchte (A): Sie bestehen aus einem Fruchtblatt, sind oberständig angelegt, mehrsamig und besitzen keine Scheidewand. Sie öffnen sich an der Verwachsungsnaht, also an der Bauchnaht (Beispiel: Stinkende Nieswurz, S. 418/419).

Hülsenfrüchte (B): Sie bestehen ebenfalls aus einem Fruchtblatt, sind oberständig angelegt, mehrsamig und besitzen keine Scheidewand. Sie öffnen sich an der Verwachsungsnaht (Bauchnaht) und zusätzlich auch beim Rücken (Beispiele: Vertreter der Familie Hülsenfrüchtler).

Kapselfrüchte (C): 2 oder mehrere Fruchtblätter sind zu einem Fruchtknoten verwachsen und enthalten zahlreiche Samen. Nach Erreichen des Reifestadiums öffnen sich die Kapseln auf verschiedene Arten:
Die **Spaltkapseln** öffnen sich an den Verwachsungsnähten der Fruchtblätter. Der Öffnungsvorgang kann vollständg sein oder die Kapseln öffnen sich nur an der Spitze, wobei sich die Zähne nach aussen krümmen. Bei den **Deckelkapseln** löst sich am Ende der Kapseln ein Deckel ab und entlässt die Samen (Beispiele: Wegericharten, S. 424–429). Bei den **Porenkapseln** bilden sich an der Kapselwand Löcher, durch die die Samen entweichen können (Beispiel: Klatschmohn, S. 246/247).

Schotenfrüchte (D): Diese mehrsamigen und oberständig angelegten Streufrüchte, bestehend aus 2 Fruchtblättern, weisen eine sekundäre Scheidewand auf, die nachträglich aus Gewebe der Verwachsungsnähten entstanden ist. Diese Früchte öffnen sich an den beiden Verwachsungsnähten (Beispiele: Kreuzblütler). Schoten, die weniger als 3-mal so lang wie breit sind, werden als Schötchen bezeichnet. Dabei spielt die Grösse der Frucht keine Rolle.

2.6.2 Schliessfrüchte

Die Samen werden nicht wie bei den Streufrüchten auf die bereits beschriebenen Arten aus der Frucht ausgestreut, sondern bleiben in der Frucht eingeschlossen und fallen zusammen mit dieser von der Pflanze ab.

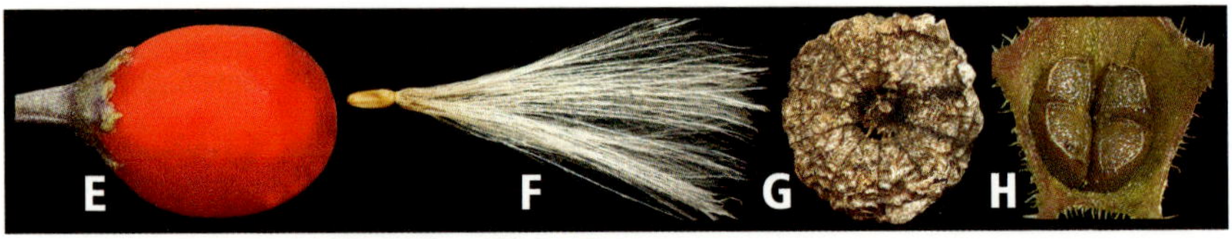

Beeren (E):	Sie sind meist mehrsamig und besitzen eine fleischige Fruchtwand.
Nussfrüchte:	Es sind meist einsamige Früchte, bei welchen die gesamte Fruchtwand verholzt oder lederartig ausgebildet ist.
Karyopse:	Sie ist eine Nussfrucht, entstanden aus einem oberständigen Fruchtknoten, bei welcher die Fruchtwand mit dem Samen verklebt oder verwachsen ist (Beispiel: Süssgräser).
Achäne (F):	Bei ihr ist ebenfalls die Fruchtwand mit dem Samen verklebt oder verwachsen, doch entwickelt sich die Frucht aus einem unterständigen Fruchtknoten (Beispiel: Korbblütler).
Steinfrüchte:	Diese Früchte sind meist einsamig und besitzen ein holziges oder lederartiges Endokarp. Ein saftiges Mesokarp und ein häutiges Exokarp schliessen die Frucht ab (Beispiel: Kirsche).

2.6.3 Zerfallfrüchte

Sie zerfallen in 2 oder mehrere meist einsamige Teilfrüchte.

Spaltfrüchte (G):	Entlang von Scheidewänden zerfallen die Früchte in Einzelteile, die jeweils einem Fruchtblatt entsprechen (Lippenblütler; Raublattgewächse, Malve). Bei Doldenblütlern werden beide Teilfrüchte bis zum Abbrechen durch einen zentralen Fruchthalter zusammengehalten.
Bruchfrüchte:	Auch diese Früchte zerfallen entlang von Scheidewänden in einsamige Einzelteile, doch sind es nicht ganze Fruchtblätter, sondern Teile eines Fruchtblattes oder Teile von mehreren Fruchtblättern.
Gliederhülsen:	Diese aus einem einzigen Fruchtblatt bestehenden Früchte zerfallen quer zur Bauchnaht in einsamige Teile.
Gliederschoten:	Sie bestehen aus 2 oder 4 Fruchtblättern und zerfallen quer zur Bauch- und Rückennaht.
Klausenfrüchte (H):	Ihre Teilung wird entlang von echten und falschen Scheidewänden vollzogen. Ein aus 2 Fruchtblättern gebildeter Fruchtknoten zerfällt bei der Reife zur Frucht in 4 Teile. Diese werden als Klausen bezeichnet: Beispiele: Lippenblütler, Raublattgewächse).

2.6.4 Sammelfrüchte

Die Blüte enthält mehrere oder viele Fruchtblätter, die gemeinsam eine Einheit und damit eine Einzelfrucht darstellen. Sind neben den Fruchtblättern noch andere Blütenteile (z.B. der Blütenboden) an der Fruchtbildung beteiligt, dann sprechen wir von einer Scheinfrucht: (Beispiel: Erdbeere, S. 64/65).

2.6.5 Flugfrüchte

Spezielle Flugeinrichtungen ermöglichen dem Samen eine bessere Ausbreitung durch den Wind (Beispiel: Pappus bei Achänen).

3. Höhenstufen der Vegetation

3.1 Kolline- oder Hügellandstufe (Hügelstufe)

Bis auf eine Höhe von: 600 m im Mittelland
700 m im Alpenvorland
800 m in den Zentral- und Südalpen

Die mittlere Jahrestemperatur liegt zwischen 8° und 12° Celsius
Die Dauer der Vegetationszeit beträgt über 250 Tage
Die Stufe wird gekennzeichnet durch:
- Eichen-Hagebuchenwälder in tieferen Lagen
- Flaumeichenwälder in wärmsten Gebieten auf kalkhaltigem Boden
- Föhrenwälder in Trockengebieten
- Buchenmischwälder in höheren Lagen
- Kastanienwälder auf kalkarmen Böden am Alpensüdfuss

3.2 Montane Stufe (Bergstufe)

Bis auf eine Höhe von: 1200 m und 1300 auf der Alpennordseite
1300 m und 1500 m in den Zentralalpen
1500 m und 1700 m in den Südalpen

Die mittlere Jahrestemperatur liegt zwischen 4° und 8° Celsius
Die Dauer der Vegetationszeit beträgt über 200 Tage
Die Stufe wird gekennzeichnet durch:
- Buchen-, Buchen-Tannen- und Tannenwälder
- Föhrenwälder in den Zentralalpen
- Föhrenwälder in Trockengebieten
- Fichtenwälder in mehr kontinentalen Gebieten

3.3 Subalpine Stufe (Gebirgsstufe)

Bis auf eine Höhe von: 1700 m und 1900 m auf der Alpennordseite
1900 m und 2400 m in den Zentralalpen
1800 m und 2000 m in den Südalpen

Die mittlere Jahrestemperatur liegt zwischen 1° und 2° Celsius
Die Dauer der Vegetationszeit liegt zwischen 100 und 200 Tagen
Die Stufe wird gekennzeichnet durch:
- Fichtenwälder
- Arven-Lärchenwälder oberhalb der Fichtenwälder
- Zwergsträucher am Übergang zur alpinen Stufe
- Alpenerlengebusche an feuchten und schattigen Steilhangen
- Bergföhren- und Legföhrenwälder auf Kalkböden

3.4 Alpine Stufe

Sie umfasst die baumlosen oberen Lagen der Alpen und reicht von der Baumgrenze bis zur natürlichen Schneegrenze
Die klimatische Schneegrenze liegt zwischen 2400 m und 3200 m
Die Stufe wird gekennzeichnet durch:
- Zwergstrauchbestände im unteren Bereich; oberhalb wachsen alpine Rasen
- Gebiete oberhalb der natürlichen Schneegrenze wird als NIVALE STUFE bezeichnet

4. Übersicht

Die 200 Arten sind nach Blütenfarbe oder nach der Farbe der Zungenblüten gegliedert. Von den 125 Bildfeldern mit den Kurzbeschreibungen stellen 79 direkt eine Art vor. Bei den restlichen 46 Feldern werden 2 oder mehrere Arten mit ähnlichen Merkmalen zusammengefasst.
Die Grundfarbe der Seiten ist weiss (37 Arten), gelb (66 Arten), rot (57 Arten), blau (31 Arten), mehrere Farben oder grüne/bräunliche Farbe (9 Arten).

- Einzelblüte (seltener 2) oder eine 3–8-blütige Traube
- Keine Kelchblätter
- Perigonblätter 6; mit 2 verschiedenen Formen oder alle gleichartig gestaltet
- Staubblätter 6
- Fruchtknoten unterständig
- Blätter zu 2 oder zu mehreren grundständig angeordnet, ungestielt, linealisch oder breit linealisch S. 32–37

- Endständige Einzelblüte
- Keine Kelchblätter
- Perigonblätter 6, im unteren Bereich zu einer Röhre verwachsen, sich nicht oder kaum überdeckend
- Staubblätter 6
- Fruchtknoten unterständig
- Mehrere Blätter grundständig angeordnet, linealisch, bis 30 cm lang; Blatt im Querschnitt halbrund S. 38/39

- Bis 20 gestielte Blüten in einer aufrechten Dolde
- Keine Kelchblätter
- Perigonblätter 6, nicht verwachsen, schief aufwärts gerichtet oder sternförmig ausgebreitet
- Staubblätter 6
- Fruchtknoten oberständig
- Blätter zu 1–3 oder zu 6–8 grundständig, linealisch oder schmal elliptisch S. 40–43

- 5–15 Blüten in einer endständigen und einseitswendigen Traube
- Keine Kelchblätter
- Perigonblätter 6, zu einer Glocke verwachsen
- Staubblätter 6
- Fruchtknoten oberständig
- Die 2 obersten Stängelblätter gestielt, breit lanzettlich bis elliptisch; unterste Blätter schuppenförmig S. 44/45

- Am Ende des Stängels eine Einzelblüte
- Keine Kelchblätter
- Perigonblätter 6–8; auch Nektarblätter fehlen
- Staubblätter zahlreich
- Auf erhöhter Blütenachse bis 20 oberständige Fruchtblätter
- Oben am Stängel ein Quirl mit 3 gestielten, ungleich tief 2–5-teiligen Blättern; Grundblätter erst später S. 46/47

- Thyrsus mit 2–5-blütigen Teilblütenständen oder Blüten in Dichasien
- Kb. verwachsen
- Krb. 5, tief ausgerandet oder Kronblatt fast 2-teilig
- Staubblätter 10
- Fruchtknoten oberständig
- Blätter gegenständig, kurz gestielt oder sitzend, lanzettlich, schmal eiförmig oder spatelförmig S. 48–53

- Eiförmiger bis kugeliger Blütenkopf einzeln oder bis zu deren 5 am Stängel
- Kb. 5, verwachsen
- Krb. 5, gegliedert in Fahne, 2 Flügel und Schiffchen
- Staubblätter 10
- Fruchtknoten oberständig
- Blätter 3-zählig; Grundständige lang gestielt; wo Stängelblätter, diese sitzend oder kurz gestielt S. 54–57

- Bis 80-blütige, 4–6 cm lange und schmale Traube
- Kb. 5, verwachsen
- Krb. 5, gegliedert in Fahne, 2 nicht stark spreizende Flügel und einem Schiffchen
- Staubblätter 10
- Fruchtknoten oberständig
- Stängelblätter wechselständig, 3-zählig, gestielt; Teilblätter länglich bis verkehrt eiförmig, gestielt S. 58/59

- Stängel mit einer Blüte
- Kelchblätter 5, mit rundlichen Anhängseln
- Kronblätter 5; die 2 Oberen aufwärts gerichtet, die 2 Mittleren waagrecht abstehend oder abwärts gerichtet
- Staubblätter 5
- Fruchtknoten oberständig
- Blätter in grundständiger Rosette, gestielt, breit eiförmig bis herzförmig S. 60/61

- Pro Blütenstand 1–3 Blüten
- Je 5 weiss behaarte Aussen- und Innenkelchblätter
- Krb. 5, nicht verwachsen, sich nicht überdeckend
- Staubblätter zahlreich
- Zahlreiche oberständige Fruchtblätter
- Blätter, wenn am Stängel, dann wechselständig, alle gestielt, 3-zählig, mit kleinem Endzahn S. 62/63

- Einzelblüten oder doldenartig mit 2–6 Blüten
- Je 5 weiss behaarte Aussen- und Innenkelchblätter
- Krb. 5, nicht verwachsen, aneinanderstossend oder am Rande überlappend
- Staubblätter zahlreich
- Auf gewölbtem Blütenboden zahlreiche Fruchtblätter
- Blätter 3-zählig, gestielt; Endzahn grösser S. 64/65

- Blüten in end- und seitenständigen Trauben
- Kb. 2, zurückgeschlagen, nach dem Blühen abfallend
- Krb. 2, herzfg./eifg., ausgerandet oder tief 2-teilig
- Staubblätter 2
- Fruchtknoten unterständig
- Stängelblätter gegenständig, gestielt, eiförmig bis herzförmig, zugespitzt, entfernt gezähnt S. 66/67

- Blüten in Trauben, die sich später vergrössern
- Kb. 4, nicht verwachsen
- Krb. 4, nicht verwachsen, oval bis verkehrt eiförmig
- Staubblätter 6
- Fruchtknoten oberständig
- Grundständige Blätter in einer Rosette, gestielt, fiederteilig; Stängelblätter ungeteilt, wechselständig, mit 2 Zipfeln S. 68/69

- Blüten in doldenartigen Rispen oder in schlanken und pyramidenförmigen Rispen
- Kelch zu einem undeutlichen Ring reduziert
- Krb. 4 (selten 5), nicht oder nur bei der kurzen Röhre verwachsen, schmal oval
- Staubblätter 4
- Fruchtknoten unterständig
- Stängelblätter je 6–10 in den Quirlen S. 70–73

- Am Ende der Blütenstandstriebe vielblütige Trauben
- Kb. 4, nicht verwachsen
- Krb. 4, nicht verwachsen, schmal oval bis schmal verkehrt eiförmig
- Staubblätter 6
- Fruchtknoten oberständig
- Stängelblätter wechselständig, im unteren Bereich lang gestielt, im oberen Teil nur kurz gestielt S. 74/75

- Blüten in den oberen Blattwinkeln in Scheinquirlen
- Kelchblätter 5, verwachsen
- Krb. 5, in helmförmig gewölbte Oberlippe und 3-teilige Unterlippe gegliedert
- Staubblätter 4
- Fruchtknoten oberständig
- Stängelblätter gegenständig, gestielt, ei- bis herzförmig, zugespitzt, beiderseits locker behaart S. 76/77

- 3–10-blütige Trugdolden
- Kelchblätter 5, im unteren Teil des Kelches verwachsen
- Kronblätter 5, nicht oder nur ganz unten verwachsen
- Staubblätter 5; Staubbeutel zu einer Röhre zusammenneigend und sehr lang
- Fruchtknoten oberständig
- Einzelne oder büschelig angeordnete Blätter meist wechselständig S. 78/79

- Lang gestielte Dolden mit Dolden 1. und 2. Ordnung
- Kb. 5, unscheinbar mit kleinen Zähnchen oder als ungezähnter Kelchsaum
- Krb. 5, nicht verwachsen
- Staubblätter 5
- Fruchtknoten unterständig, mit grossem Griffelpolster
- Stängelblätter wechselständig, gestielt, unpaarig gefiedert, bis 60 cm lang S. 80–87

- Zahlreiche Köpfchen in Trauben oder seltener in Rispen
- Kb. zu einem langen Pappus umgewandelt
- Kronblätter. 5, verwachsen; nur Röhrenblüten im Kopf
- Staubblätter 5
- Fruchtknoten unterständig
- Stängelblätter wechselständig, hellgrün, klein; Grundständige rund oder nierenförmig, gestielt S. 88/89

- Lang gestielte Köpfchen in einer doldigen Rispe oder einer Doldentraube
- Kelch zu einem kleinen Pappus reduziert
- Krb. 5, verwachsen, mit weissen Zungenblüten und gelben Röhrenblüten
- Staubblätter 5 (Röhrenblüten)
- Fruchtknoten unterständig
- Blätter wechselständig, gestielt oder sitzend S. 90–95

- Am Ende der Stängel ein breites Blütenkörbchen
- Keine Kb. oder diese reduziert zu einem Kelchsaum
- Kronblätter 5, verwachsen, mit weissen Zungenblüten und gelben Röhrenblüten
- Staubblätter 5 (Röhrenblüten)
- Fruchtknoten unterständig
- Blätter grundständig in einer Rosette oder am Stängel wechselständig S. 96–99

- Wenigköpfige und doldenartige Trauben oder Rispen
- Kelchblätter zu einem Pappus umgewandelt
- Krb. 5, verwachsen, mit 5 Zungenblüten und zahlreichen gelben Röhrenblüten
- Staubblätter 5 (Röhrenblüten)
- Fruchtknoten unterständig
- Stängelblätter gegenständig, kurz gestielt, schmal oval bis breit eiförmig S. 100/101

- Einzelne lang gestielte, hohle Köpfchen oder zahlreiche Köpfchen in Doldenrispen
- Keine Kelchblätter oder diese als kaum erkennbarer Rand
- Krb. 5, verwachsen, mit weissen Zungenblüten, gelben oder weissen Röhrenblüten
- Staubblätter 5 (Röhrenblüten)
- Fruchtknoten unterständig
- Blätter wechselständig, bis 3-fach fiederteilig S. 102–105

- Am Stängelende eine Einzelblüte mit einem Hochblatt
- Keine Kelchblätter
- Perigonblätter 6, zu einer Röhre verwachsen; im Innern mit einer am Rand welligen Nebenkrone
- Staubblätter 6
- Fruchtknoten unterständig
- 4–6 grundständige, linealische Blätter; keine Nebenblätter vorhanden S. 106/107

- 2–8-blütige Dolde
- Kelcblätter 2, beim Öffnen der Blüte abfallend
- Krb. 4, nicht verwachsen
- Staubblätter zahlreich
- Fruchtknoten oberständig
- Stängelblätter wechselständig, meist unregelmässig unpaarig gefiedert, oben am Stängel sitzend, unten gestielt, oberseits blaugrün, zerstreut behaart S. 108/109

- 5–15-blütige Traube (oft von Seitentrieben überragt)
- Kb. 2, schmal lanzettlich, nach kurzer Zeit abfallend
- Krb 4; oberes Krb. mit einem Sporn; innere Krb. mit einer flügelartigen Rippe
- Staubblätter 4
- Fruchtknoten oberständig
- Blätter wechselständig, gestielt, 2–3-fach gefiedert, oben blaugrün S. 110/111

- Am Ende der Stängel eine einzelne aufrechte Blüte
- Perigonblätter meist deren 3, kelchblattähnlich
- Nektarblätter 7–12, kronblattartig, schmal oval
- Staubblätter zahlreich
- Fruchtblätter zahlreich, nicht verwachsen, oberständig
- Blätter herz- bis nierenförmig, am Stängel wechselständig, gestielt S. 112/113

- Einzelblüten am Ende der Haupt- und Seitenstängel
- Keine Kelchblätter vorhanden
- Perigonblätter 5–9, nicht verwachsen, oval bis rundlich
- Staubblätter zahlreich
- Fruchtblätter 3–8 (seltener bis 15), nicht verwachsen, oberständig, kahl
- Grundständige gestielt, herz- bis nierenförmig oder rundlich, glänzend S. 114/115

- Blüten einzeln an Stielen, in einer Traube oder zu wenigen in einer lockeren Rispe
- Perigonblätter 5, kelchblattähnlich, nicht verwachsen
- Nektarblätter 5, nicht verwachsen oder diese verkümmert oder ganz fehlend
- Staubblätter zahlreich
- Fruchtblätter zahlreich
- Blätter wechselständig, 3- oder 5-teilig S. 116–125

- Blütenstängel mit Einzelblüten oder mit deren 2, seltener mit deren 3
- Perigonblätter meist 5
- Keine Nektarblätter
- Staubblätter zahlreich
- Zahlreiche oberständige und schraubig angeordnete Fruchtblätter
- Blühende Pflanzen mit den 3 Hochblättern; Grundständige auch 3-teilig S. 126/127

- Am Ende des Stängels eine Einzelblüte
- Keine Kelchblätter
- Perigonblätter 5–8 (meist deren 6), nicht verwachsen
- Staubblätter zahlreich
- 4–6 oberständige, nicht verwachsene Fruchtblätter
- Unter der Blüte ein Quirl mit 3 tief geteilten Hochblättern; Grundständige gestielt, vielspaltig S. 128/129

- Lang gestielte, 3–12-blütige, meist eiförmige Trauben
- Kb. 5, z.T. verwachsen
- Krb. 5, in Fahne, 2 Flügel und einem Schiffchen gegliedert
- Staubblätter 10
- Fruchtknoten oberständig
- Stängelblätter wechselständig, gestielt, aus einem Fiederpaar und einer oft verzweigten Ranke; am Grund 2 Nebenblätter S. 130/131

- Blüten in einer schmalen und langen Traube oder in einer kopfartigen Traube
- Kb. 5, zum Teil verwachsen
- Krb. 5, in Fahne, 2 Flügel und einem Schiffchen gegliedert
- Staubblätter 10
- Fruchtknoten oberständig
- Stängelblätter wechselständig, kurz oder länger gestielt, 3-zählig, mit meist noch 2 Nebenblättern S. 132–139

- 4–8-blütige, lang gestielte und kopfartige Dolde
- Kb. 5, bis zur Mitte verwachsen; Kelchzähne zugespitzt
- Krb. 5, in Fahne, 2 Flügel und einem Schiffchen gegliedert
- Staubblätter 10
- Fruchtknoten oberständig
- Stängelblätter wechselständig, ungestielt und gestielt, mit 5 Teilblättern; untere 2 Teilblätter sitzend S. 140/141

- Dichtblütiges Köpfchen oder 5–12-blütige Dolde
- Kb. 5, bis mindestens zur Hälfte verwachsen
- Krb. 5, in Fahne, 2 Flügel und einem Schiffchen gegliedert
- Staubblätter 10
- Fruchtknoten oberständig
- Stängelblätter wechselständig, gestielt, unpaarig gefiedert, mit 3–7 Fiederblattpaaren S. 142–145

– Vielblütige Rispe oder reichblütige Trugdolde
– Kb. 5, nicht verwachsen
– Krb. 5, nicht verwachsen, im oberen Teil nur auf einer Seite gezähnt, unterseits mit einzelnen schwarzen Punkten
– Staubblätter zahlreich
– Fruchtknoten oberständig
– Stängelblätter gegenständig, sitzend, durchscheinend punktiert S. 146/147

– 5–7-blütige Dolde oder die Blüten in einem Wickel
– Kb. 5, nicht verwachsen
– Krb. 5, nicht verwachsen oder seltener am Grund etwas verwachsen
– Staubblätter 10
– Fruchtknoten oberständig
– Stängelblätter wechsel- und gegenständig, lang gestielt, 3-zählig, mit dem Stiel gelenkig verbunden S. 148/149

– An langen Stielen Einzelblüten oder bis zu 2 Blüten
– 5 Aussenkelchblätter und 5 Innenkelchblätter
– Kronblätter 5, ausgebreitet oder zusammenneigend
– Staubblätter zahlreich
– Zahlreiche oberständige Fruchtblätter
– Blätter wechselständig, gestielt, 3-teilig, gelappt oder gefiedert S. 150–153

– Lange, schlanke und vielblütige Traube; Blüten gestielt
– Kelchblätter 5
– Kronblätter 5, verkehrt eiförmig, am oberen Ende abgerundet, nicht verwachsen
– Staubblätter 10–20
– Fruchtknoten mittelständig
– Stängelblätter wechselständig, unpaarig gefiedert mit 1–9 Fiederpaaren und einer Endfieder S. 154/155

– Vielblütige, endständige und aufrechte Traube oder Rispe
– Kb. 4, nicht oder nur ganz unten etwas verwachsen
– Krb. 4, nicht verwachsen
– Staubblätter 8
– Fruchtknoten unterständig
– Stängelblätter meist wechselständig, im unteren Teil in den Stiel verschmälert, oben sitzend, lanzettlich oder schmal elliptisch S. 156–159

– Reichblütige Traube, die schon während der Blütezeit verlängert ist
– Kb. 4, nicht verwachsen
– Krb. 4, nicht verwachsen, breit oval, rundlich oder verkehrt eiförmig
– Staubblätter 6
– Fruchtknoten oberständig
– Stängelblätter wechselständig, gestielt oder sitzend, verschieden geformt S. 160–163

– Blüten zuerst in kurzen, später in verlängerten Trauben
– Kelchblätter 6
– Kronblätter 6; 2 sind 3-teilig, die 4 Unteren ungeteilt oder mit nur kleinen Zipfeln
– Staubblätter zahlreich
– Fruchtknoten oberständig
– Blätter wechselständig, flügelig gestielt, 3–5-teilig bis fiederteilig, mit lanzettlichen Zipfeln S. 164/165

– Blüten in flachen, von gelblichen Hochblättern getragenen Trugdolden
– Kelcblätter 4, kronblattartig ausgebildet
– Keine Kronblätter vorhanden
– Staubblätter 8
– Fruchtkn. fast unterständig
– Stängelblätter gestielt, gegen- oder wechselständig, spatelförmig, nierenförmig oder rundlich S. 166–169

– Blüten einzeln oder zu wenigen in einer aufrechten oder hängenden Traube
– Kb. 3 (oder 5, wobei 2 fehlend oder reduziert); hinterstes Kb. gespornt und gelb
– Kronblätter 5
– Staubblätter 5
– Fruchtknoten oberständig
– Blätter wechselständig (auch gegenständig möglich), oval bis eiförmig S. 170–173

- Blüten einzeln aus den Blattwinkeln hervorgehend oder in einer schmalen pyramidenförmigen Rispe
- Kelchblätter 5, frei oder nur am Grund verwachsen
- Kronblätter 5, meist nur am Grund verwachsen
- Staubblätter 5
- Blätter zu 3 oder 4 quirlständig und/oder gegenständig, gestielt, sitzend S. 174–177

- Blüten einzeln auf langen Stielen oder zu mehreren in einer meist einseitswendigen und endständigen Dolde
- Kb. 5, verwachsen
- Krb. 5 (selten 6), verwachsen
- Staubblätter 5 (selten 6)
- Fruchtknoten oberständig
- Keine Stängelblätter, alle in einen mehr oder weniger geflügelten Stiel verschmälert, grundständig S. 178–183

- Blüten in einer endständigen Rispe; Achsen flaumig
- Kelchblätter meist 4, nur rudimentär ausgebildet
- Kronblätter 4 oder seltener 5, nicht verwachsen
- Staubblätter 4 oder 5
- Fruchtknoten unterständig
- Stängelblätter quirlständig, mit feiner Stachelspitze, am Rand etwas umgerollt, unterseits flaumig S. 184/185

- Übereinander liegende 6–16-blütige Scheinquirlen
- Kb. 5, verwachsen
- Kronblätter 5, in helmförmige Oberlippe und 3-lappige Unterlippe gegliedert
- Staubblätter 4
- Fruchtknoten oberständig
- Blätter kreuzgegenständig, lang gestielt, ei- oder herzförmig, oberseits mit/ohne weisse Flecken S. 186–189

- Kurz gestielte Blüten in den Achseln von Blättern, gesamthaft eine Ähre bildend
- Kb. 4, verwachsen
- Kronblätter 5, in helmförmige Oberlippe und 3-lappige Unterlippe gegliedert
- Staubblätter 4
- Fruchtknoten oberständig
Blätter kreuzgegenständig, sitzend oder kurz gestielt, lanzettlich S. 190/191

- Zahlreiche Blüten in langen und schlanken Trauben
- Kelchblätter 5
- Kronblätter 5, verwachsen, in Ober- und Unterlippe gegliedert, mit einem Sporn
- Staubblätter 4
- Fruchtknoten oberständig
- Stängelblätter wechselständig, eiförmig oder lineal lanzettlich, kurz gestielt oder ungestielt S. 192–195

- Blüten in einer einfachen oder ästigen Traube
- Kelchblätter 5, weissfilzig oder mit Sternhaaren
Kronblätter 5, im unteren Bereich verwachsen
- Staubblätter 5
- Fruchtknoten oberständig
- Stängelblätter wechselständig, in den kurzen Stiel verschmälert, gestielt oder sitzend S. 196–199

- Köpfchen zu 2–6 gehäuft oder in dichten Rispen
Kelchblätter zu einem hellgelben Krönchen oder zu einem Pappus umgewandelt
- 5 Kronblätter zu einer Röhrenblüte verwachsen
- Staubblätter 5
- Fruchtknoten unterständig
- Blätter wechselständig, fiederteilig, gezähnt, gefiedert, fiederspaltig S. 200–205

- Blütenköpfe einzeln oder zu wenigen in Trauben
- Kelchblätter zu einem gezähnten Kranz reduziert
- Äussere Zungenblüten und im Innern Röhrenblüten
- Staubblätter bei den Röhrenblüten deren 5
- Fruchtknoten unterständig
- Blätter wechselständig, mit geöhrtem Blattgrund, schmal lanzettlich S. 206/207

- Zahlreiche Blütenköpfchen in einer Rispe
- Kelchblätter später zu einem Pappus umgewandelt
- Äussere Zungenblüten und im Innern Röhrenblüten
- Staubblätter bei den Röhrenblüten deren 5
- Fruchtknoten unterständig
- Stängelblätter wechselständig, lanzettlich, kurz gestielt oder sitzend S. 208–213

- Vielblütiges Körbchen am Ende der Stängel
- Kelchblätter später zu einem Pappus umgewandelt
- Äussere Zungenblüten und im Innern Röhrenblüten
- Staubblätter bei den Röhrenblüten deren 5
- Fruchtknoten unterständig
- Stängelblätter klein, braun; Grundständige rundlich oder herzförmig S. 214/215

- Blütenkörbchen in Rispen oder Doldenrispen
- Kelchblätter später zu einem Pappus umgewandelt
- Äussere Zungenblüten und im Innern Röhrenblüten
- Staubblätter bei den Röhrenblüten deren 5
- Fruchtknoten unterständig
- Blätter wechselständig, lanzettlich oder bis zur Mittelader fiederteilig S. 216–219

- An langen Stängeln einzelne breite Körbchen
- Kelchblätter später zu einem Pappus umgewandelt
- Nur Zungenblüten mit 5 verwachsenen Kronblättern
- Stbb. 5, mit braunen Streifen
- Fruchtknoten unterständig
- Blätter wechselständig, ungestielt, aus breitem Grund lang zugespitzt, den Stängel halb umfassend S. 220/221

- Zahlreiche Blütenkörbchen in einer lockeren Rispe
- Kelchblätter reduziert, später keinen Pappus bildend
- Zungenblüten mit 5 verwachsenen Kronblättern
- Staubblätter 5
- Fruchtknoten unterständig
- Blätter oben lanzettlich/eiförmig, kurz gestielt; die Unteren mit 1 oder 2 Paar buchtigen Lappen S. 222/223

- Einzelnes oder bis zu 4 Körbchen an langen Stängeln
- Kelchblätter später zu einem Pappus umgewandelt
- Zungenblüten 5-zähnig, ausserseits graurot/dunkelgrau
- Staubblätter 5
- Fruchtknoten unterständig
- Keine Stängelblätter vorhanden; Blätter ungestielt, lanzettlich bis schmal oval, dem Boden anliegend S. 224/225

- Mehrere vielblütige Körbchen in Doldentrauben
- Kelchblätter später zu einem Pappus umgewandelt
- Zungenblüten mit 5 verwachsenen Kronblättern
- Staubblätter 5
- Fruchtknoten unterständig
- Blätter wechselständig, ungeteilt bis fiederteilig, mit abgerundeten/zugespitzten Zipfeln, sitzend S. 226–229

- Vielblütiges und endständiges Körbchen
- Kelchblätter später zu einem Pappus umgewandelt
- Zungenblüten mit 5 verwachsenen Kronblättern
- Staubblätter 5
- Fruchtknoten unterständig
- Keine Stängelblätter; Blätter in einer Rosette und vielgestaltig (meist schmal oval und tief geteilt) S. 230/231

- Rispen mit zahlreichen gestielten Körbchen
- Kelchblätter später zu einem Pappus umgewandelt
- Zungenblüten mit 5 verwachsenen Kronblättern
- Staubblätter 5
- Fruchtknoten unterständig
- Blätter wechselständig, buchtig gezähnt bis fiederteilig, gestielt, mit geflügeltem Stiel oder ungestielt S. 232–237

- Meist Einzelblüten; 2–3 Blüten pro Sprossknolle sind ebenfalls möglich
- Keine Kelchblätter
- Perigonblätter 6, in einer langen Röhre verwachsen
- Staubblätter 6
- Fruchtknoten oberständig, erst im Frühling erscheinend
- Blätter in einer Rosette, erst im Frühsommer mit der Kapsel erscheinend S. 238/239

- Bis 20 Blüten in einer aufrechten, endständigen Traube
- 2 kleine Kb., die beim Aufblühen abfallen oder keine
- Krb. 4; Oberlippe mit hakenförmig gekrümmtem Sporn; Unterlippe vorn verbreitert
- Staubblätter 4
- Fruchtknoten oberständig
- Blätter 2 (3), wechselständig, gestielt, doppelt 3-zählig; Abschnitte gelappt S. 240–243

- Aufrechte Traube mit bis zu 50 kurz gestielten Blüten
- Kelchblätter 2, ohne Sporn und bald abfallend
- Krb 4; 2 obere Krb. nach hinten verlängert und einen Sporn bildend; 2 untere Krb. verwachsen und ohne Sporn
- Staubblätter 4
- Fruchtknoten oberständig
- Blätter wechselständig, doppelt gefiedert S. 244/245

- Blüten einzeln, lang gestielt und endständig
- Kelchblätter 2, beim Öffnen der Blüte abfallend
- Krb. 4, nicht verwachsen
- Staubblätter zahlreich
- Fruchtknoten oberständig, aus vielen verwachsenen Fruchtblättern bestehend
- Blätter wechselständig, gefiedert, unten gestielt, oben sitzend S. 246/247

- Blüten gestielt, einzeln oder in wenigblütigen Trauben
- 5 kronblattartige und abstehende Perigonblätter
- Nektarblätter 5, mit am Ende hakig eingerolltem Sporn
- Staubblätter zahlreich
- 5 freie, oberständige Fruchtblätter mit je einem Griffel
- Grundständige Blätter 1- bis 2-fach gefiedert, am Stängel einfacher geformt S. 248/249

- Blüten in Rispen oder bis zu 10 kopfig am Ende des Stiels
- Kelchblätter 5, nur an der Basis oder bis weiter hinauf verwachsen
- Kronblätter 5, verschieden tief eingeschnitten
- Staubblätter 10
- Fruchtknoten oberständig
- Blätter gegenständig, linealisch, lanzettlich, spatelförmig, eiförmig S. 250–255

- Zahlreiche Blüten in einer langen und schmalen Ähre
- Keine Kb. vorhanden
- Perigonblätter 4 oder 5 Staubblätter 6, seltener deren 7 oder 8
- Fruchtknoten oberständig
- Stängelblätter wechselständig, sitzend oder kurz gestielt, lanzettlich, oberseits sehr oft mit einem schwarzen Flecken S. 256/257

- Blüten in Trauben, Köpfchen, Kugeln oder zu 1–3 in den Blattachseln
- Kb. 5, verwachsen (zum Teil nur am Grunde verwachsen)
- Kronblätter 5, in Fahne, 2 Flügel und einem Schiffchen gegliedert
- Staubblätter 10
- Fruchtknoten oberständig
- Blätter meist wechselständig, 3-zählig S. 258–267

- Blüten zu 2–6 in kurz gestielten oder zu vielen in verlängerten Trauben
- Kelchblätter 5, verwachsen
- Kronblätter 5, in Fahne, 2 Flügel und einem Schiffchen gegliedert
- Staubblätter 10
- Fruchtknoten oberständig
- Blätter wechselständig, unpaarig oder paarig gefiedert und mit Endranke S. 268–271

- Gestielte Einzelblüten oder diese immer zu 2 und ebenfalls an einem langen Stiel
- Kb. 5, nicht verwachsen
- Krb. 5, nicht verwachsen
- Staubblätter 10
- Fruchtknoten oberständig
- Stängelblätter gegenständig, sitzend und/oder gestielt, 3-, 5- oder 7-teilig; unterstes Blatt kann am Stängel auch allein stehen S. 272–281

- Blüten in verlängerten und endständigen Ähren
- Kelchblätter 5 oder 6
- Kronblätter 5 oder 6, nicht verwachsen
- Staubblätter 10 oder 12
- Fruchtknoten oberständig
- Stängelblätter gegenständig, im oberen Bereich auch wechselständig und/oder in 3-zähligen Wirteln, ungestielt, lanzettlich S. 282/283

- Am Stängel mehrere gestielte Einzelblüten oder Blüten in Trauben
- Kb. 4, nicht verwachsen
- Krb. 4, nicht verwachsen
- Staubblätter 8
- Fruchtknoten unterständig
- Stängelblätter wechselständig, z.T. auch gegenständig, sitzend oder kurz gestielt, linealisch, lanzettlich oder schmal oval S. 284–291

- Einzelne Trauben oder mehrere Trauben in rispenartigen Blütenständen
- Kb. 4, nicht verwachsen
- Krb. 4, nicht verwachsen
- Staubblätter 6
- Fruchtknoten oberständig
- 3–8 Stängelblätter wechselständig, 3- oder 5-zählig oder unpaarig gefiedert; Grundständige Blätter mit 3–7 Fiederpaaren S. 292–295

- Blüten einzeln, gestielt, im oberen Bereich der Triebe gehäuft, aber auch seitlich
- Aussenkelchblätter 3, Innenkelchblätter 5
- Kronblätter 5, frei
- Staubblätter zahlreich, zu einer Röhre vereinigt
- Fruchtknoten oberständig
- Blätter wechselständig, gestielt, gelappt, bis zur Mitte geteilt, mehrteilig S. 296–301

- 2–14-blütige und lang gestielte Trauben
- Kelchblätter 3; Unterstes kronblattartig und gespornt
- Kronblätter 5; das oberste Krb. gross, die 4 anderen paarweise verwachsen
- Staubblätter 5
- Fruchtknoten oberständig
- Stängelblätter gestielt, gegenständig, wechselständig oder quirlständig S. 302–305

- Lang gestielte Einzelblüten
- Kelchblätter meist 5, nur ganz zuunterst verwachsen
- Kronblätter 5, bis fast zum Grund geteilt; diese können auch blau gefärbt sein
- Staubblätter 5
- Fruchtknoten oberständig
- Blätter kreuzgegenständig, ungestielt, breit lanzettlich, oval, eiförmig, unterseits etwas punktiert S. 306/307

- Dicht gedrängte Blüten in einer gestielten Scheinähre
- Kelchblätter 5, bis weit hinauf verwachsen
- Kronblätter 5, mit Oberlippe und 3-teiliger Unterlippe
- Staubblätter 4
- Fruchtknoten oberständig
- Blätter gegenständig, kurz gestielt oder sitzend; Grundständige lang gestielt, länglich eiförmig S. 308/309

- Mehrere Blüten in übereinander liegenden Quirlen
- Kb. 5, bis oft über die Mitte miteinander verwachsen
- Kronblätter 5, verwachsen, mit Ober- und Unterlippe
- Staubblätter 4
- Fruchtknoten oberständig
- Bei mehreren Blattpaaren Blätter kreuzgegenständig, gestielt, herzförmig, rundlich bis 3-eckig S. 310–313

- Blüten in Scheinquirlen, ährenartig oder rispenartig stehend oder am Ende der Stängel kopfartig gehäuft
- Kelchblätter 5, bis zur Hälfte oder über diese verwachsen
- Kronblätter 5, verwachsen, mit Ober- und Unterlippe
- Staubblätter 4
- Fruchtknoten oberständig
- Blätter sitzend/gestielt, gegenständig S. 314–323

- Blüten in Quirlen; diese am Ende der Stängel in grösserer Zahl eine Ähre bildend
- Kelchblätter 5, bis weit hinauf verwachsen
- Kronblätter 5, verwachsen, in Oberlippe und 3-teiliger Unterlippe gegliedert
- Staubblätter 4
- Fruchtknoten oberständig
- Blätter gegenständig, gestielt, mehrlappig S. 324/325

- Blüten in langen Trauben, meist einseitswendig stehend
- Kelchblätter 5, im unteren Bereich verwachsen
- Kronblätter 5, verwachsen, mit kurzer Oberlippe und etwas längerer Unterlippe
- Staubblätter 4
- Fruchtknoten oberständig
- Stängelblätter wechselständig, im oberen Teil sitzend, unten gestielt S. 326/327

- Gestielte, meist nickende Blüten in mehreren übereinander liegenden Wickeln
- Kelchblätter 5, nicht verwachsen, abstehend behaart
- Kronblätter 5, verwachsen, eine Röhre bildend
- Staubblätter 5
- Fruchtknoten oberständig
- Blätter wechselständig, lanzettlich, in den geflügelten Stiel verschmälert S. 328/329

- Blüten gestielt, einzeln aus den Blattachseln
- Kelch aus 3 längeren und 2 kürzeren und verwachsenen Kelchblättern
- Kronblätter 5, zum weit ausladenden Trichter verwachsen
- Staubblätter 5
- Fruchtknoten oberständig
- Blätter wechselständig, gestielt, mit 2 pfeilförmigen Öhrchen S. 330/331

- Blüten gestielt, einzeln aus den Blattwinkeln
- Kelchblätter 5, im unteren Bereich verwachsen
- Kronblätter 5, zu einer engen Glocke verwachsen; Kronensaum zurückgebogen
- Staubblätter 5
- Fruchtknoten oberständig
- Blätter als wechselständige Paare, gestielt, lanzettlich bis eiförmig S. 332/333

- Blüten in lang gestielten und rispenartigen Wickeln
- Kb. 5, z.T. verwachsen
- Kronblätter 5, nur im unteren Bereich verwachsen
- Staubblätter 5; Staubbeutel eine Röhre bildend
- Fruchtknoten oberständig
- Stängelblätter wechselständig, gestielt, breit lanzettlich, zugespitzt, an der Basis oft herzförmig S. 334/335

- Trauben mit zahlreichen Köpfchen, die nur Röhrenblüten enthalten
- Kelchblätter später zu einem Pappus umgewandelt
- Kronblätter 5, verwachsen, mit 5 helleren Zipfeln
- Staubblätter 5
- Fruchtknoten unterständig
- Stängelblätter schuppenförmig; Grundständige erscheinen später S. 336/337

- Doldenartige Rispe mit zahlreichen Köpfchen, die nur Röhrenblüten enthalten
- Kelchblätter später zu einem Pappus umgewandelt
- Kronblätter 5, zu einer Röhre verwachsen, glockig erweitert, mit 5 kurzen Zipfeln
- Staubblätter 5
- Fruchtknoten unterständig
- Blätter 3- oder 5-teilig, gegenständig S. 338/339

- Köpfchen mit zahlreichen Röhrenblüten; randständige Blüten vergrössert und steril
- Kein Kelch oder dieser nur als Borsten ausgebildet
- Kronblätter 5, verwachsen; die Inneren mit schmalen Kronzipfeln
- Staubblätter 5
- Fruchtknoten unterständig
- Blätter lanzettlich oder bis 2-fach fiederteilig S. 340–343

- In eiförmigen bis kugeligen Köpfchen nur Röhrenblüten
- Kb. zu einem Borstenkranz oder Pappus umgewandelt
- Kronblätter 5, zu einer langen Röhre verwachsen
- Staubblätter 5
- Fruchtknoten unterständig
- Blätter gegenständig oder wechselständig, buchtig gezähnt, fiederteilig oder fiederspaltig S. 344–349

- Blüten in einer wiederholt 3-spaltigen und schirmförmigen Trugdolde
- Kelchblätter 5, aus nur kurz eingerollten Zipfeln
- Kronblätter 5, bis oberhalb der Mitte verwachsen
- Staubblätter meist 3
- Fruchtknoten unterständig
- Blätter gegenständig, mit 5–13 Fiederpaaren; Grundständige gestielt S. 350/351

- Gestielte Blüten am Ende der Stängel in einer Traube; diese mit oder ohne Schopf aus sterilen Blüten
- Keine Kelchblätter
- Perigonblätter 6, verwachsen, mit 6 weissen Zipfeln
- Staubblätter 6
- Fruchtknoten oberständig
- 3–8 linealische Grundblätter; keine Stängelblätter; Pflanze mit einer Zwiebel S. 352–357

- Lang gestielte Einzelblüten
- Keine Kelchblätter
- Perigonblätter 6–10, nicht verwachsen
- Staubblätter zahlreich
- Zahlreiche oberständige Fruchtblätter an einer gewölbten Achse
- Blätter grundständig, gestielt, 3-lappig, unterseits braunrot; unterhalb der Blüte 3 Hochblätter S. 358/359

- Vielblütige Trauben
- Keine Kelchblätter
- Perigonblätter 5, kronblattartig, verschieden gestaltet
- Wenige oder zahlreiche Staubblätter
- Fruchtknoten oberständig
- Stängelblätter wechselständig, oben sitzend, unten gestielt, 3-, 5- oder 7-teilig oder fiederspaltig, sitzend, unten gestielt S. 360–363

- Zahlreiche Blüten in einer ei- bis kopfförmigen und lang gestielten Traube
- Kelchblätter 5, bis etwa zur Mitte verwachsen
- Kronblätter 5, gegliedert in grosse Fahne, 2 Flügel und einem kleinen Schiffchen
- Staubblätter 10
- Fruchtknoten oberständig
- Blätter wechselständig, 3-zählig, gestielt S. 364/365

- Lang gestielte Einzelblüten
- Kelchblätter 5, nur im unteren Bereich verwachsen
- Kronblätter 5; die beiden Oberen aufwärts-, die 3 Unteren abwärts gerichtet
- Staubblätter 5
- Fruchtknoten oberständig
- Stängelblätter gegenständig, wie die Grundständigen lang gestielt, nierenförmig bis breit herzförmig S. 366/367

- Blütenstand bestehend aus zahlreichen Dichasien
- Kelchblätter 5, nicht verwachsen, elliptisch bis eiförmig, mit langer Granne
- Kronblätter 5, nicht verwachsen, dunkel geadert
- Staubblätter 10
- Fruchtknoten oberständig
- Blätter gegenständig, unten 5- oder 7-lappig/handförmig geteilt, gestielt S. 368/369

- Aus den oberen Blattwinkeln gestielte Einzelblüten
- Kelchblätter 5, im unteren Bereich verwachsen
- Kronblätter 5, unten zu einer Röhre verwachsen; Kronzipfel nach links drehend
- Staubblätter 5
- Fruchtknoten oberständig
- Stängelblätter kreuzgegenständig, eiförmig, kurz gestielt, lederartig S. 370/371

- Mehrblütige Scheinquirlen, die über dem obersten Blattpaar eine eiförmige bis kugelige Scheinähre bilden
- Kelchblätter 5, verwachsen
- Kronblätter 5, verwachsen, mit helmförmiger Ober- und 3-teiliger Unterlippe
- Staubblätter 4
- Fruchtknoten oberständig
- Blätter gegenständig, schmal eiförmig, gestielt S. 372/373

- Zahlreiche 4–8-blütige Scheinquirlen übereinander
- Kelchblätter 5, bis über die Mitte verwachsen
- Kronblätter 5, mit helmartig gewölbter Oberlippe und 3-teiliger Unterlippe
- Staubblätter 2
- Fruchtknoten oberständig
- Stängelblätter gegenständig, im oberen Bereich ungestielt unten gestielt S. 374/375

- Scheinähre mit bis 10 übereinander liegende Scheinquirlen; auch Einzelblüten
- Kelchblätter 5, verwachsen
- Kronblätter 5, verwachsen, mit Ober- und Unterlippe
- Staubblätter 4
- Fruchtknoten oberständig
- Stängelblätter gegenständig, sitzend, eiförmig; Grundständige oft spatelförmig, mit geflügeltem Stiel S. 376/377

- Zahlreiche mehrblütige Zymen übereinander
- Kelchblätter 5, zu einer schmalen Glocke verwachsen, mit 3-zähniger Ober- und 2-zähniger Unterlippe
- Kronblätter 5, verwachsen, mit Ober- und Unterlippe
- Staubblätter 4
- Fruchtknoten oberständig
- Blätter gegenständig, gestielt, u.a. 4-eckig S. 378/379

- Blüten einzeln oder zu 2 oder zu 3 in Scheinquirlen
- Kelchblätter 5, zu einer schmalen Glocke verwachsen, mit 3-zähniger Ober- und 2-zähniger Unterlippe
- Kronblätter 5, verwachsen, mit Ober- und Unterlippe
- Staubblätter 4
- Fruchtknoten oberständig
- Blätter gegenständig, gestielt, herzförmig S. 380/381

- Gestielte Blüten einzeln oder in vielblütigen Trauben
- Kb. 4, nicht verwachsen
- Kronblätter 4, nur in der Kronröhre verwachsen
- Staubblätter 2
- Fruchtknoten oberständig
- Blätter oben wechselständig, unten gegenständig oder alle gegenständig, gestielt oder ungestielt, rundlich, eiförmig oder oval S. 382–385

- Lang gestielte Einzelblüten
- Kelchblätter 5, nur an der Basis verwachsen
- Kronblätter 5, verwachsen, mit 2-teiliger Ober- und einer 3-teiligen Unterlippe mit Sporn; Gaumen gelb/weiss
- Staubblätter 4
- Fruchtknoten oberständig
- Blätter wechselständig, auch gegenständig, 3-, 5- oder 7-lappig, gestielt S. 386/387

- Blüten in Trauben oder in traubenartigen Wickeln
- Kb. 5, verwachsen (bis unter- oder oberhalb der Mitte)
- Kronblätter 5, in der kurzen Röhre verwachsen, mit gelben Schlundschuppen
- Staubblätter 5
- Fruchtknoten oberständig
- Blätter wechselständig, gestielt/sitzend, lanzettlich, spatelförmig, oval S. 388–391

- Rispe mit zahlreichen vielblütigen Wickeln
- Kelchblätter 5, verwachsen
- Kronblätter 5, verwachsen, mit ungleich grossen Zipfeln
- Staubblätter 5
- Fruchtknoten oberständig; Griffel wie eine Schlangenzunge 2-spaltig
- Stängelblätter wechselständig, in der Mitte und unten kurz gestielt S. 392/393

- In einer Rispe zahlreiche dichtblütige und gestielte Doppelwickel
- Kelchblätter 5, oft bis zur Mitte verwachsen, behaart
- Kronblätter 5, verwachsen, mit 5 Schlundschuppen
- Staubblätter 5
- Fruchtknoten oberständig
- Stängelblätter wechselständig, oben sitzend, unten gestielt, lanzettlich S. 394/395

- Mehrere gestielte, mehrblütige Wickel in Doldenrispen
- Kelchblätter 5, nur am Grunde verwachsen
- Kronblätter 5, am Grunde verwachsen, ausgebreitet, mit 5 Schlundschuppen
- Staubblätter 5
- Fruchtknoten oberständig
- Stängelblätter wechselständig; Grundständige in einer Rosette S. 396/397

- An den Sprossenden vielblütige Wickel; Blüten einseitswendig angeordnet
- Kelchblätter 5, fast bis zum Grund 5-teilig, behaart
- Kronblätter 5, im unteren Bereich verwachsen
- 5 sehr lange Staubblätter
- Fruchtknoten oberständig
- Stängelblätter wechselständig, sitzend oder gestielt, unpaarig gefiedert S. 398/399

- Mehrblütiges (nur Röhrenblüten) Köpfchen einzeln an der Spitze der Stängel
- Kelchblätter zu einem kleinen Pappus umgewandelt
- Kronblätter 5, verwachsen, aussen vergrössert
- Staubblätter 5
- Fruchtknoten unterständig
- Stängelblätter wechselständig, sitzend, gestielt, schmal oval, lanzettlich S. 400–403

- Mehrblütiges (nur Zungenblüten) Köpfchen in den Achseln von Hochblättern
- Kb. zu einem schuppenförmigen Pappus umgewandelt
- Kronblätter 5, verwachsen, mit 5 zugespitzten Zähnen
- Staubblätter 5
- Fruchtknoten unterständig
- Stängelblätter wechselständig, sitzend, gestielt, fiederteilig, lanzettlich S. 404/405

- Kugelige bis eiförmige Köpfchen am Ende der Stängel
- Aussenkelch unscheinbar; Innenkelch fast 4-kantig, mehrzähnig
- Kronblätter 4, zu einer Röhre verwachsen, mit 4 verschieden langen Zipfeln
- Staubblätter 4
- Fruchtknoten unterständig
- Blätter gegenständig, unten verwachsen S. 406/407

- Zahlreiche Blüten in einem flachen Körbchen
- Aussenkelch mit 4 undeutlichen Zähnen; Innenkelch mit 8–10 Kelchborsten
- Kronblätter 4, die Zipfel nicht flach ausgebreitet
- Staubblätter 4
- Fruchtknoten unterständig
- Blätter gegenständig, gestielt/sitzend, breit lanzettlich/fiederteilig S. 408–411

- Zahlreiche Blüten in einem flachen Körbchen
- Aussenkelch schüsselförmig; Innenkelch mit meist 5 schwarzen Kelchborsten
- Kronblätter 5, verwachsen, mit 5 nicht gleichen Zipfeln
- Staubblätter 4
- Fruchtknoten unterständig
- Grundblätter ungeteilt; Stängelblätter 1–2-fach fiederschnittig, sitzend S. 412/413

- Blüten einzeln und grundständig
- Keine Kelchblätter
- Perigonblätter 6, zu einer Röhre verwachsen, die mehrheitlich im Boden ist; Blüte weiss, violett, gemischt
- Staubblätter 3
- Fruchtknoten unterständig
- Blätter grundständig, zur Blütezeit nicht voll entwickelt, linealisch S. 414/415

- Lang gestielte Einzelblüten
- Kelchblätter 5, nicht verwachsen, mit Anhängseln
- Kronblätter 5; die 2 Mittleren gerade oder meist nach oben gerichtet; unterstes Kronblatt mit einem Sporn
- Staubblätter 5, um den oberständigen Fruchtknoten einen Zylinder bildend
- Stängelblätter wechselständig, gestielt S. 416/417

- Gestielte Blüten in einer reich verzweigten Rispe
- Keine Kelchblätter
- Perigonblätter 5, oft rot berandet, anfangs zusammenneigend, mit Nektarblättern
- Staubblätter zahlreich
- Die Fruchtblätter oberständig
- Grundständige Blätter 3-,5-, 7- oder 9-fach fussförmig geteilt; am Stängel auch mit eiförmiger Gestalt S. 418/419

- Rispe mit mehrblütigen und knäueligen Wickeln
- Keine Kelchblätter
- Perigonblätter 5, meist nicht verwachsen, grün, mit etwas Mehlstaub
- Staubblätter 5
- Fruchtknoten oberständig
- Stängelblätter wechselständig, unten auch gegenständig, gestielt, lanzettlich, oval oder rhombisch S. 420/421

- Zahlreiche vielblütige Knäuel bilden eine Scheinähre
- Keine Kelchblätter
- Perigonblätter 4; männliche und weibliche Blüten auf verschiedenen Pflanzen
- Staubblätter 4
- Fruchtknoten oberständig
- Stängelblätter gegenständig, gestielt, länglich herzförmig; Pflanze mit Brenn- und Borstenhaaren S. 422/423

- Blüten in kugeliger/eiförmiger bis zylindrischer Ähre
- Kelchblätter 4, die 2 vorderen verwachsen (3-spaltig)
- Kronblätter 4, verwachsen, mit kurzer Röhre, 4 Zipfel
- Staubblätter 4
- Fruchtknoten oberständig
- Blätter in einer Rosette, in einen langen Stiel verschmälert, schmal lanzettlich und aufgerichtet S. 424/425

- Blüten in einer zylinderförmigen Ähre
- Kelchblätter 4, trockenhäutig
- Kronblätter 4, trockenhäutig, verwachsen, mit grünlichweissen bis weissen Zipfeln
- Staubblätter 4
- Fruchtknoten oberständig
- Blätter in einer Rosette, in einen kurzen Stiel verschmälert, elliptisch/eiförmig, dem Boden anliegend S. 426/427

- Blüten in einer langen Ähre
- Kelchblätter 4, nur am Grund verwachsen
- Kronblätter 4, bei der Röhre verwachsen, grünlich, grünlichgelb bis grünlichweiss
- Staubblätter 4
- Fruchtknoten oberständig
- Blätter in einer Rosette, lang gestielt, breit eiförmig, dem Boden anliegend oder etwas aufgerichtet S. 428/429

- Blüten in lang gestielten, eiförmigen Köpfchen
- Kb. als kleines Krönchen ausgebildet oder fehlend
- Kronblätter 4-zähnig, verwachsen, mit 4 Kronzipfeln
- Staubblätter meist 5
- Fruchtknoten unterständig
- Stängelblätter wechselständig (auch zu mehreren gegenständig und 2–3-fach fiederteilig S. 430/431

Echtes Schneeglöckchen, Kleines Schneeglöckchen
Perse-neige; Bucaneve
Common Snowdrop
Galanthus nivalis L.

Amaryllidaceae
Amaryllisgewächse

Schnee-Durchstecher

Herkunft / Verbreitung	Südeuropäische Pflanze; vermutlicher Ursprung im Süden und Südosten Europas; im nördlichen Europa und in Nordamerika eingebürgert; stellenweise häufig und dann in grösseren Beständen anzutreffen
Höhenstufen	Kollin, montan, seltener subalpin; fehlt wild in den Zentralalpen
Bodenbeschaffenheit	Auf feuchten bis mässig frischen, auch wasserzügigen, mässig nährstoffreichen bis nährstoffreichen, neutralen bis basischen, tiefgründigen Lehm- und Tonböden; liebt auch Kalkunterlagen; verdichteter Boden wird ertragen
Standorte	Auenwälder, feuchte und frische Wiesen, Friedhofs-,Garten- und Parkanlagen, Hecken, schattige und feuchte Laub- und Laubmischwälder, Obstgärten; heute in zahlreichen Sorten angepflanzt; Halbschattenpflanze
Blütezeit	(Januar), Februar bis April
Bestäubung	Insektenbestäubung: Bienen, Hummeln und Schmetterlinge
Aussehen	4–25 cm hoch, aufrecht, mit eiförmigen bis kugeligen, bis 1 cm breiten, von den 3 trockenhäutigen Schalen (Basalteile vorjähriger Blätter) umhüllte Zwiebeln; Stängel undeutlich 3-eckig, oval bis stielrund, gefüllt, im unteren Bereich von einem häutigen Blatt umhüllt; vor der Reife erschlafft der Stängel und legt die unreifen Kapseln auf den Boden; Leitbündel über den ganzen Stängelquerschnitt verteilt; die Winter mit Zwiebeln überdauernd
Blütenstand	Am Ende der Stängel mit Einzelblüten
Blüten	Radiärsymmetrisch, zuerst schmal eiförmig, aufrecht, von einer weisshäutigen Hochblattscheide umgeben, später sich nach unten neigend und nickend
Perigonblätter + Staubblätter + Fruchtknoten	6; die äusseren 3 schmal oval, meist waagrecht abstehend; die jeweils inneren 3 schmal herzförmig, an der Spitze ausgerandet, aufrecht und etwas zusammenneigend, auf der Aussenseite mit einem meist halbmondförmigen grünen Fleck, innerseits mit grünen Längslinien; Staubblätter 6, allmählich zugespitzt, sich zu einem Streukegel zusammenneigend; Fruchtknoten unterständig, mit einem dünnen und fadenförmigen Griffel
Früchte	Bis 12 mm lange Kapseln; Samen 3–4 mm lang, zuerst weiss, dann bräunlich, mit einem hornartig gekrümmten Anhängsel (Elaiosom); Ameisenverbreitung
Blätter	Jeweils zu 2, grundständig angeordnet, 10–25 cm lang, 4–10 mm breit, linealisch, ganzrandig, bläulichgrün, kahl, am Ende abgerundet; Ränder etwas nach unten gebogen; Mittelader unterseits hervortretend, in der Mitte etwas eingesenkt; Blätter zur Blütezeit kürzer als der Stängel

Märzenbecher, Frühlings-Knotenblume — **Amaryllidaceae**
Nivéole du printemps; Campanelle comuni — **Amaryllisgewächse**
Spring Snowflake
Leucojum vernum L. — **Märzenglöckchen, Grosses Schneeglöckchen**

Herkunft / Verbreitung	Europäische Pflanze; nordwärts bis nach Nordfinnland; süd- und südostwärts bis Mittelitalien, Serbien und ostwärts bis Ungarn; in den zentralalpinen Tälern wild nicht vorhanden; vor allem in Gärten und gelegentlich verwildert; in zahlreichen Sorten kultiviert
Höhenstufen	Kollin, montan, seltener subalpin
Bodenbeschaffenheit	Auf feuchten, nährstoffreichen, schwach sauren bis neutralen, lockeren, humosen, tiefgründigen Lehm- und Tonböden; Mullbodenpflanze; Feuchtigkeitszeiger; Halbschatten-Lichtpflanze
Standorte	Alleen, Auen- und Schluchtwälder, feuchte Laubmischwälder, Friedhöfe, Gärten, Hecken, Lichtungssäume, Obstgärten, Parkanlagen, Waldränder, feuchte Wiesen; stellenweise häufig und dort grössere Bestände bildend
Blütezeit	Februar bis April
Bestäubung	Insektenbestäubung: Bienen, Hummeln, Tagfalter
Aussehen	10–35 cm hoch, aufrecht; Stängel blattlos, gelblichweiss bis hell- und mittelgrün, kahl, hohl, oval bis stielrund, mit zugespitzten Erhebungen; Zwiebelgeophyt; vegetative Ausbreitung mit Hilfe von Zwiebeln oder von mehreren Seitenzwiebeln; Leitbündel über den ganzen Stängelquerschnitt verteilt
Blütenstand	Am Ende der Stängel mehrheitlich Einzelblüten, seltener mit 2 Blüten
Blüten	Radiärsymmetrisch, glockenförmig, 6-teilig, 15–25 mm lang und 10–20 mm breit; ohne Nebenkrone; die dünnen Blütenstiele nicht länger als das verlängerte Hochblatt
Perigonblätter	6; alle gleich lang, miteinander nicht verwachsen, schmal eiförmig oder oval, weiss, am Ende mit einer verdickten und abgerundeten Spitze, ausserseits mit einem gelblichgrünen Fleck
Staubblätter	6; in 2 Kreisen angeordnet, etwa halb so lang wie die Perigonblätter; Staubfäden weiss, kürzer als die gelben, am Ende nicht zugespitzten Staubbeutel
Fruchtknoten	Unterständig, aus 3 Fruchtblättern verwachsen; Griffel schmal keulenförmig
Früchte	Kapseln 3-fächerig, birnenförmig, grün, fleischig, mehrsamig; Samen im jungen Stadium weiss, später dunkelbraun bis schwarz und ohne Anhängsel
Blätter	Linealisch, 20–30 cm lang, bis 1 cm breit, kahl, am Ende abgerundet, weisslich, gelblich und mittel- bis dunkelgrün, zu 3–4 am Grunde des Stängels entspringend, mit schwach hervortretender Mittelader

Sommerglöckchen, Sommer-Knotenblume
Nivéole d'été; Campanelle maggiori
Summer Snowflake; Loddon Lily
Leucojum aestivum L.

Amaryllidaceae
Amaryllisgewächse

$pätblühende Knotenblume

Herkunft / Verbreitung	Südeuropäisch-westasiatische Pflanze; nordwärts bis nach Belgien, Dänemark, Holland, südliches England; fehlt in Polen, Skandinavien und im Baltikum; in SO-Europa spontan in Nasswiesen; südostwärts bis in die Türkei
Höhenstufen	Kollin; eingebürgert; in der Schweiz wild isoliert im Mittelland
Bodenbeschaffenheit	Auf nassen bis feuchten, nährstoffreichen, oft gedüngten, neutralen bis basischen, humosen Lehm- und Tonböden; auf zeitweise überschwemmten Böden mit stark schwankendem Wasserspiegel; schlechte Durchlüftung des Bodens mit Sauerstoff wird gut ertragen; im Sommer trockene Sumpfwiesen bilden kein Problem; Halbschatten-Lichtpflanze; wärmeliebend
Standorte	Auenwälder, entlang von Kanälen, nasse und feuchte Wiesen und Weiden, Gräben, Tümpel; heute vermehrt in Gärten angepflanzt und aus diesen stellenweise verwildert; wo vorhanden, dann in grösseren Gruppen anzutreffen
Blütezeit	April und Mai, seltener bis Juni
Bestäubung	Insektenbestäubung: Bienen, Hummeln; auch Selbstbestäubung
Aussehen	20–60 cm hoch, aufrecht, mehrjährig; Stängel blattlos, kahl, hohl, oval bis stielrund, zweischneidig; vegetative Ausbreitung mit Hilfe von Seitenzwiebeln (Brutzwiebel als Überdauerungsorgan); Zwiebel eiförmig, bis 3 cm dick; Hochblatt 3–5 cm lang und lanzettlich; Leitbündel zerstreut angeordnet
Blütenstand	Am Ende der Stängel eine 3–8-blütige Traube
Blüten	Radiärsymmetrisch, glockenförmig, gestielt, ohne Nebenkrone; die längsten Blütenstiele viel länger als das Hochblatt
Perigonblätter	6; alle gleich lang und gleichartig gestaltet, weiss, schmal eiförmig, gegen das untere Ende etwas keilförmig verschmälert, mit der grössten Breite meist oberhalb der Mitte, beim etwas verdickten Ende mit einem grünlichgelben Fleck
Staubblätter	6; in 2 Kreisen angeordnet; mit weissen, etwas verbreiterten Staubfäden und gelben Staubbeuteln
Fruchtknoten	Unterständig, aus 3 Fruchtblättern verwachsen; Griffel schwach keulenförmig
Früchte	Bis 20 mm lange, breit elliptische bis kugelige, dunkelgrüne, etwas fleischige, mehrsamige Kapseln; Samen zylindrisch und schwarz
Blätter	Zu mehreren grundständig angeordnet, 20–50 cm lang, 8–15 mm breit, breit lineal, mittel- bis dunkelgrün, am Ende stumpf bis abgerundet, unterseits mit erhabener Mittelader; Nebenblätter fehlend

Weisse Berg-Narzisse, Stern-Narzisse
Narcisse à fleurs rayonnantes
Narciso a foglie strette; Eye Narcissus
Narcissus radiiflorus Salisb.

Amaryllidaceae
Amaryllisgewächse

Sternblütige Narzisse

Herkunft / Verbreitung	Mittel- und südeuropäische Pflanze; vor allem von den Seealpen (Gebirgsgruppe der südlichen Westalpen) bis zu den Ostalpen; Schwarzwald, Vogesen; seltener in Nordeuropa; südwärts bis Griechenland; südlicher Jura; zahlreich bei Les Avants oberhalb von Montreux
Höhenstufen	Montan, subalpin; wenn vorhanden, dann oft in Massen auftretend
Bodenbeschaffenheit	Auf feuchten bis frischen, nährstoffreichen, schwach sauren bis neutralen, humosen Lehmböden
Standorte	Nährstoffreiche (auch gedüngte) Bergwiesen, etwas trockene und magere Wiesen und Weiden; geschützte, aber auch giftige Pflanze
Blütezeit	April und Mai
Bestäubung	Insektenbestäubung: Bienen, Hummeln
Aussehen	20–40 cm hoch, aufrecht, mehrjährig; vegetative Ausbreitung mit Hilfe von mehreren Seitenzwiebeln; ein Zwiebelgeophyt, der die Winter mit Zwiebeln überdauert; Stängel blattlos, kahl, weisslich, hellgelb und hell- bis mittelgrün, oval, zuerst gefüllt, dann hohl, zweischneidig; bezüglich Perigonblätter und Nebenkrone ist die Art vielgestaltig; Leitbündel zerstreut angeordnet
Blütenstand	Am Ende der Stängel mit Einzelblüten
Blüten	Radiärsymmetrisch, 6-teilig, mit kurzer Nebenkrone; diese ist schüsselförmig, 8–10 mm breit, gelblich, mit rotem und krausem Rand, jedoch kleiner als die Perigonblätter
Perigonblätter	6; alle gleich lang und gleichartig gestaltet, im unteren Bereich zu einer Röhre verwachsen; Perigonzipfel 2–3 cm lang, weiss, schmal eiförmig bis schmal oval, flach ausgebreitet, gegen den Grund zu keilförmig verschmälert, am Ende meist mit kurzer Spitze, sich nicht oder kaum überdeckend
Staubblätter	6; fast alle in gleicher Höhe entspringend und bei der Nebenkrone alle deutlich sichtbar; Staubbeutel gelb
Fruchtknoten	Unterständig, aus 3 Fruchtblättern verwachsen; Griffel stabförmig
Früchte	Kapseln 3-kantig, 3-fächerig, fleischig, birnen- bis kugelförmig, grün, mehrsamig; Samen eiförmig bis kugelig, dunkelbraun bis schwarz
Blätter	Zu mehreren grundständig angeordnet, linealisch, 20–30 cm lang, 3–8 mm breit, mittel- bis dunkelgrün, am Ende stumpf oder abgerundet; unterseits mit erhabener Mittelader; Blatt im Querschnitt halbrund

Doldiger Milchstern
Dame d'onze heures
Latte di gallina ad ombrella; Star of Bethlehem
Ornithogalum umbellatum L.

Asparagaceae
Spargelgewächse

Stern von Bethlehem

Herkunft / Verbreitung	Europäische Pflanze; nordwärts bis England, Südskandinavien, Baltikum; ostwärts bis in die Ukraine; in der Region verbreitet und häufig
Höhenstufen	Kollin, montan, seltener subalpin
Bodenbeschaffenheit	Auf frischen, nährstoffreichen, mässig sauren bis neutralen, tiefgründigen, humosen Lehm- oder Sandböden
Standorte	Fettwiesen, Hecken, Obstgärten, Parkanlagen, Wegränder, Weinberge
Blütezeit	April bis Juni
Bestäubung	Insektenbestäubung: Bienen, Fliegen, Hummeln; auch Selbstbestäubung
Aussehen	10–30 cm hoch, aufsteigend bis aufrecht, grasgrün, mehrjährig; Bildung von Zwiebeln und Nebenzwiebeln, mit welchen die Winter überdauert werden; Stängel oval bis stielrund, hell- und mittelgrün, gefüllt; Leitbündel über den ganzen Stängelquerschnitt verteilt
Blütenstand	Lang gestielte Blüten in aufrechten und 3–15-blütigen Doldentrauben; die unteren Blütenstiele stark verlängert und die Spitze des Blütenstandes oft überragend; Tragblätter zu Beginn des Blattstiels lanzettlich, zugespitzt und kürzer als die Blütenstiele
Blüten	Radiärsymmetrisch, 6-teilig, aufgerichtet
Perigonblätter	6; alle gleich lang und gleichartig gestaltet, schmal oval, 15–20 mm lang, am Ende meist abgerundet, sternförmig ausgebreitet, miteinander nicht verwachsen, innen weiss, aussen mit einem breiten und hellgrünen Mittelstreifen
Staubblätter	6; in 2 Kreisen angeordnet; Staubfäden meist auffallend breit und deshalb bandförmig ausgebildet, unterhalb der Staubbeutel spitz zusammenlaufend; Staubblätter kürzer als die Perigonblätter
Fruchtknoten	Oberständig, 5–6 mm lang, grün, im obersten Bereich etwas gelblich, mit sechs deutlich hervortretenden und abgerundeten Längsleisten; 3 Fruchtblätter miteinander verwachsen; Griffel weiss, 3–4 mm lang
Früchte	Kapseln keulig, fleischig, 6-kantig, 3-fächerig, vielsamig, bei der Spitze nicht oder nur wenig eingesenkt und bei der Reife meist rechtwinklig abstehend
Blätter	Linealisch, fleischig, kahl, länger als der Stängel, 2–6 mm breit, hohlrinnig, mit hellem Mittelstreifen, zu 6–8 grundständig in einer Rosette; während der Blütezeit werden die Blätter weicher und beginnen herabzuhängen; nach der Blütezeit vergilben sie rasch und sterben ab

Bär-Lauch, Bärlauch
Ail des ours; Aglio orsino
Wood Garlic
Allium ursinum L.

Amaryllidaceae
Amaryllisgewächse

Knoblauchspinat

Herkunft / Verbreitung	Europäische Pflanze; nordwärts bis Schottland, Südfinnland; im Mittelmeergebiet vorhanden, jedoch die immergrünen Wälder meidend; ost- und südostwärts bis zur Ukraine und zum Kaukasus
Höhenstufen	Kollin, montan; verbreitet, ziemlich häufig und gesellig, sehr oft in Massenbeständen anzutreffen
Bodenbeschaffenheit	Auf feuchten bis frischen, mässig nährstoffreichen bis nährstoffreichen, neutralen bis basischen, tiefgründigen, lockeren, humosen Lehm- und Tonböden; Wasserzug oder Grundwassernähe anzeigend; Schattenblume
Standorte	Am Hangfuss, Baumgärten, Bruchwälder, feuchte und krautreiche Auen- und Laubmischwälder, Hecken, Lichtungssäume, bei Mulden, schattige Gartenanlagen, Obstbaumplantagen, Waldränder
Blütezeit	April bis Juni
Bestäubung	Insektenbestäubung: Bienen, Fliegen, Hummeln; auch Selbstbestäubung
Aussehen	20–40 cm hoch, aufrecht, mehrjährig, mit länglichen, schlanken, 2–4 cm langen und von Häuten umgebenen Zwiebeln; ohne Brutzwiebeln; Stängel grünlichweiss bis grün, kahl, im Querschnitt 3-kantig, mit stumpfen bis spitzen Kanten, ausgefüllt und Leitbündel über den ganzen Querschnitt verteilt; Pflanze stark Knoblauch riechend; die Winter mit Zwiebeln überdauernd
Blütenstand	Endständige, flache bis schwach gewölbte, bis 20-blütige Dolde; weissliche Hülle 2–3-spaltig, die geschlossenen Blüten kaum oder nicht überragend und zur Blütezeit abfallend
Blüten	Radiärsymmetrisch, weiss, 6-teilig, lang gestielt
Perigonblätter	6; lanzettlich, 6–12 mm lang, am Ende stumpf oder zugespitzt, schief aufwärts gerichtet, von den Staubblättern nicht überragt
Staubblätter	6; in 2 Kreisen angeordnet, mit weisslichen Staubfäden und Staubbeuteln, gegen den Grund zu nicht oder nur wenig verbreitert
Fruchtknoten	Oberständig, aus 3 Fruchtblättern verwachsen; 1 Griffel lang zugespitzt
Früchte	Grüne Kapseln mit 3 Fächern; Samen eiförmig bis kugelig und schwarz
Blätter	Zu 1–3 (meist jedoch zu 2) grundständig angeordnet und lang gestielt; Blattspreite bis 20 cm lang, 2–7 cm breit, breit lanzettlich bis schmal elliptisch, ganzrandig, mittel- bis dunkelgrün, unterseits heller grün mt stark hervortretender Mittelader

Maiglöckchen, Meierisli
Muguet; Mughetto
Lily of the Valley
Convallaria majalis L.

Asparagaceae
Spargelgewächse

Aprilenglöckle

Herkunft / Verbreitung	Eurasiatische Pflanze; in fast ganz Europa bis zum Kaukasus; im Süden Europas auf Gebirgslagen beschränkt; auch gemässigtes Asien; in Nordamerika gilt das Maiglöckchen als eingebürgert
Höhenstufen	Kollin bis subalpin, seltener alpin
Bodenbeschaffenheit	Auf schwach feuchten bis frischen, aber auch auf mässig trockenen, mässig nährstoffreichen, etwas sauren bis basenreichen, humosen, tiefgründigen, etwas lockeren Lehm-, Sand- und Steinböden; bevorzugt sommerwarmes Klima
Standorte	Lichte Buchen- und Eichenwälder, Bergwiesen, Garten- und Parkanlagen, lichte Gebüsche, Geröllhalden, lichte Kiefernwälder; bis 1820 m ü. M.
Blütezeit	Mai und Juni
Bestäubung	Insektenbestäubung: Bienen, Hummeln; auch Selbstbestäubung
Aussehen	10–25 cm hoch, aufrecht, mehrjährig, mit 2 übereinander stehenden, den Stängel scheidig umfassenden Blättern; weit kriechendes und bis 50 cm tief wurzelndes Rhizom; Stängel dunkelgrün, kahl, oval, mehrkantig, ausgefüllt; Leitbündel über den ganzen Stängelquerschnitt verteilt; Halbschattenpflanze; eine bodenlockernde Pflanzenart
Blütenstand	5–15 Blüten in einer endständigen und einseitswendigen Traube
Blüten	Gestielt, glockenförmig, 5–7 mm lang, nickend
Perigonblätter	6; weiss, zu einer halbkugeligen Glocke verwachsen, mit 5–10 mm Durchmesser, mit nach aussen gebogenen freien Zipfeln; selten etwas rötlich; mit intensiv süsslichem Duft und daher wohlriechend
Staubblätter	6; in 2 Kreisen angeordnet, kürzer als die Perigonblätter
Fruchtknoten	Oberständig, rundlich, aus 3 miteinander verwachsenen Fruchtblättern; im Innern befinden sich 3 Kammern mit je 4–8 Samenanlagen; Griffel kurz, dick, gerade stehend, mit schwach 3-lappiger Narbe
Früchte	Leuchtend rote, 3-fächerige, vielsamige Beeren; Samen 2–4 mm lang, eiförmig bis fast kugelig, glatt, gelb bis hellbraun
Blätter	Die beiden obersten Blätter gestielt; Blattspreite breit lanzettlich bis elliptisch, 10–20 cm lang, 3–4 cm breit, kahl, ganzrandig, gegen den Grund zu keilförmig verschmälert, am Ende zugespitzt, oberseits etwas dunkler grün als unterseits; Hauptader unterseits nur im unteren Bereich etwas hervortretend; unterste Blätter (Niederblätter) schuppenförmig und bald verwesend

Busch-Windröschen, Wald-Anemone
Anémone des bois; Anemone bianca
Wind Flower, Wood Anemone
Anemone nemorosa L.

Ranunculaceae
Hahnenfussgewächse

Geissblüemli

Herkunft / Verbreitung	Europäische Pflanze; nordwärts bis Irland, England, Schweden; ostwärts bis ins Wolgagebiet; im Süden bis nach Korsika; Ost-Asien; auch in den USA verbreitet; im Gebiet verbreitet und oft in grösseren Beständen anzutreffen
Höhenstufen	Kollin, montan, subalpin; bis 2000 m ü. M.
Boden-beschaffenheit	Auf feuchten bis mässig frischen, nährstoffreichen, schwach sauren bis neutralen, humosen, tiefgründigen Lehmböden; auch auf Mullböden
Standorte	Baumgärten, Bergwiesen, Garten- und Parkanlagen, Hecken, Laubmischwälder, schattige Wiesen; Charakterart der Buchen- und sommergrünen Eichenwälder Europas; im Frühling mit hohen Lichtansprüchen
Blütezeit	März bis Mai; zur Blütezeit fehlen den blühenden Stängeln die grundständigen Blätter oder sie sind noch sehr klein
Bestäubung	Insektenbestäubung: Bienen, Fliegen, Hummeln; auch Selbstbestäubung
Aussehen	10–25 cm hoch, aufrecht, mehrjährig; als Speicher- und Überdauerungsorgan dient ein bis 30 cm langes, gelbliches bis braunes, horizontal wachsendes, an der Spitze mit kleinen Schuppenblättern versehenes Rhizom; Stängel weisslich, grün und bräunlichrot, im untersten Bereich meist kahl, weiter oben anliegend behaart, oval bis rund, meist hohl; Leitbündel ringförmig angeordnet
Blütenstand	Am Ende der Stängel eine Blüte tragend
Blüten	10–35 mm im Durchmesser, mit einem behaarten Stiel
Perigonblätter	6–8, (selten bis 12), schmal eiförmig oder schmal elliptisch, weiss, ausserseits oft rosa überlaufen, beiderseits kahl, abgerundet oder schwach ausgerandet, mehr oder weniger flach ausgebreitet; Nektarblätter und Kelch fehlen
Staubblätter	Zahlreich; Staubfäden weiss, Staubbeutel gelb
Fruchtknoten	Auf der leicht gewölbten Blütenachse 10–20 oberständig angeordnete, miteinander nicht verwachsene, längliche, grüne, flaumig behaarte Fruchtblätter; Griffel kurz, kahl, etwas gebogen
Früchte	Schmal elliptische, dicht kraushaarige Nüsschen (einsamig), die von Ameisen verbreitet werden; die Fruchtreife erfolgt bereits im Mai
Blätter	Im oberen Teil des Stängels ein Quirl mit 3 gestielten, im Umriss rhombischen bis 5-eckigen, 3–6 cm langen, etwas kurz behaarten Blättern; die Abschnitte ungleich tief 2–5-teilig und zusätzlich grob gezähnt; lang gestielte Grundblätter erscheinen während oder meist erst nach der Blütezeit

Klatschnelke, Taubenkropf-Leimkraut
Gewöhnliches Leimkraut; Silène enflé
Silene rigonfia, Bubbolini Bladder Campion
Silene vulgaris (Moench) Garcke

Caryophyllaceae
Nelkengewächse

Gewöhnlicher Taubenkropf

Herkunft / Verbreitung	Mitteleuropäische Pflanze; in ganz Eurasien verbreitet; häufig und formenreich in Südeuropa; eingebürgert in Australien, Neuseeland, Nordafrika, Nordamerika, Tasmanien
Höhenstufen	Kollin, montan, subalpin, seltener alpin
Boden-beschaffenheit	Auf mässig frischen, wechselfrischen, auch etwas trockenen, mässig nährstoff- und basenreichen, meist kalkreichen Sand- und Lehmböden; auch den Rohboden besiedelnd (Rohbodenpionier); bis 1 m tief wurzelnd
Standorte	Bahnschotter, entlang von Wegen, Gebüschsäume, grasige Hänge, Hochstaudenfluren, lichte Trockenwälder, lückige Magerrasen, Schuttplätze, Steinbrüche, Steinschuttfluren, Waldsäume, Wiesen, Weiden
Blütezeit	Juni bis September
Bestäubung	Insektenbestäubung: Bienen, Hummeln, Tag- und Nachtfalter
Aussehen	30–50 cm hoch, aufsteigend und/oder aufrecht, mehrjährig, verzweigt, meist kahl, im unteren Bereich auch etwas behaart, mit einer fleischig verdickten Hauptwurzel; Stängel beblättert, grün, anfangs ausgefüllt, später hohl; Leitbündel ringförmig angeordnet
Blütenstand	Reichblütig (10–30 Blüten oder mehr); ein mehrfach gegabeltes Dichasium bildend; mit zwittrigen und auch eingeschlechtigen Blüten
Kelchblätter	5, verwachsen; Kelch aufgeblasen, eiförmig bis kugelig, 6–20 mm lang, kahl, mit weisser oder grünlichweisser Grundfläche, einem bräunlichen Netz und mit 20 gut sichtbaren Adern; Kelchzähne 3-eckig, spitz, weiss berandet
Kronblätter	5, weiss, seltener etwas rosa, 15–25 mm lang; Platte tief 2-teilig, mit länglichen, oben verbreiterten, meist abgerundeten und zuweilen gezähnten Zipfeln
Staubblätter	10; Staubfäden und Staubbeutel weiss
Fruchtknoten	Oberständig, aus 3 Fruchtblättern verwachsen; 3 die Krone überragende Griffel mit rötlich gefärbten Narben
Früchte	Kapseln 6–15 mm lang, breit eiförmig bis fast kugelig, oft sehr kurz gestielt, im Kelch eingeschlossen, sich mit 6 etwas abstehenden Zähnen öffnend; Samen bis 2 mm lang, am Rande etwas abgerundet, dicht kurzstachelig
Blätter	3–12 cm lang, ungestielt, lanzettlich bis schmal 3-eckig, zugespitzt, gegenständig angeordnet, oberseits blaugrün, unterseits heller grün mit deutlich hervortretenden weisslichen Adern; Hochblätter lanzettlich bis eiförmig

Weisse Waldnelke, Weisse Lichtnelke
Silène des prés; Silene bianca
White Campion
Silene latifolia subsp. *alba* Poir.; *S. pratensis* (Rafn) Godr.

Caryophyllaceae
Nelkengewächse
Nacht-Lichtnelke

Herkunft / Verbreitung	Eurasiatische Pflanze; Europa, ohne Island und arktische Gebiete; ostwärts bis zum Baikalsee; in Nordamerika eingeschleppt; auch in Westasien
Höhenstufen	Kollin, montan, seltener subalpin
Bodenbeschaffenheit	Auf frischen bis mässig trockenen, nährstoffreichen, neutralen, schwach humosen, durchlässigen Sand-, Stein- und Lehmböden
Standorte	Ackerränder, Bahndämme, Böschungen, Halbtrockenrasen, Schuttplätze, sonnige Gebüsche, Unkrautfluren, Wegränder, Wiesen; liebt warme Standorte
Blütezeit	Juni bis September
Bestäubung	Insektenbestäubung: Nachtfalter
Aussehen	30–90 cm hoch, zuweilen niederliegend, aber auch aufsteigend und aufrecht, bei Gebäuden sich anlehnend und aufsteigend, verzweigt, mit kräftiger und verdickter Primärwurzel, bis 1 m tief wurzelnd; aus seitlichen Wurzeln spriessen neue Triebe; mit begrenzter Lebensdauer (wenigjährig); Stängel grün und dunkelrotbraun, gleichmässig dicht mit kurzen Haaren besetzt, im Querschnitt oval bis stielrund, meist hohl; Leitbündel kreisförmig angeordnet
Blütenstand	Dichasium mit deutlich einseitiger Förderung und wickeligem Endabschnitt
Blüten	Pflanzen zweihäusig und damit Blüten eingeschlechtig; geöffnet sind die Blüten am späten Nachmittag, in der Nacht und noch am frühen Morgen
Kelchblätter	5, verwachsen; Kelch 12–18 mm lang, grün oder rötlich, drüsig flaumig, bei den männlichen Blüten schmal zylindrisch, 10-aderig, bei den weiblichen Blüten eiförmig und mit 20 Adern; Kelchzähne schmal 3-eckig, meist zugespitzt
Kronblätter	5; Krone 20–35 mm lang, weiss, benagelt (aus einem schmalen, im Kelch eingeschlossenem Abschnitt und einer flach ausgebreiteten Platte), oft bis über die Mtte ausgerandet; Nebenkrone weiss, 1–2 mm lang
Staubblätter	10; Staubfäden weiss; Staubbeutel weiss bis hellgelb
Fruchtknoten	Oberständig; bei weiblichen Blüten 5 Griffel aus dem Schlund herausragend
Früchte	10–16 mm lange, eiförmige Kapseln, die sich mit 10 zurückrollenden Zähnen öffnen; Samen 1–2 mm lang, hellbraun, dicht stumpfwarzig
Blätter	Lanzettlich bis eiförmig, im unteren Bereich gestielt, in den Stiel verschmälert, kurz weichhaarig, an der Spreitenbasis oft etwas rötlich, im oberen Bereich gegenständig angeordnet, sitzend; Hochblätter kurz, schmal lanzettlich

Nickendes Leimkraut
Silène penché; Silene ciondola
Nottingham Catchfly
Silene nutans L.

Caryophyllaceae
Nelkengewächse

Klebnägeli, Nachtsilene

Herkunft / Verbreitung	Eurosibirische Pflanze; Europa, ohne Island und arktische Gebiete; ostwärts bis zum Baikalseegebiet
Höhenstufen	Kollin, montan, subalpin
Boden-beschaffenheit	Auf warmen, mässig trockenen bis trockenen, mässig nährstoffreichen, basenreichen, auch kalkarmen, lockeren, oft auch mässig sauren, meist flachgründigen Steinböden oder steinig sandigen Lehmböden
Standorte	Lichte Buchen- und Eichenwälder, Felsen, Felsspalten, entlang von Waldsäumen, Magerrasen, Trockenwiesen, Weiden
Blütezeit	Juni bis August
Bestäubung	Insektenbestäubung: Nachtfalter
Aussehen	20–50 cm hoch, aufrecht, mehrjährig, mit kurzen sterilen Trieben; Hauptwurzel kräftig, verzweigt, 50–80 cm in die Tiefe reichend; Stängel stielrund, ausgefüllt, beblättert, ziemlich dicht weichhaarig, im oberen Teil drüsig klebrig; Leitbündel ringförmig angeordnet
Blütenstand	Ein Thyrsus mit kurz gestielten, meist 2–5-blütigen Teilblütenständen
Blüten	Meist zwittrig, seltener eingeschlechtig, nickend, in der Nacht ganz geöffnet
Kelchblätter	5, miteinander verwachsen; Kelch 7–15 mm lang, schmal keulig, später dick keulig, am Grunde gestutzt, grünlich oder rötlich, mit vielen Drüsenhaaren, mit 10 deutlich hervortretenden weissen oder auch dunklen Adern; Kelchzähne zugespitzt, grünlichweiss berandet
Kronblätter	5, innerseits weiss, aussen grünlich oder auch rötlich, 15–25 mm lang, tief ausgerandet, mit linealischen Zipfeln; Nebenkrone weiss, 1–3 mm lang, ebenfalls 2-spaltig; am Schlundeingang ohne Borsten
Staubblätter	10; Staubfäden weiss; Staubbeutel weiss, später dunkelbraun bis schwarz
Fruchtknoten	Oberständig; die 3 Griffel dünn, weiss bis rötlich mit rötlichen Narben, wie die Staubblätter deutlich aus dem Blütenschlund herausragend
Früchte	Kapseln 6–10 mm lang, sich mit abstehenden oder leicht zurückgebogenen Zähnen öffnend; Samen bis 1 mm lang, nierenförmig, warzig stachelig
Blätter	Grundständige 3–6 cm lang, gestielt; Blattspreite spatelförmig, etwas stumpf, in den Stiel verschmälert; obere Blätter gegenständig, lanzettlich bis spatelförmig, kurz gestielt oder ungestielt, weisshaarig, mit dicht bewimpertem Rand

Weisser Wiesenklee, Weiss-Klee
Trèfle rampant; Trifoglio bianco
White Clover
Trifolium repens L.

Fabaceae
Hülsenfrüchtler

Kriechender Klee

Herkunft / Verbreitung	Eurosibirische Pflanze; in der gemässigten Zone sehr weit verbreitet; in Nordamerika eingebürgert; eingeschleppt in Südamerika und Ostasien
Höhenstufen	Kollin, montan, subalpin, alpin
Bodenbeschaffenheit	Auf frischen, nährstoffreichen, mehr oder weniger humosen, dichten Lehm- und Tonböden in luftfeuchter Klimalage; Stickstoffzeiger; bis 100 cm tief wurzelnd; guter Feuchtigkeitszeiger; wird auch kultiviert
Standorte	Ackerränder, Fettwiesen, Garten- und Parkanlagen, Kunstrasen, Lägerstellen, Schutt- und Sportplätze, Wegränder, Weinberge
Blütezeit	Mai bis Oktober
Bestäubung	Insektenbestäubung: Bienen, Fliegen, Hummeln, Tagfalter; gute Bienenweide
Aussehen	10–40 cm lang, grün, niederliegend und kriechend, oft verzweigt, ohne unterirdische Ausläufer, an den Knoten wurzelnd, mit kräftiger Pfahlwurzel, mehrjährig; Kriechpionier; wertvolle Futterpflanze; Stängel oval, mit Mark gefüllt, später hohl; Blütenstängel stark gerillt; Leitbündel ringförmig angeordnet
Blütenstand	Blütenköpfe meist kugelig, bis 25 mm im Durchmesser, mit bis 60 Blüten; Stiele der Blütenstände so lang oder länger als die Blattstiele
Blüten	7–12 mm lang, weiss, seltener gelblich oder rötlich, deutlich gestielt, nach dem Blühen bräunlich und zurückgeschlagen
Kelchblätter	5, miteinander verwachsen; Kelch schmal glockenförmig, schwach 2-lippig, grünlichweiss, mit 10 grünlichen Adern, kahl oder mit einzelnen Haaren; Kelchzipfel schmal 3-eckig, die kleineren kürzer als die Kelchröhre
Kronblätter	5; gegliedert in eine grosse elliptische Fahne, 2 kleinere etwas spreizende Flügel und einem aus zwei Kronblättern vewachsenen geraden Schiffchen
Staubblätter	10; von ihnen sind 9 grünlichweisse Staubfäden miteinander verwachsen und umgeben das einzige oberständige Fruchtblatt; das 10. Staubblatt ist frei
Fruchtknoten	Oberständig, aus einem Fruchtblatt bestehend
Früchte	Hülsen linealisch, abgeflacht, zwischen den Samen etwas eingeschnürt; Samen ei- oder nierenförmig, schwefel- bis orangegelb, später bräunlich
Blätter	3-zählig, bis 20 cm lang gestielt, mittel- bis dunkelgrün; Teilblätter verkehrt eiförmig bis breit elliptisch, 1–3 cm lang, ungestielt oder mit nur kurzen Stielen, am Ende abgerundet oder schwach ausgerandet, mit fein gezähntem Rand

Berg-Klee
Trèfle des montagnes; Trifoglio montano
Mountain Clover
Trifolium montanum L.

Fabaceae
Hülsenfrüchtler

Steinklee

Herkunft / Verbreitung	Europäisch-westasiatische Pflanze; grösster Teil von Mitteleuropa; nordwärts vereinzelt bis Südskandinavien; süd- und westwärts bis nach Nord- und Mittelitalien, Südfrankreich, Spanien; ostwärts bis zum Kaukasus, Westsibirien
Höhenstufen	Kollin, montan, subalpin, vereinzelt auch alpin
Bodenbeschaffenheit	Auf mässig wechseltrockenen (sommertrockenen), stickstoffarmen, kalkhaltigen, neutralen, humosen, oft dichten, auch tiefgründigen Lehm- und Tonböden; Kalk- und Wechseltrockenheitszeiger; bis 1 m tief wurzelnd
Standorte	Magerwiesen, Kalk-Magerrasen, magere Auenwiesen, Saum von Gebüschen, Weiden, im Unkrautwuchs von Laub- und Nadelgehölzen
Blütezeit	Mai bis August
Bestäubung	Insektenbestäubung: Bienen, Hummeln, Tagfalter; gute Bienenweide
Aussehen	15–60 cm hoch, am Grunde oftmals kurz aufsteigend, dann aber aufrecht, behaart, mehrjährig, ohne Ausläufer; Leitbündel ringförmig angeordnet
Blütenstand	Köpfchen eiförmig bis kugelig, 1–2 cm im Durchmesser, vielblütig, lang gestielt, in den Achseln der obersten Stängelblätter; 1–5 Blütenstände/Stängel
Blüten	7–10 mm lang, meist weiss, seltener etwas gelblich oder rötlich, gestielt, geruchlos; Blütenstiele deutlich kürzer als die Kelchröhre
Kelchblätter	5, miteinander verwachsen; Kelch schmal glockenförmig, mit 10 Adern, gelblichweiss oder rötlich, zerstreut behaart; Kelchzipfel bewimpert, lanzettlich bis schmal 3-eckig, zugespitzt
Kronblätter	5, gegliedert in eine 6–9 mm lange und schmal ovale Fahne, 2 kleinere und stark spreizende Flügel und einem aus 2 Kronblättern verwachsenen geraden Schiffchen; Stängel des Blütenstandes mit Mark gefüllt, später hohl
Staubblätter	10; von ihnen sind 9 weisse Staubfäden miteinander verwachsen und umgeben das einzige oberständige Fruchtblatt; das 10. Staubblatt ist frei
Fruchtknoten	Oberständig, aus einem Fruchtblatt bestehend
Früchte	Hülsen gerade, schmal oval, weisslich wollig behaart, meist einsamig; Samen oval und grünlich, später gelblich bis bräunlich
Blätter	3-zählig; grundständige Blätter gestielt; stängelständige Blätter sitzend oder kurz gestielt; Teilblätter länglich oder auch schmal oval, bis 5 cm lang, mit der grössten Breite meist in der Mitte, stachelspitzig, mit fein gezähntem Rand

Weisser Honigklee, Weisser Steinklee
Mélilot blanc; Meliloto bianco
White Sweet Clover
Melilotus albus Medik.

Fabaceae
Hülsenfrüchtler

Bokharaklee

Herkunft / Verbreitung	Eurasiatische Pflanze; im grössten Teil Europas und Westasiens verbreitet; in Nordamerika und Australien eingebürgert
Höhenstufen	Kollin, montan, seltener subalpin
Bodenbeschaffenheit	Auf mässig trockenen bis trockenen, nährstoff- und basenreichen, mehr oder weniger humosen, auch steinigen Böden aller Art in wärmeren Lagen; Lehmböden bevorzugend; Rohbodenpionier; bis 70 cm tief wurzelnd
Standorte	Bahnareale, Erdanrisse, Flussufer, Kiesgruben, Kiesbänke, Mauern, Rutschstellen, Schuttplätze, Wegränder; sehr verbreitet und oft herdenweise auftretend
Blütezeit	Mai bis August
Bestäubung	Insektenbestäubung: Bienen, Fliegen, Hummeln, Wespen; gute Bienenweide
Aussehen	30–150 cm hoch, aufsteigend und aufrecht, ein- und 2-jährig, mit dicker Pfahlwurzel, oft mit einer reichlichen Bestockung am Wurzelhals; Stängel oval bis stielrund, oft kantig, verzweigt, im obersten Bereich oft etwas kurz behaart, grün, auch rötlich überlaufen, am Grunde bis 2 cm Dicke erreichend und zuletzt etwas verholzt; Leitbündel ringförmig angeordnet; nach Honig duftend; Heil- und Nutzpflanze; gepflanzt zur Gründüngung; Kulturbegleiter
Blütenstand	Traube 4–6 cm lang, schmal, bis 80-blütig
Blüten	4–6 mm lang, weiss, kurz gestielt, sehr oft hängend
Kelchblätter	5, miteinander verwachsen; Kelch glockenförmig, hellgrün, fein weiss behaart; Kelchzähne schmal 3-eckig, zugespitzt
Kronblätter	5; gegliedert in eine 3–5 mm lange ovale Fahne, 2 kleinere und nicht stark gespreizte Flügel und ein aus 2 Kronblättern verwachsenes gerades Schiffchen
Staubblätter	10; von ihnen sind 9 Staubfäden miteinander verwachsen und umgeben das einzige oberständige Fruchtblatt; das 10. Staubblatt ist frei
Fruchtknoten	Oberständig, kahl, ungestielt
Früchte	Hülsen gerade, eiförmig, 3–4 mm lang, mt einer netzartigen Struktur, meist stumpf endend und oft mit einem Griffelrest; Samen bis 2 mm lang, eiförmig, meist glatt, grünlichgelb
Blätter	3-zählig; Teilblätter länglich bis verkehrt eiförmig, 1–2 cm lang, gestielt, mit der grössten Breite oberhalb der Mitte, an der Spitze gestutzt oder abgerundet und mit einer kleinen Spitze; Blattrand mit weit auseinander liegenden Zähnen

Weisses Veilchen
Violette blanche; Viola bianca
Parma Violet
Viola alba Besser

Violaceae
Veilchengewächse

Gewöhnliches Weisses Veilchen

Herkunft / Verbreitung	Mitteleuropäische Pflanze; Jura, nordalpine Föhntäler, Boden- und Genferseegebiet, Rhonetal; fehlt im Engadin; oberrheinisches Hügelland; von Spanien und Algerien, Marokko, Tunesien bis Kleinasien; Kaukasus, Karpaten
Höhenstufen	Kollin, montan; zerstreut anzutreffen; Halbschattenpflanze
Bodenbeschaffenheit	Auf mässig feuchten bis frischen, nährstoff- und basenreichen, neutralen, humosen, kalkhaltigen Lehmböden
Standorte	Gebüschreihen, verlichtete krautreiche Laubwälder, Vorwaldstadien, Wegränder, Waldschläge; warme Klimalage bevorzugend
Blütezeit	März bis Mai
Bestäubung	Insektenbestäubung: Bienen, Fliegen, Hummeln; auch Selbstbestäubung
Aussehen	5–20 cm hohe Mutterpflanze mit bleibender Primärwurzel und oberirdischen, aufwärts strebenden, oft im 1. Jahr blühenden Ausläufern; mehrere Jahre blühend und fruchtend; Stängel 4-kantig, grün, fein behaart
Blütenstand	Am Ende der Stängel mit einer Blüte
Blüten	Zygomorph, 5-teilig, weiss, 10–20 mm lang, gestielt, wohlriechend
Kelchblätter	5, länglich eiförmig, mit den rundlichen Anhängseln 3–6 mm lang, am Ende stumpf, kahl oder etwas behaart, nicht abfallend
Kronblätter	5, verkehrt eiförmig, seltener leicht violett; die 2 oberen aufwärts gerichtet; die 2 seitlichen waagrecht abstehend oder abwärts zeigend; Unteres vergrössert, mit einem geraden, 3–4 mm langen, abgerundeten, weisslichgrünen Sporn
Staubblätter	5; die 2 unteren mit spornartigen Nektarien
Fruchtknoten	Oberständig, aus 3 Fruchtblättern verwachsen; Narbe deutlich hakig gebogen
Früchte	Kapseln breit oval bis kugelig, grünlich, abstehend behaart, schon vor der Reife dem Boden aufliegend, 3-klappig aufspringend; Samen schmal eiförmig bis eiförmig, 1–2 mm lang, bräunlich und mit einem grossen weissen Elaiosom (Ölkörper: Verbreitung der Samen vor allem durch Ameisen)
Blätter	In grundständiger Rosette; Blattspreite breit eiförmig bis herzförmig, gekerbt, hell- bis mittelgrün, kahl oder fein behaart, mit tiefer und breiter Bucht, am Ende stumpf; Blattstiele (vor allem diejenigen der Sommerblätter) mit langen und waagrecht abstehenden oder etwas nach unten gerichteten Haaren; Nebenblätter lanzettlich, lang zugespitzt, drüsig gefranst und etwas behaart

Erdbeer-Fingerkraut
Potentille stérile; Cinquefoglie falsa fragola
Five Finger, Cinquefoil
Potentilla sterilis (L.) Garcke

Rosaceae
Rosengewächse

Erdbeerähnliches Fingerkraut

Herkunft / Verbreitung	Europäische Pflanze; bis Dänemark, Südschweden, Irland, Schottland, Mittelspanien; ostwärts bis Polen; in Nordamerika eingeschleppt und eingebürgert
Höhenstufen	Kollin, montan, seltener subalpin
Bodenbeschaffenheit	Auf feuchten, frischen und trockenen, mehr oder weniger nährstoffreichen, kalkarmen, mässig sauren, humosen und auch sandigen Lehmböden; Halbschattenpflanze; liebt etwas Wärme und eine mittlere Luftfeuchtigkeit; bis in eine Tiefe von 50 cm wurzelnd; Mullbodenpflanze
Standorte	Hecken, in krautreichen Eichen-Hainbuchenwäldern, Grasböschungen, schattige Mauern, Waldränder
Blütezeit	März bis Juni
Bestäubung	Insektenbestäubung: Fliegen, Käfer; auch Selbstbestäubung
Aussehen	5–12 cm hoch, niederliegend, an der Spitze aufsteigend, mehrjährig, neben den Haaren keine Drüsenhaare, mit oberirdischen Ausläufern; diese werden bis 30 cm lang, sind niederliegend, bilden an den Spitzen sich bewurzelnde Blattrosetten; Stängel stielrund, ausgefüllt, im unteren Bereich rötlich, sonst grünlich, anliegend/abstehend behaart; Leitbündel ringförmig angeordnet
Blütenstand	Die Länge der Blätter nicht überragend, mit 1–3 Blüten pro Stängel
Blüten	10–15 mm im Durchmesser, weiss, lang gestielt
Kelchblätter	Je 5 weiss behaarte und hellgrüne Aussen- und Innenkelchblätter; die äusseren Kelchblätter lanzettlich bis schmal oval, zugespitzt, oft etwas kürzer als die breiteren und ebenfalls zugespitzten Innenkelchblätter
Kronblätter	5, breit oval bis rund, mit der grössten Breite oberhalb der Mitte, am Ende oftmals etwas ausgerandet, nicht länger als die Kelchblätter, sich nicht überdeckend (Gegensatz zu *Fragaria vesca* – Erdbeere)
Staubblätter	10–30; Staubfäden kahl, nach oben dünner werdend; Staubbeutel gelb
Fruchtknoten	Auf nicht fleischigem Blütenboden zahlreiche oberständige Fruchtblätter
Früchte	Schmal ovale bis runde, hellbraune, behaarte Nüsschen mit Elaiosom
Blätter	3-zählig, lang gestielt, erdbeerartig gestaltet; Stiele abstehend weiss behaart; Teilblätter oval, jederseits mit 3–6 bespitzten Zähnen, oberseits bläulichgrün und behaart, unterseits heller grün, dichter behaart bis seidig glänzend; Endzahn am Ende der Blattspreite kürzer als die 2 benachbarten Zähne

Wald-Erdbeere
Fraisier des bois; Fragola comune
Wild Strawberry
Fragaria vesca L.

Rosaceae
Rosengewächse

Wild-Erdbeere

Herkunft / Verbreitung	Eurasiatische Pflanze; ganz Europa, auch in Island; Kleinasien, zentralasiatische Gebirge ohne Himalaja; in Nordamerika eingeschleppt
Höhenstufen	Kollin, montan, subalpin
Bodenbeschaffenheit	Auf meist frischen, nährstoffreichen, nicht zu basenarmen, auch etwas sauren, humosen, steinigen, sandigen oder reinen Lehmböden; bis 50 cm tief wurzelnd; Humuszehrer; Licht-Halbschattenpflanze
Standorte	Hecken, lichte Wälder, Waldränder, Waldschläge, Waldwege
Blütezeit	April bis August
Bestäubung	Insektenbestäubung: Bienen, Fliegen, Hummeln
Aussehen	5–20 cm hoch, mehrjährig, mit mehreren langen und oberirdischen Ausläufern, die aus den Achseln von Rosettenblättern entspringen; Stängel stielrund, im unteren Bereich auch rötlich, sonst gelblichgrün bis grünlich, lang abstehend und meist rückwärts behaart; der Querschnitt ist meist gefüllt und die Leitbündel sind ringförmig angeordnet
Blütenstand	Einzelblüten oder doldenartig und mit 2–6 Blüten pro Stängel
Blüten	10–15 mm im Durchmesser, weiss, lang gestielt; Blütenstiele anliegend oder etwas schief abstehend behaart
Kelchblätter	Je 5 weiss behaarte und hellgrüne Aussen- und Innenkelchblätter; die äusseren Kelchblätter lanzettlich bis schmal oval, zugespitzt und etwas länger als die etwas breiteren und ebenfalls zugespitzten Innenkelchblätter
Kronblätter	5, breit oval bis rund, mit der grössten Breite oberhalb der Mitte, am Ende meist abgerundet, deutlich länger als die Kelchblätter, auf der Aussenseite oft etwas fein behaart, meist aneinander stossend oder am Rande überlappend
Staubblätter	10–25; Staubfäden kahl, in der Dicke gleich bleibend oder nach oben nur wenig dünner werdend; Staubbeutel gelb
Fruchtknoten	Auf dem gewölbten und fleischigen Blütenboden zahlreiche Fruchtblätter
Früchte	6–14 mm lange, ovale bis runde, rote, glänzende, fleischige Scheinbeeren; die Samen (Nüsschen) sind auf der Oberfläche dieser Sammelfrucht verteilt
Blätter	3-zählig, lang gestielt; Stiele abstehend bis rückwärts abstehend behaart; Teilblätter 2–5 cm lang, oval bis verkehrt eiförmig, gezähnt, oberseits dunkelgrün, unterseits heller grün; Endzahn nicht kleiner als die Nachbarzähne

Grosses Hexenkraut
Circée commune; Erba maga comune
Paris Nightshade
Circaea lutetiana L.

Onagraceae
Nachtkerzengewächse

Gewöhnliches Hexenkraut

Herkunft / Verbreitung	Eurasiatische Pflanze; in Europa nordwärts bis Irland, Schottland und Skandinavien; südwärts bis Sizilien, Portugal, Griechenland, Nordafrika; USA
Höhenstufen	Kollin, montan
Bodenbeschaffenheit	Auf sickerfeuchten bis frischen, nährstoff- und basenreichen, auch auf mässig sauren, humosen Lehm- und Tonböden; Nährstoffzeiger und Feuchtigkeitszeiger; Schatten- und Halbschattenpflanze
Standorte	Auenwälder, Quellen, feuchte und schattige Hecken, Laub- und Nadelmischwälder, Erlenbrüche, entlang von Wasserläufen, im Gesteinsschutt, Waldlichtungen, Wegränder; in der Regel truppenweise auftretend
Blütezeit	Juni bis August
Bestäubung	Insektenbestäubung: Fliegen (Fliegenblume)
Aussehen	20–50 cm hoch, aufrecht, mehrjährig, im Bereich des Blütenstandes oft verzweigt, mit langen unterirdischen Ausläufern; der Wurzelstock dick, weit kriechend, mit derben Fasern besetzt; bis 25 cm tief wurzelnd; Stängel stielrund bis 4-eckig, ausgefüllt, rötlich und im oberen Bereich grün, abstehend und anliegend behaart, im unteren Bereich auch drüsig behaart; Leitbündel ringförmig angeordnet
Blütenstand	Blüten in end- oder seitenständigen, langen, lockerblütigen Trauben
Blüten	4–8 mm lang, ohne Tragblatt, weiss, seltener etwas rötlich; Blütenstiele dünn, drüsig behaart
Kelchblätter	2, schmal eiförmig bis 3-eckig, zugespitzt, drüsig behaart, oft purpurn überlaufen, zurückgeschlagen, wie die Kronblätter nach der Blütezeit abfallend
Kronblätter	2, ausgerandet oder auch tief 2-teilig, 2–4 mm lang, eiförmig bis verkehrt herzförmig, nur wenig kürzer als die Kelchblätter
Staubblätter	2, länger als die Kronblätter; Staubfäden weiss; Staubbeutel weiss/gelblich
Fruchtknoten	Unterständig; Griffel weiss, im oberen Bereich rosa, Narbe 2-lappig
Früchte	Nussfrüchte oval bis rund, 2–4 mm lang, braun, auf verlängertem Stiel, mit zahlreichen borstigen Widerhaken besetzt (Klettfrüchte)
Blätter	4–10 cm lang, gestielt, gegenständig angeordnet; Blattstiel 1–3 cm lang, oberseits rinnig; Blattspreite eiförmig bis herzförmig, zugespitzt, entfernt gezähnt, am Grund oft abgerundet, kahl oder auf den Adern flaumig behaart

Gewöhnliches Hirtentäschel, Gemeines Hirtentäschel
Capselle bourse à pasteur
Borsapastore comune; Shepherd's Purse
Capsella bursa-pastoris L.

Brassicaceae
Kreuzblütler

Herzkraut

Herkunft / Verbreitung	Möglicherweise eine mediterrane Pflanze; als alter Kulturbegleiter fast über die ganze Welt verbreitet; in der Region sehr häufig anzutreffen
Höhenstufen	Kollin, montan, subalpin, alpin
Bodenbeschaffenheit	Auf frischen bis nicht zu trockenen, nährstoffreichen, besonders stickstoffreichen, humosen Lehmböden; bis 75 cm tief wurzelnd; Pionierpflanze
Standorte	Äcker, Ödland, Garten- und Parkanlagen, lückige Unkrautfluren, Schuttplätze, Ufer, Viehläger, Wegränder, Weinberge
Blütezeit	März bis November
Bestäubung	Insektenbestäubung: Bienen, Fliegen, Hummeln, Käfer; Selbstbestäubung
Aussehen	5–40 cm hoch, aufrecht, grün, einfach oder auch verzweigt, 1- bis 2-jährig, mit einfachen Haaren und einzelnen Sternhaaren; einfache Pfahlwurzel; Stängel oval, meist gefüllt, fein gerillt, kahl oder im unteren Bereich zerstreut behaart; Leitbündel ringförmig angeordnet
Blütenstand	Blüten in Trauben; diese nach der Blüte sich stark verlängernd
Blüten	2–5 mm lang, weiss, lang gestielt; Blütenstiele oft fein anliegend behaart
Kelchblätter	4, miteinander nicht verwachsen, 2–4 mm lang, schmal oval, am Ende stumpf, grünlich mit oft einem etwas weisslichen Rand, kahl oder behaart
Kronblätter	4, oval bis verkehrt eiförmig, am Ende abgerundet, 3–5 mm lang, länger als die Kelchblätter, in einen kurzen Nagel verschmälert
Staubblätter	6; äusserer Kreis mit deren 2; innerer Kreis mit 4 etwas längeren Staubblättern; Staubfäden gleichmässig breit, weiss bis grünlichgelb; Staubbeutel hellgelb
Fruchtknoten	Oberständig, aus 2 miteinander verwachsenen Fruchtblättern; Griffel 3–5 mm lang; Narbe etwas breiter als der Griffel
Früchte	Schoten im Umriss 3-eckig oder herzförmig, flach, 4–8 mm lang und ebenso breit, kahl; ihre Seitenränder sind etwas nach aussen gewölbt; zwischen den Verwachsungsnähten der Fruchtblätter wird eine sekundäre Scheidewand aufgebaut (auch falsche Scheidewand genannt)
Blätter	Grundständige in einer dichten Rosette fiederteilig, gestielt, oberseits dunkelgrün, unterseits heller grün oder weisslichgrün und mit einer deutlich hervortretenden Hauptader; Stängelblätter ungeteilt, ganzrandig oder gezähnt, den Stängel mit 2 spitzen Zipfeln zum Teil umfassend

Echter Waldmeister, Waldmeister
Gaillet odorant; Caglio odoroso
Sweet Woodruff
Galium odoratum (L.) Scop.

Rubiaceae
Rötegewächse

Wohlriechendes Labkraut

Herkunft / Verbreitung	Eurosibirische Pflanze; Nord-, Mittel- und Osteuropa; ohne arktische Gebiete; Westsibirien, Kaukasus; im Süden nur in den Gebirgen; Nordwestafrika, China, Korea, Japan; in Nordamerika eingeschleppt
Höhenstufen	Kollin, montan, seltener subalpin; fehlt wild im Engadin
Bodenbeschaffenheit	Auf sickerfrischen bis mässig frischen, nährstoff- und basenreichen, lockeren, humosen, lehmigen Böden in schattigen Lagen; Mullbodenkriecher; Schattenpflanze; höchstens bis 15 cm tief wurzelnd
Standorte	Buchenhaine, krautreiche Buchen- und Buchenmischwälder, Waldränder
Blütezeit	April bis Juni
Bestäubung	Insektenbestäubung: Bienen, Fliegen, Hummeln; auch Selbstbestäubung
Aussehen	5–30 cm hoch, aufrecht, verzweigt oder unverzweigt, grasgrün, meist kahl, duftend; oberirdische Teile 1-jährig; Pflanze wegen den unterirdischen Ausläufern mehrjährig; Stängel an den Knoten mit einem ringförmigen Haarkranz, mit 4 abgerundeten Erhebungen, gefüllt; Leitbündel ringförmig angeordnet; wegen des Cumaringehaltes eine wichtige Komponente der Maibowle
Blütenstand	Doldenrispig, mit wenigblütigen Teilblütenständen
Blüten	4–7 mm lang, weiss, mit 1–3 mm langem Stiel, mit oder ohne Tragblätter, weit trichterförmig, 4–6 mm im Durchmesser, mit kurzer Röhre
Kelchblätter	Kelch meist zu einem undeutlichen Ring reduziert und ohne deutliche Zähne
Kronblätter	4, schmal oval, zugespitzt, im unteren Bereich verwachsen, eine kurze Röhre bildend; Kronzipfel flach ausgebreitet
Staubblätter	4, in der Kronröhre angewachsen, aus dieser herausragend; Staubfäden weiss; junge Staubbeutel weiss, nach der Pollenentleerung bräunlich
Fruchtknoten	Unterständig, aus 2 Fruchtblättern verwachsen; pro Fruchtknotenkammer eine Samenanlage; 2 freie und hellgrüne Griffel mit je einer kopfigen Narbe
Früchte	Spaltfrüchte kugelig, 2–3 mm hoch, mit zahlreichen hakenförmigen Haaren besetzt (Klettfrüchte) und mit einem meist geraden Fruchtstiel; die Früchte zerfallen bei der Reife in 2 einsamige Teilfrüchte
Blätter	6–8 in einem Quirl; lanzettlich bis elliptisch, ganzrandig, 2–4 cm lang, fein zugespitzt, am Rande mit kleinen nach vorn gerichteten Haaren, mit der grössten Breite meist oberhalb der Mitte, oberseits dunkelgrün, unterseits heller grün

Weisses Wiesen-Labkraut, Wiesen-Labkraut
Gaillet blanc; Caglio bianco
Bedstraw
Galium album Mill.

Rubiaceae
Rötegewächse

Buebechrut

Herkunft / Verbreitung	Eurosibirische Pflanze; im grössten Teil Europas; ohne arktische Gebiete von Skandinavien; Nordwestafrika, Westasien; in den USA eingeschleppt; nördlich der Alpen verbreitet und häufig; in den Zentral- und Südalpen seltener
Höhenstufen	Kollin, montan, subalpin
Bodenbeschaffenheit	Auf feuchten bis mässig trockenen, nährstoff- und basenreichen, auch leicht sauren, mehr oder weniger humosen, lockeren Lehm- und Tonböden; auch auf Rohböden; Nährstoffzeiger; bis mindestens 1 m tief wurzelnd
Standorte	Auenwälder, Fettwiesen, Halbtrockenrasen, Schuttplätze, Wald- und Gebüschsäume, Wegränder, steinige Orte
Blütezeit	Juni bis Oktober
Bestäubung	Insektenbestäubung: Fliegen, Käfer; auch Selbstbestäubung
Aussehen	30–170 cm hoch, niederliegend, auch aufsteigend und aufrecht, verzweigt, mit kräftigem Wurzelstock, mehrjährig; Stängel 4-kantig (mit abstehenden und abgerundeten Kanten), anfangs gefüllt, später hohl, kahl, auch zerstreut behaart; Leitbündel ringförmig angeordnet
Blütenstand	Schlank pyramidenförmige Rispe; Teilblütenstände meist mit spitzem Winkel
Blüten	4–6 mm lang, weiss, 1–3 mm lang gestielt, vor dem Blühen aufrecht
Kelchblätter	Kelch reduziert, ohne deutliche Zähne
Kronblätter	4 (seltener 5), schmal oval, mit feiner aufgesetzter Spitze, ausgebreitet, ohne deutliche Röhre
Staubblätter	4; Staubfäden weiss, etwa halb so lang wie die Kronblätter; Staubbeutel gelb, nach dem Entlassen der Pollen dunkelbraun
Fruchtknoten	Unterständig, mit 2 grünlichweissen Griffeln, die mit je einer kugeligen und gleichfarbigen Narbe abschliessen
Früchte	Spaltfrüchte eiförmig, leicht gerunzelt, bei der Reife dunkelbraun bis schwarz, in 2 einsamige Teilfrüchte zerfallend; Fruchtstiele stehen in einem spitzen Winkel zur Achse, was zu einem gedrängten Fruchtstand führt
Blätter	6–10 in einem Quirl; Teilblätter länglich lanzettlich, in eine kurze Stachelspitze verschmälert, meist etwas dicklich, am deutllich umgerollten Rand mit nach vorn gerichteten Borsten, oberseits dunkelgrün und unterseits heller grün mit einer deutlich hervortretenden Hauptader

Knoblauchhederich, Knoblauchsrauke
Alliaire pétiolée; Alliaria comune
Hedge Garlic, Jack-by-the-Hedge
Alliaria petiolata (M. Bieb.) Cavara & Grande

Brassicaceae
Kreuzblütler

Lauchkraut

Herkunft / Verbreitung	Europäisch-westasiatische Pflanze; nordwärts bis nach Irland und Südskandinavien; ostwärts bis Estland; Nordwestafrika; in den USA eingeschleppt
Höhenstufen	Kollin, montan
Bodenbeschaffenheit	Auf ziemlich feuchten bis frischen, nährstoffreichen, stickstoffreichen, humosen, lockeren Lehmböden in luftfeuchter Lage; Nährstoffzeiger; Waldunkraut
Standorte	Gebüschreihen, Parkanlagen, Schuttplätze, schattige Unkrautfluren, Waldränder, Waldschläge, verwilderte Gärten; verbreitet und häufig anzutreffen
Blütezeit	April bis Juni
Bestäubung	Insektenbestäubung: Bienen, Fliegen, Hummeln, Käfer; Selbstbestäubung
Aussehen	15–90 cm hoch, mit langer und auch dünner Pfahlwurzel; 2-jährig oder durch Wurzelsprosse mehrjährig; beim Zerreiben nach Knoblauch riechend; Stängel breit oval bis stielrund oder auch schwach mehrkantig, ausgefüllt, hell- bis dunkelgrün, kahl oder vor allem im unteren Bereich abstehend behaart; Leitbündel ringförmig angeordnet; früher eine Salatpflanze
Blütenstand	Am Ende der Blütenstandstriebe mit vielblütigen Trauben
Blüten	4–7 mm lang, weiss, lang gestielt
Kelchblätter	4, kahl, 2–4 mm lang, mittel- bis dunkelgrün, am Grund nicht ausgebuchtet und miteinander nicht verwachsen
Kronblätter	4, schmal oval bis schmal verkehrt eiförmig, 4–6 mm lang, am Ende meist abgerundet, gegen den Grund zu verschmälert, miteinander nicht verwachsen
Staubblätter	6; äusserer Kreis mit 2 kürzeren, innerer Kreis mit 4 längeren Staubblättern
Fruchtknoten	Oberständig, aus 2 Fruchtblättern verwachsen, mit weisser Narbe
Früchte	Schoten stabförmig, 20–70 mm lang, braun; zwischen den zwei Fruchtblättern Bildung einer sekundären Scheidewand, die nach dem Öffnen der Schote mit dem Rahmen an der Pflanze bleibt; Fruchtstiele aufrecht oder abstehend; Samen schmal zylindrisch, längsgerillt und mit braunschwarzer Färbung
Blätter	Stängelblätter wechselständig angeordnet, bis 15 cm lang, im unteren Bereich lang gestielt, im oberen Teil nur sehr kurz gestielt; Stiel oft spärlich behaart; Blattspreite 3-eckig und/oder herz- bis nierenförmig, mit langer jedoch abgerundeter Spitze, stumpf gezähnt, oberseits dunkelgrün und oft etwas glänzend, unterseits heller grün mit deutlich hervortretenden Adern

Weisse Taubnessel
Lamier blanc; Falsa ortica bianca
White Dead Nettle
Lamium album L.

Lamiaceae
Lippenblütler

Weisser Bienensaug

Herkunft / Verbreitung	Eurasiatische Pflanze; nordwärts bis England und Südskandinavien; ost- und südostwärts bis zum Kaukasus und weiter nach Japan; im Süden und westwärts bis in die Poebene und nach Nordspanien; in den USA eingeschleppt
Höhenstufen	Kollin, montan, subalpin
Bodenbeschaffenheit	Auf ziemlich feuchten bis frischen, nährstoffreichen, lockeren, humosen Lehmböden; Stickstoffzeiger; Kriechpionier; Licht-Halbschattenpflanze
Standorte	Bahndämme, Gräben, Hecken, Mauern bei Häusern und Weiden, Schuttplätze, Unkrautfluren, Viehläger, Wald- und Wegränder, entlang von Zäunen
Blütezeit	April bis September
Bestäubung	Insektenbestäubung: Bienen, Hummeln; auch Selbstbestäubung
Aussehen	20–50 (seltener bis 80) cm hoch, aufrecht, unverzweigt oder nur wenig verzweigt, mehrjährig, mit oberirdischen und unterirdischen Ausläufern, etwas unangenehm riechend; Stängel 4-eckig, hohl, grün und rötlich, abstehend behaart, später vor allem im oberen Bereich kahl; Leitbündel dem Querschnitt entsprechend quadratisch bis ringförmig angeordnet
Blütenstand	Blüten in den oberen Blattwinkeln zu 6–16 in Scheinquirlen
Blüten	15–25 mm lang, sitzend, weiss, seltener rötlich überlaufen, in Ober- und Unterlippe gegliedert; Kronröhre etwas gebogen
Kelchblätter	5, miteinander verwachsen; Kelch glockenförmig, grün, am Grund mit braunvioletten Flecken, behaart; Kelchzähne schmal 3-eckig, lang zugespitzt, durch breite Buchten voneinander getrennt, abstehend, länger als die Kelchröhre
Kronblätter	5; Oberlippe (2 verwachsene Kronblätter) helmförmig, gewölbt, 5–8 mm lang, ausserseits deutlich behaart; Unterlippe 3-teilig, mit ausgerandetem Mittellappen; seitliche Lappen mit je einem spitzen Zahn
Staubblätter	4, unter der Oberlippe aufsteigend; Staubfäden weiss, im unteren Bereich etwas behaart; Staubbeutel schwarz, weissbärtig mit hellgelbem Pollen
Fruchtknoten	Oberständig, aus 2 Fruchtblättern verwachsen, 4-fächerig; 1 Griffel
Früchte	Nüsschen eiförmig, glatt, meist 3-kantig, vorn gestutzt, mit einem Elaiosom
Blätter	Gegenständig angeordnet, im unteren Bereich lang gestielt, im Blütenbereich nur kurz gestielt; Blattspreite 4–7 cm lang, ei- bis herzförmig, zugespitzt, unregelmässig grob gesägt/gezähnt, beiderseits locker behaart

Schwarzer Nachtschatten
Morelle noire; Morella comune
Black Nightshade, Common Nightshade
Solanum nigrum L.

Solanaceae
Nachtschattengewächse
Gewöhnlicher Schwarz-Nachtschatten

Herkunft / Verbreitung	Eurasiatische Pflanze; in den gemässigten Zonen weltweit verbreitet; in arktischen Gebieten fehlend
Höhenstufen	Kollin, montan
Boden-beschaffenheit	Auf frischen, nährstoffreichen, neutralen, humosen, lockeren Lehm- und Tonböden; etwas wärmeliebend; Stickstoffzeiger; bis 70 cm tief wurzelnd
Standorte	Äcker, Gärten, lückige Unkrautfluren, Raine, Schuttplätze, Wegränder
Blütezeit	Juni bis Oktober
Bestäubung	Insektenbestäubung: Bienen, Fliegen, Hummeln
Aussehen	10–60 cm hoch, aufrecht wachsend, verzweigt, 1-jährig, sehr giftig; seit langer Zeit ein Kulturbegleiter; Stängel stielrund mit hervorstehenden Kanten, grün und dunkel graubraun, kahl oder zerstreut meist aufwärts anliegend behaart; zu Beginn der Vegetationszeit mit Mark ausgefüllt, später mit Hohlraum; Leitbündel ringförmig angeordnet
Blütenstand	Aus den Achseln der mittleren und oberen Blätter eine gestielte, 3–10-blütige Trugdolde; Länge der Stiele des Blütenstandes 12–26 mm
Blüten	10–15 mm im Durchmesser, weiss, mit kurzer Röhre, gestielt
Kelchblätter	5, miteinander im unteren Teil verwachsen, mit 3-eckigen bis stumpf eiförmigen, hell- bis mittelgrünen und kurz behaarten Kelchzipfeln
Kronblätter	5, eiförmig bis 3-eckig, am Ende stumpf oder kurz zugespitzt, aussen dicht kurz behaart, ausgebreitet, sich meist etwas überlappend, mindestens doppelt so lang wie die Kelchblätter; Blütenstiele anliegend behaart
Staubblätter	5; Staubfäden etwas breit, weisslich; Staubbeutel lang, miteinander nicht verwachsen, jedoch zu einer Röhre zusammenneigend
Fruchtknoten	Oberständig, eiförmig bis kugelig, aus 2 verwachsenen Fruchtblättern bestehend; Griffel mit der kugeligen Narbe länger als die Staubblätter und aus der Staubbeutelröhre herausragend
Früchte	Kugelige, glänzende, schwarze Beeren; Samen oval bis nierenförmig, flach, an der Oberfläche fein grubig strukturiert, hellbraun, bis 1,5 mm lang
Blätter	Einzeln oder büschelig angeordnet, verschieden lang gestielt, auffallend dunkelgrün, bis 7 cm lang; Blattspreite eiförmig bis 3-eckig, breit keilförmig in den Stiel verschmälert, ganzrandig, auch etwas gelappt oder buchtig gezähnt

Geissfuss, Giersch, Baumtropfen
Herbe aux goutteux; Girardina silvestre
Bishop's Weed, Ground Elder
Aegopodium podagraria L.

Apiaceae
Doldenblütler

Gewöhnlicher Giersch

Herkunft / Verbreitung	Eurosibirische Pflanze; Europa, ohne mediterrane Länder; ostwärts bis nach Sibirien und Zentralasien; eingeschleppt und eingebürgert in den USA; nördlich der Alpen verbreitet und häufig anzutreffen
Höhenstufen	Kollin, montan, seltener subalpin
Boden-beschaffenheit	Auf feuchten bis frischen, nährstoff- und basenreichen, lockeren, tiefgründigen, mässig sauren, humosen Lehm- und Tonböden; Nährstoffzeiger; Wurzelkriecher; bis 50 cm tief wurzelnd; Halbschatten- und Schattenpflanze
Standorte	Auen- und Schluchtwälder, als Unkraut in Gärten und Parkanlagen, Friedhöfe, Hecken, Uferpartien, um Häuser, unbebaute Orte in schattigen Lagen, Waldränder, Waldschläge; meist in dichten Beständen auftretend
Blütezeit	Mai bis September
Bestäubung	Insektenbestäubung: Fliegen, Käfer, seltener Bienen und Hummeln
Aussehen	30–100 cm hoch, aufrecht, mehrjährig, mit sehr langen und tief in die Erde eindringende Ausläufer; Stängel stielrund, hohl, hell- bis dunkelgrün, mit mehreren Kanten, im unteren Bereich meist kahl, im oberen Teil kahl oder etwas flaumig behaart; Leitbündel ringförmig angeordnet
Blütenstand	Dolden 1. Ordnung 15–25-strahlig; Dolden der 2. Ordnung mit gleich vielen Strahlen; keine Hüllblätter vorhanden
Blüten	1–2 mm im Durchmesser, lang gestielt, weiss, seltener rosa, meist zwittrig; Randblüten mit verschieden grossen Kronblättern
Kelchblätter	Bei Doldenblütlern jeweils 5; hier sind sie unscheinbar; Kelchsaum ungezähnt
Kronblätter	5, miteinander nicht verwachsen, verkehrt herzförmig, gegen den Grund zu keilförmig verschmälert, am oberen Ende ausgerandet, mit einem spitzen und eingeschlagenen Läppchen versehen
Staubblätter	5, zwischen den Kronblättern angewachsen und frei
Fruchtknoten	Unterständig, aus 2 verwachsenen Fruchtblättern; die zwei weissen Griffel mit kopfiger Narbe über dem grossen Griffelpolster nach aussen gekrümmt
Früchte	2-teilige Spaltfrüchte; Teilfrüchte schmal oval, kahl, braun, gerippt, 3 mm lang
Blätter	Wechselständig angeordnet; die unteren lang gestielt, in 3 gestielte Teile gegliedert, die je 2–3 Teilblätter aufweisen; Teilblätter eiförmig, zugespitzt, mit ungleich gezähntem Blattrand; die oberen 3-zählig, spitz, ebenfalls gezähnt

Gewöhnlicher Wiesen-Bärenklau, Wiesen-Bärenklau **Apiaceae**
Berce des prés; Panace comune **Doldenblütler**
Hogweed
Heracleum sphondylium L. **Chüngelichrut**

Herkunft / Verbreitung	Europäische Pflanze; nordwärts bis Skandinavien, Baltikum; ostwärts bis Südrussland; südwärts bis Nordafrika
Höhenstufen	Kollin, montan, subalpin; im Gebiet mit verschiedenen Unterarten verbreitet und häufig anzutreffen; Pflanzenart mit mässigem Futterwert
Boden-beschaffenheit	Auf sickerfeuchten bis frischen, nährstoff- und basenreichen, tiefgründigen, humosen Lehm- und Tonböden vor allem in humider Klimalage; Nährstoffzeiger; bis 2 m tief wurzelnd
Standorte	Auenwälder und deren Säume, Fettwiesen, Hochstaudenfluren, entlang von Ufern und Gräben, bei überdüngten Stellen von Häusern
Blütezeit	Juni bis September
Bestäubung	Insektenbestäubung; Bienen, Fliegen, Käfer, Wespen
Aussehen	50–150 cm hoch, aufrecht, grün, einfach oder verzweigt, mehrjährig, rau behaart, mit langer Pfahlwurzel (daher schwierig zu bekämpfen); Stängel oval bis stielrund, am Grund oft über 5 mm dick, kantig, hohl, mit meist rückwärts gerichteten Borstenhaaren, später im unteren Bereich oft verkahlend, an den Knoten mit einem besonders auffälligen Borstenkranz; Leitbündel ringförmig angeordnet; Pflanze in allen Teilen unangenehm riechend
Blütenstand	Dolden 1. Ordnung mit bis 3 Hochblätter, bei Dolden 2. Ordnung zahlreich
Blüten	3–6 mm lang, weiss, lang gestielt; Blütenstiele fein behaart
Kelchblätter	5, nur als Kelchsaum mit 5 schmalen Zipfeln entwickelt
Kronblätter	5; die Inneren verkehrt eiförmig, am Ende ausgerandet, in der Ausrandung mit einem eingeschlagenen Läppchen; die Äusseren einseitig vergrössert
Staubblätter	5; Staubfäden weiss, sehr lang; Staubbeutel zuerst weiss, später schwarz
Fruchtknoten	Unterständig, aus 2 verwachsenen Fruchtblättern, meist flaumig behaart, an der Spitze mit einem als Griffelpolster bezeichnetes Nektarium; 2 Griffel
Früchte	2-teilige Spaltfrüchte (auch Zerfallfrüchte genannt) die 2 trockene Teilfrüchte enthalten; Teilfrüchte oval, abgeflacht, 6–10 mm lang, vorn abgerundet, kahl, braun, ringsum breit geflügelt (Randrippen 0,5–1 mm breit)
Blätter	Grundständige bis 50 cm lang, mit 3, 5, 7 oder 9 meist gestielten Teilblättern und einem rinnigen Blattstiel; die Teilblätter sind gelappt und der Rand grob gezähnt; Blattscheiden mehr oder weniger aufgeblasen

Wilde Brustwurz, Wald-Engelwurz
Angélique sauvage; Angelica selvatica
Archangel
Angelica sylvestris L.

Apiaceae
Doldenblütler

Echte Brustwurz

Herkunft / Verbreitung	Eurosibirische Pflanze; nordwärts bis Island, Nord-Skandinavien; ostwärts bis nach Sibirien und vom Ural bis zum Baikalgebirge; süd-/südwestwärts bis nach Griechenland, Sizilien, Korsika, Mittelspanien; in den USA eingeschleppt
Höhenstufen	Kollin, montan, seltener subalpin; in der Region häufig anzutreffen
Bodenbeschaffenheit	Auf sickernassen bis wechselfeuchten, nährstoffreichen, kalkarmen, aber auch kalkhaltigen, lockeren, humosen, tiefgründigen, kiesigen, sandigen oder auch reinen Lehm- und Tonböden; bis 50 cm tief wurzelnd; Halbschattenpflanze
Standorte	Auenwälder, beschattete Wiesen, feuchte Waldstellen, Flachmoore, in Gräben, entlang von Bächen und Flüssen, bei feuchten Hecken, in Hochstaudenfluren, Moorwälder, Nasswiesen, schattige Waldwege
Blütezeit	Juli bis September
Bestäubung	Insektenbestäubung: Bienen, Fliegen, Hummeln, Käfer
Aussehen	50–150 cm hoch, aufrecht, verzweigt, unter den Dolden kurz behaart sonst kahl, wenigjährig (nach einmaligem Blühen und Fruchten meist absterbend); Stängel stielrund und oben etwas kantig, mit zahlreichen Streifen, gelblichgrün, rötlich, blaugrün oder auch bräunlich, anfangs mit Mark gefüllt, später hohl, oft etwas weisslich bereift, im Frühjahr mit etwas gelblichem Saft; Leitbündel ringförmig angeordnet
Blütenstand	Dolden 1. Ordnung 20–40-strahlig, gewölbt, mit 0–3 Hüllblätter; Dolden zweiter Ordnung vielstrahlig, ihre Hüllblätter zahlreich und nach unten gebogen
Blüten	2–5 mm breit, weiss oder etwas rötlich, gestielt, mit wollig behaarten Stielen
Kelchblätter	Nur ein reduzierter und nicht gezähnter Kelchsaum vorhanden
Kronblätter	5, eiförmig oder elliptisch; Spitze nach innen gebogen und schwach rinnig
Staubblätter	5; Staubfäden weiss oder leicht rosa, zwischen den Kronblättern entspringend und mehr als doppelt so lang wie diese; Staubbeutel weiss oder rosa
Fruchtknoten	Unterständig, aus 2 Fruchtblättern; Griffel länger als das Griffelpolster
Früchte	2-teilige Spaltfrüchte; Teilfrüchte oval, 4–6 mm lang, abgeflacht, beiderseits abgerundet oder etwas ausgerandet, braun, mit breiten Randrippen
Blätter	Bis 60 cm lang, im Umriss 3-eckig, lang gestielt, meist 2-fach gefiedert; Blattstiel oberseits rinnig, am Grund mit einer erweiterten Scheide; Teilblätter oval bis eiförmig, bis über 10 cm lang, zugespitzt, mit fein gezähntem Rand

Wiesen-Kerbel
Cerfeuil des prés; Cerfoglio selvatico
Queen Anne's Lace
Anthriscus sylvestris (L.) Hoffm.

Apiaceae
Doldenblütler

Rosskümmel

Herkunft / Verbreitung	Europäische Pflanze; nordwärts bis 71° NB; ostwärts bis zum Kaukasus, nach Sibirien und zum Ural; süd- und südwestwärts bis nach Italien, Spanien, Nordafrika und zur südlichen Balkanhalbinsel; in den USA eingeschleppt
Höhenstufen	Kollin, montan, subalpin
Bodenbeschaffenheit	Auf feuchten bis frischen, nährstoffreichen, humosen, lockeren, tiefgründigen Lehm- und Tonböden; Nährstoffzeiger; bis weit über 1 m tief wurzelnd; Licht-Halbschattenpflanze; ein humides Klima liebend
Standorte	Fettwiesen, Hecken, Obstbaumgärten, Wald- und Wegränder
Blütezeit	April bis August
Bestäubung	Insektenbestäubung: Fliegen, Käfer und andere kurzrüsselige Insekten
Aussehen	40–150 cm hoch, aufrecht, verzweigt, mehrjährig, mit einer rübenartig verdickten Wurzel; Stängel stielrund, mit mehreren schwach hervortretenden Kanten, im unteren Bereich etwas bräunlich, darüber gelblichgrün bis grün, ohne rote Flecken, kahl und borstig flaumig behaart, an den Verzweigungen oft mit einem weissen Haarbüschel; Leitbündel ringförmig angeordnet
Blütenstand	Lang gestielte Dolden 1. Ordnung mit 8–16 Dolden 2. Ordnung; Hüllblättchen 4–8, breit lanzettlich, zugespitzt, bewimpert, später zurückgeschlagen
Blüten	3–5 mm lang, weiss, mit grünlichen Stielen
Kelchblätter	Kelch klein, unscheinbar, unterhalb des Griffelpolsters liegend
Kronblätter	5, verkehrt eiförmig, an der Spitze abgerundet oder etwas ausgerandet, mit einem sehr kurzen und wenig eingebogenen Läppchen; Kronblätter der Randblüten mit verschiedenen Grössen
Staubblätter	5, oft auch reduziert oder früh abfallend, zwischen den Kronblättern entspringend; Staubfäden weiss; Staubbeutel weiss oder rötlich
Fruchtknoten	Unterständig, aus 2 Fruchtblättern; Griffel länger als das Griffelpolster
Früchte	2-teilige Spaltfrüchte; Teilfrüchte lanzettlich, 6–10 mm lang, dunkelbraun bis schwarz, lackartig glänzend, oft länger als der dazugehörige Stiel
Blätter	Bis 40 cm lang, im Umriss 3-eckig, lang gestielt, 2–3-fach gefiedert; Blattstiel oberseits gerillt; Teilblätter schmal 3-eckig, gefiedert, oberseits glänzend dunkelgrün, am Rand bewimpert; eines der beiden untersten Fiederblätter kleiner als das gegenüberliegende Fiederblatt

Weisse Pestwurz
Pétasite blanc; Farfaraccio bianco
White Butterbur
Petasites albus (L.) Gaertn.

Asteraceae
Korbblütler

Sandblakte

Herkunft / Verbreitung	Eurasiatische Pflanze; nordwärts bis Südskandinavien und baltische Staaten; westwärts bis ins Rhonetal und Vogesen; südwärts: Bulgarien und Apennin
Höhenstufen	Kollin (weniger häufig), montan, subalpin
Boden-beschaffenheit	Auf feuchten bis frischen, nährstoffreichen, schwach sauren bis neutralen, humosen, steinigen oder reinen Lehm- und Tonböden; Mullboden-Kriecher; Rohbodenpionier; bis 50 cm tief wurzelnd
Standorte	Erdanrisse, Forstwege, Lichtungen, Hochstaudenfluren, krautreiche Buchen-, Tannen- oder Fichten-Mischwälder, quellige Orte, Schluchtwälder
Blütezeit	März bis Mai
Bestäubung	Insektenbestäubung: Fliegen, Käfer, Wespen
Aussehen	Zur Blütezeit bis 30 cm hoch, später 60 cm, mit kriechendem Rhizom und unterirdischen Ausläufern, mehrjährig; Stängel stielrund bis vieleckig, gelblichgrün, hell rötlichbraun, weissfilzig behaart, später verkahlend, hohl, mit schuppenförmigen, hellgrünen Blättern; Leitbündel ringförmig angeordnet
Blütenstand	Trauben oder seltener Rispen mit zahlreichen Köpfchen
Blüten	Nur Röhrenblüten in lang gestielten Köpfchen mit 7–10 mm Durchmesser; die Hüllblätter sind bis 10 mm lang, hellgrün, drüsig behaart, in 2–3 Reihen angeordnet; Boden des Köpfchens ohne Haare und ohne Spreublätter
Kelchblätter	Kelch zu einem Pappus umgewandelt
Kronblätter	5, lanzettlich, weiss, im untersten Bereich verwachsen, mit langer Röhre
Staubblätter	5; Staubfäden frei; Staubbeutel zu einer Röhre zusammengefügt
Fruchtknoten	Unterständig, aus 2 Fruchtblättern; Griffel wächst durch die Staubbeutelröhre
Früchte	Achänen sind Nussfrüchte, die aus einem unterständigen Fruchtknoten bestehen, bei welchem die Fruchtwand mit der Samenschale verwachsen ist; diese Achänen sind 2–3 mm lang, kahl, unten mit einem kurzen Stiel, oben mt einem bis 12 mm langen Pappus aus weissen Borsten
Blätter	Stängelständige wechselständig angeordnet, den Stängel nur im unteren Bereich scheidenförmig umfassend; Grundständige rund oder nierenförmig, bis 80 cm breit, doppelt buchtig gezähnt, lang gestielt, unterseits weisswollig filzig behaart, erst spät erscheinend; Leitbündel im Blatt-Stängelquerschnitt zerstreut angeordnet (Huflattichblätter: Leitbündel U-förmig angeordnet)

Kanadisches Berufkraut | **Asteraceae**
Vergerette du Canada; Saeppola canadese | **Korbblütler**
Canada Fleabane, Horse Weed
Conyza canadensis (L.) Cronquist | **Kanadischer Katzenschweif**

Herkunft / Verbreitung	Eine in den USA und im südlichen Kanada beheimatete Pflanzenart; in der Mitte des 17. Jahrhunderts in Europa eingeschleppt und heute eingebürgert; fast über die ganze Erde verbreitet (Ausnahmen: tropische Gebiete, Arktis)
Höhenstufen	Kollin, montan, seltener subalpin
Boden-beschaffenheit	Auf frischen bis mässig trockenen, nährstoffreichen, oft wenig humosen, sandigen, steinigen oder reinen Lehm- und Tonböden; bis 1 m tief wurzelnd; Pionierpflanze; Licht und etwas Wärme liebend
Standorte	Äcker, Brachen, Brandflächen in Wäldern, Dämme, Geröllfluren, Holzschläge, lückige Unkrautfluren, Schuttplätze, Wegränder
Blütezeit	Juni bis September
Bestäubung	Insektenbestäubung: Fliegen; auch Selbstbestäubung
Aussehen	20–100 cm hoch, aufrecht, im oberen Teil verzweigt, 1- oder 2-jährig, mit Pfahlwurzel; Stängel stielrund, ausgefüllt, grün, glatt oder mit etwas helleren Rippen, zerstreut abstehend steifhaarig; Leitbündel ringförmig angeordnet
Blütenstand	Rispe schmal zylindrisch bis schmal pyramidenförmig, mit vielen bis 5 mm breiten Köpfchen; Hüllblätter der Köpfchen mehrreihig, schmal 3-eckig, zugespitzt, oft weiss berandet, kahl oder bewimpert
Blüten	In den Köpfchen zahlreiche innere Röhrenblüten und äussere Zungenblüten
Kelchblätter	Kelch zu einem Pappus umgewandelt
Kronblätter	Je 5 pro Blüte, miteinander jeweils verwachsen; Zungenblüten oval bis rechteckig, bis 1 mm lang, oben etwas gefranst, weiss oder seltener gelblichweiss, schräg aufwärts gerichtet bis aufrecht und weiblich; Röhrenblüten gelblich
Staubblätter	Bei den Röhrenblüten 5; Staubbeutel zu einer Röhre zusammengefügt
Fruchtknoten	Unterständig, aus 2 miteinander verwachsenen Fruchtblättern bestehend; der Griffel wächst durch die Staubbeutelröhre nach oben
Früchte	1–1,5 mm lange, bräunliche, kurz anliegend behaarte Achänen; Pappus aus einer Reihe von dünnen und bis 3 mm langen Borsten bestehend
Blätter	Wechselständig angeordnet, schmal lanzettlich, bis 10 cm lang und bis 1 cm breit, mit bewimpertem Blattrand; Blätter im unteren Bereich entfernt gezähnt, in den geflügelten Stiel verschmälert, Haare gegen den Blattgrund an Länge zunehmend; obere Blätter ganzrandig, nur vereinzelt mit kleinen Zähnchen

Einjähriges Berufkraut
Vergerette annuelle; Cespica annua
Annual Fleabane
Erigeron annuus (L.) Desf.

Asteraceae
Korbblütler
Gewöhnlicher (Einjähriger) Feinstrahl

Herkunft / Verbreitung	Im 18. Jahrh. aus den USA eingeführt und in Gärten als Zierpflanze gehalten; schon bald verwildert und in rascher Ausbreitung begriffen
Höhenstufen	Kollin, seltener montan; heute ein invasiver Neophyt
Bodenbeschaffenheit	Auf feuchten bis sickerfrischen, nährstoffreichen, schwach sauren bis neutralen, sandigen und steinigen Lehm- und Tonböden; schwermetalltolerant; bis zu 1 m tief wurzelnd; in stickstoffliebenden Ruderalpflanzengesellschaften
Standorte	Äcker, Böschungen, Brachen, Dämme, extensiv genutzte Weiden, Flachdächer, Gärten, Halbtrockenrasen, Kiesbänke, lichte Wälder, Rand von Auenwäldern, Schuttplätze, Wegränder; bevorzugt helle und sonnige Standorte
Blütezeit	Juni bis Oktober
Bestäubung	Insektenbestäubung: Fliegen, Tagfalter
Aussehen	20–100 cm hoch, aufrecht, stark verzweigt, aus alter Blattrosette entspringend, meist nach dem einmaligen Blühen absterbend; Stängel stielrund, mit hervorstehenden Kanten, mit Mark ausgefüllt, grün, im unteren Bereich oft rötlichbraun, deutlich abstehend behaart; Leitbündel ringförmig angeordnet
Blütenstand	Zahlreiche lang gestielte, 15–25 mm breite Körbchen (Blütenköpfe) in einer lockeren doldigen Rispe oder auch Doldentraube; Seitenäste den Hauptstängel mit den endständigen Körbchen oft überragend; Hüllblätter 2–5 mm lang, in 2–3 Reihen angeordnet, schmal linealisch bis lanzettlich, abstehend behaart; Blütenkopfboden gewölbt, oft hohl
Blüten	Im Zentrum 2–3 mm lange, gelbe und zwittrige Röhrenblüten; äussere Zungenblüten zahlreich, vor dem Öffnen des Körbchens rosa, später oberseits weiss, ihr freier und ausgebreiteter Teil so lang oder länger als die Breite der Röhrenblütenscheibe
Kelchblätter + Kronblätter	Kelch zu einem Pappus umgewandelt; Kronblätter 5, miteinander verwachsen
Staubblätter	Bei den Röhrenblüten 5; Staubbeutel zu einer Röhre zusammengefügt
Fruchtknoten	Unterständig, aus 2 Fruchtblättern verwachsen, mit nur einer Samenanlage
Früchte	0,5–2 mm lange, bräunliche, zerstreut und anliegend behaarte Achänen; Pappus bei den Röhrenblüten 2-reihig (innere Borsten kürzer als die äusseren)
Blätter	Bis 15 cm lang, lanzettlich bis schmal eiförmig, wechselständig angeordnet; diejenigen im unteren Bereich in den Stiel verschmälert, meist grob gezähnt, diejenigen im oberen Teil kürzer gestielt oder sitzend und meist ganzrandig

Nordisches Berufkraut; Vergerette septentrionale **Asteraceae**
Cespica settentrionale; Fleabane **Korbblütler**
Erigeron annuus subsp. *septentrionalis*
(Fernald & Wiegand) Wagenitz **Nördliches Feinstrahl-Berufkraut**

Herkunft / Verbreitung	Nordamerikanische Pflanzenart; seit dem 18. Jahrh. in Europa eingeschleppt; zuerst als Zierpflanze gehalten, später verwildert; in Ausbreitung begriffen
Höhenstufen	Kollin, seltener montan; heute ein invasiver Neophyt
Bodenbeschaffenheit	Auf feuchten bis sickerfrischen, nährstoffreichen, schwach sauren bis neutralen, sandigen und steinigen Lehm- und Tonböden; bis 120 cm tief wurzelnd; Pionierpflanze; Licht und etwas Wärme liebend
Standorte	Äcker, Auenwald-Verlichtungen, Böschungen, Brachen, Dämme, extensiv genutzte Wiesen und Weiden, Flussufer, Gärten, Halbtrockenrasen, Kiesbänke, lichte Wälder, Schuttplätze, staudenreiche Unkrautfluren, Wegränder
Blütezeit	Juni bis Oktober
Bestäubung	Insektenbestäubung: Fliegen, Tagfalter
Aussehen	20–100 cm hoch (seltener bis 150 cm), aufrecht, stark verzweigt, meist nach dem einmaligen Blühen absterbend; Stängel aus alter Rosette entspringend, grünlich, oft bis weit hinauf rötlichbraun, oval bis stielrund, mit hervorstehenden Kanten, mit Mark ausgefüllt, mit bis 2 mm langen und abstehenden Haaren; Leitbündel ringförmig angeordnet
Blütenstand	Zahlreiche lang gestielte, 12–20 mm breite Körbchen (Blütenköpfe) in einer lockeren doldigen Rispe oder auch Doldentraube; Seitenäste den Hauptstängel mit den endständigen Körbchen oft überragend; Hüllblätter 2–4 mm lang, in 2–3 Reihen angeordnet, schmal linealisch bis lanzettlich, deutlich abstehend behaart; Blütenkopfboden gewölbt
Blüten	Im Zentrum gelbe, zwittrige Röhrenblüten; die äusseren Zungenblüten zahlreich, vor dem Öffnen des Körbchens auch unterseits mehrheitlich weiss, ihr freier und ausgebreiteter Teil kürzer als die Breite der Röhrenblütenscheibe
Kelchblätter + Kronblätter	Kelch zu einem Pappus umgewandelt; Kronblätter 5, miteinander verwachsen
Staubblätter	Bei den Röhrenblüten 5; die Staubbeutel zu einer Röhre zusammengefügt
Fruchtknoten	Unterständig, aus 2 Fruchtblättern verwachsen, mit nur einer Samenanlage
Früchte	0,5–2 mm lange, bräunliche Achänen; Pappus bei den Röhrenblüten 2-reihig (innere Borsten kürzer als die äusseren)
Blätter	Bis 15 cm lang, lanzettlich bis schmal eiförmig, wechselständig angeordnet, oft mit behaartem Rand, im unteren Bereich in den Stiel verschmälert, meist grob gezähnt, im oberen Teil kürzer gestielt oder sitzend und ganzrandig

Gänseblümchen, Massliebchen
Pâquerette vivace; Pratolina comune
Daisy, English Daisy
Bellis perennis L.

Asteraceae
Korbblütler

Margritli

Herkunft / Verbreitung	Europäische Pflanze; nordwärts bis Island, Skandinavien, Baltikum; ostwärts bis Weissrussland und zum Kaukasus; in den USA eingeschleppt
Höhenstufen	Kollin, montan, subalpin
Bodenbeschaffenheit	Auf mässig feuchten bis frischen, mässig nährstoffreichen bis nährstoffreichen, neutralen bis basischen Lehmböden; bis 25 cm tief wurzelnd; salz- und schwermetalltolerant
Standorte	Bahnanlagen, Böschungen, Deponien, Forstwege, Friedhöfe, Grasplätze, Garten- und Parkanlagen, Lichtungen, Raine, Schutt- und Sportplätze, Waldschläge, Wegränder, Wiesen, Weiden, Zierrasen
Blütezeit	Februar bis November
Bestäubung	Insektenbestäubung: Bienen, Fliegen, Hummeln
Aussehen	2–15 cm hoch, aufrecht, mit kurzem und mehrköpfigem Rhizom; Stängel oval bis stielrund, oft mehreckig, grün und rötlichbraun, ausgefüllt und auch hohl, im unteren Bereich kahl oder zerstreut behaart, darüber anliegend bis abstehend behaart und blattlos; Leitbündel ringförmig angeordnet
Blütenstand	Am Ende des Stängels ein 10–25 mm breites Körbchen; Blütenkopfboden aufgewölbt, hohl, ohne Spreublätter und ohne Haare; Hüllblätter alle mehr oder weniger gleich lang, in 2 Reihen angeordnet, grün bis dunkelgrün, am Ende stumpf oder kurz zugespitzt, am Rand bewimpert
Blüten	Im Zentrum gelbe und zwittrige Röhrenblüten; äussere Zungenblüten zahlreich, weiblich, 2–8 mm lang, 1- bis mehrreihig angeordnet, schmal verkehrt eiförmig, am Ende abgerundet, weiss, unterseits oft rosa bis rötlich
Kelchblätter + Kronblätter	Kronblätter 5, miteinander verwachsen; keine Kelchblätter vorhanden
Staubblätter	Bei den Röhrenblüten 5; Staubbeutel zu einer Röhre zusammengefügt
Fruchtknoten	Unterständig, aus 2 verwachsenen Fruchtblättern, mit nur einer Samenanlage
Früchte	Achänen (Nussfrüchte, die aus einem unterständigen Fruchtknoten bestehen, bei welchem die Fruchtwand mit der Samenschale verwachsen ist) elliptisch bis schmal verkehrt eiförmig, bis 1 mm lang, nur wenig abgeflacht, braun, anliegend behaart; kein Pappus vorhanden
Blätter	Alle grundständig und eine Rosette bildend; Blätter spatelförmig bis verkehrt eiförmig, sehr rasch in den breiten Stiel verschmälert, am Ende meist abgerundet oder leicht ausgerandet, stumpf gezähnt, behaart oder auch kahl

Wiesen-Margerite, Magerwiesen-Margerite
Marguerite; Margherita comune
Oxeye Daisy

Leucanthemum vulgare Lam.

Asteraceae
Korbblütler

Gewöhnliche Wiesen-Margerite

Herkunft / Verbreitung	Ursprüngliche Standorte nicht genau bekannt; heute fast in ganz Europa; nord- und ostwärts bis Nordskandinavien, Südlappland, Sibirien, Altai; in den USA und Neuseeland eingeschleppt; heute weltwelt verbreitet
Höhenstufen	Kollin, montan, subalpin; in der Region verbreitet und häufig anzutreffen
Boden-beschaffenheit	Auf frischen, nährstoff- und basenreichen, lockeren, warmen Böden aller Art; scheut nasse und zu fette Standorte; bis 50 cm tief wurzelnd
Standorte	Ackerränder, Brachen, Fettwiesen, Halbtrockenrasen, Ruderalstellen, Schuttplätze, Weiden, entlang von Feldwegen
Blütezeit	Mai bis Oktober
Bestäubung	Insektenbestäubung: Bienen, Fliegen, Hummeln, Käfer; Selbstbestäubung
Aussehen	10–80 cm hoch, aufrecht, kahl oder nur leicht behaart, mehrjährig; Stängel stielrund, mehrkantig, anfangs mit Mark gefüllt, später hohl, grün und im unteren Bereich auch graugrün; Kanten deutlich hervortretend; Leitbündel ringförmig angeordnet; mit einem dünnen und mehrköpfigen Rhizom
Blütenstand	Am Stängel ein einzelner lang gestielter, 3,5–5,5 cm breiter, leicht gewölbter Blütenkorb; sein Boden besitzt keine Spreublätter; Hüllblätter lanzettlich bis schmal 3-eckig, am Ende stumpf oder kurz zugespitzt, mehrreihig, grün mit jeweils einem dunkelbraunen bis schwarzen Rand
Blüten	Zungenblüten weiss, bis 2 cm lang und bis 5 mm breit, weiblich; auch Zungenblüten mit einem verkümmerten oder einem fehlenden Griffel können vorkommen; Röhrenblüten gelb, zwittrig, mit einer 5-teiligen und röhrigen Krone
Kelchblätter	Reduziert und zu einem Kelchsaum umgebildet
Kronblätter	Kronblätter 5, miteinander verwachsen
Staubblätter	5, mit kurzen Staubfäden; alle Staubbeutel zu einer Röhre zusammengefügt
Fruchtknoten	Unterständig, aus 2 verwachsenen Fruchtblättern
Früchte	Achänen 2–3 mm lang, meist 10-rippig, alle gleich gestaltet oder die randständigen 3-kantig; bei den Röhrenblüten kein Pappus vorhanden; bei den Zungenblüten als Pappus ein kleines Krönchen oder dieses auch fehlend
Blätter	Wechselständig angeordnet, bis 3 cm lang; untere Blätter spatelförmig, meist gezähnt und die untersten Zähne als Öhrchen den Stängel halb umfassend; mittlere und obere Blätter gezähnt, mit verbreitertem Grund sitzend

Behaartes Knopfkraut, Bewimpertes Knopfkraut | **Asteraceae**
Galinsoga cilié; Galinsoga ispid | **Korbblütler**
Shaggy Soldier
Galinsoga ciliata (Raf). S.F. Blake | **Borstiges Franzosenkraut**

Herkunft / Verbreitung	Stammt aus Mittel- und Südamerika und dem südlichen Nordamerika; in Europa um 1850 eingeschleppt; heute fast über die ganze Erde verschleppt und verbreitet; vor allem nördlich der Alpen häufig anzutreffen
Höhenstufen	Kollin, montan
Bodenbeschaffenheit	Auf mässig feuchten, frischen bis mässig trockenen, lockeren, neutralen, humosen, nährstoffreichen, sandigen, steinigen oder reinen Lehm- und Tonböden; Nährstoffzehrer; bis 50 cm tief wurzelnd; Lichtpflanze
Standorte	Äcker, Areale von Bahnhöfen und Hafenanlagen, Gärten, offenerdige Strassenränder, Schuttplätze, Unkrautfluren, Wegränder, Weinberge
Blütezeit	Juni bis Oktober
Bestäubung	Vor allem Selbstbestäubung
Aussehen	10–60 cm hoch, aufrecht, vom Grund an stark verzweigt, 1-jährig; Stängel stielrund, im unteren Bereich schwach 4-kantig, grün und rötlichgrün, abstehend behaart, zum Teil auch drüsig behaart, gegen Ende der Vegetationszeit abschnittsweise auch verkahlend; Leitbündel ringförmig angeordnet
Blütenstand	Blütenköpfe bis 7 mm breit, einzeln oder in wenigköpfigen doldenartigen Trauben oder Rispen, mit lineal lanzettlichen und trockenhäutigen Spreublättern; Stiele der Blütenköpfchen mit locker anliegenden Borstenhaaren und zahlreichen abstehenden und langen Drüsenhaaren; Hüllblätter immer 2-reihig, elliptisch bis eiförmig, grün, zerstreut drüsig behaart
Blüten	4–5 weibliche, weisse, 1–2 mm lange, breit eiförmige bis rundliche, 3-zähnige Zungenblüten; Röhrenblüten gelb, zwittrig, aussen zerstreut behaart
Kelchblätter	Zu einem Pappus umgewandelt
Kronblätter	Kronblätter 5, verwachsen; bei Röhrenblüten mit 5 stumpfen Abschnitten
Staubblätter	5; bei den Röhrenblüten alle Staubbeutel zu einer Röhre zusammengefügt
Fruchtknoten	Unterständig, aus 2 verwachsenen Fruchtblättern
Früchte	Achänen bis 2 mm lang, schmal zylinderförmig, dunkelbraun bis fast schwarz, dicht behaart; Pappus aus weissen und gefransten Schuppen
Blätter	Gegenständig angeordnet, kurz gestielt; Blattspreite schmal oval bis breit eiförmig, am Ende zugespitzt, gezähnt, beiderseits zerstreut behaart, oberseits dunkelgrün, unterseits heller grün mit 3 deutlich hervortretenden Hauptadern

Wiesen-Schafgarbe
Achillée millefeuille; Millefoglio montano
Common Yarrow
Achillea millefolium L.

Asteraceae
Korbblütler
Gewöhnliche Wiesen-Schafgarbe

Herkunft / Verbreitung	Eurosibirische Pflanze; Europa (inkl. Island, jedoch ohne arktische Gebiete); Sibirien; grosse Teile Nord- und Vorderasiens; in den USA eingeschleppt
Höhenstufen	Kollin, montan, subalpin
Bodenbeschaffenheit	Auf frischen bis mässig trockenen, nährstoffreichen, lockeren, schwach sauren, mittel- bis tiefgründigen, sandigen-, steinigen- oder reinen Lehmböden; Wurzelkriecher; bis 90 cm tief wurzelnd; Pionierpflanze; Bodenfestiger; Nässe scheuend; Nährstoffzeiger; Lichtpflanze
Standorte	Äcker, Brachen, Erdanrisse, Gärten, Halbtrockenrasen, Schuttplätze, Steinfluren, Wegränder, Wiesen, Weiden
Blütezeit	Juni bis September
Bestäubung	Insektenbestäubung: Hautflügler, Schmetterlinge
Aussehen	10–60 cm hoch, aufrecht, mehrjährig, im oberen Bereich oft verzweigt, aromatisch duftend, mit langem und kriechendem Wurzelstock; Stängel breit oval bis stielrund, oft vieleckig, anfangs durchgehend markhaltig, später hohl, zerstreut behaart bis fein wollig behaart, gelblichgrün, grün und rötlich; Leitbündel ringförmig angeordnet; alte Heilpflanze; mit steriler Blattrosette; eine formenreiche Art mt zahlreichen Ökotypen
Blütenstand	3–6 cm breite Doldenrispe mit zahlreichen Körbchen (Köpfchen); Blütenkörbchen mit zahlreichen trockenhäutigen, kahlen Spreublättern und schmal ovalen, zugespitzten, hellbraun berandeten, kurz behaarten, dachziegelig angeordneten Hüllblättern
Blüten	Zungenblüten weiblich, rundlich, weiss, rosa oder auch rötlich, ausgebreitet; Röhrenblüten zwittrig, gelblichweiss, ohne Sporn
Kelchblätter Kronblätter	Kein Kelch ausgebildet; Kronblätter 5, jeweils miteinander verwachsen
Staubblätter	Bei den Röhrenblüten 5; Staubfäden frei; Staubbeutel zu einer Röhre zusammengefügt und den emporwachsenden Griffel umschliessend
Fruchtknoten	Unterständig, aus 2 Fruchtblättern; Griffeläste mit Fegehaaren versehen
Früchte	Achänen länglich verkehrt eiförmig, ohne gezähnten Rand, ohne Pappus
Blätter	Im Umriss lanzettlich, am Stängel wechselständig angeordnet, zerstreut behaart und später oft verkahlend; untere Blätter 3-fach fiederteilig, 15–35 mm breit; mittlere und obere Blätter 2–3-fach fiederteilig, etwas geöhrt, 10–20 mm breit; Abschnitte letzter Ordnung linealisch

Echte Kamille
Camomille vraie; Camomilla comune
Chamomile, German Chamomile
Matricaria chamomilla L.

Asteraceae
Korbblütler

Haugenblume

Herkunft / Verbreitung	Ursprünglich eine ostmediterrane Pflanze; heute fast über die ganze Erde verbreitet; kultiviert und verwildert
Höhenstufen	Kollin, montan, subalpin; in der Region häufig anzutreffen
Boden-beschaffenheit	Auf mässig feuchten bis frischen, auch etwas nährstoffreichen, schwach sauren bis neutralen, mehr oder weniger humosen, sandigen oder reinen Lehm- und Tonböden; bis 1 m tief wurzelnd; wärmere Lagen bevorzugend; alte Arzneipflanze (die Blütenköpfchen werden für Gurgelwasser, Salben, Tee, Tinkturen und Tropfen verwendet)
Standorte	Äcker, Bahn- und Hafenareale, Brachen, Getreidefelder, Kulturen, Ödland, Rebberge, Schuttstellen, Wegränder
Blütezeit	Mai bis September
Bestäubung	Insektenbestäubung: Bienen, Fliegen, Hummeln, Käfer, Wespen
Aussehen	15–60 cm hoch, aufrecht, 1-jährig oder als Rosette überwinternd, mit dünnen Wurzeln und stark aromatischem Duft; Stängel verzweigt, oval und vieleckig, grünlich und rötlichbraun, mit erhabenen Streifen, oft etwas weissflockig, ausgefüllt; Leitbündel ringförmig angeordnet
Blütenstand	Einzelne bis 2,5 cm breite, lang gestielte und hohle Körbchen (Köpfchen); Hüllblätter 20–30, schmal lanzettlich, am Ende stumpf oder zugespitzt, hell gelblichgrün, mit oft einem dunkelgrünen bis bräunlichen Hautrand; Köpfchenboden ohne Spreublätter
Blüten	In den Körbchen zahlreiche innere Röhrenblüten und äussere Zungenblüten
Kelchblätter + Kronblätter	Kelch als Pappus fehlend oder als kaum erkennbarer Rand ausgebildet; Zungenblüten weiblich, bis 20 an der Zahl, 5–10 mm lang, weiss, noch während der Blütezeit zurückgeschlagen; Röhrenblüten zwittrig, goldgelb, 5-zähnig
Staubblätter	Bei den Röhrenblüten 5; Staubbeutel zu einer Röhre zusammengefügt
Fruchtknoten	Unterständig, aus 2 miteinander verwachsenen Fruchtblättern bestehend; der Griffel wächst durch die Staubbeutelröhre nach oben
Früchte	Achänen etwas hornartig gekrümmt, bis 2 mm lang, abgerundet, auf der Rückseite 4–5-streifig, auf der vorderen Seite rippenlos; Pappus meist fehlend
Blätter	Wechselständig angeordnet, 2–3-fach fiederteilig, mittel- bis dunkelgrün; Abschnitte schmal linealisch bis schmal lanzettlich, bis 0,5 mm breit, kahl und meist stachelspitzig

Osterglocke, Gelbe Narzisse
Jonquille; Narciso trombone
Lent Lily, Tenby Daffodil
Narcissus pseudonarcissus L.

Amaryllidaceae
Amaryllisgewächse

Trompeten-Narzisse

Herkunft / Verbreitung	Westeuropäische Pflanze; südostwärts bis Venedig und südwärts bis Gibraltar und Norditalien; in den Alpen, im Alpenvorland und im Jura zerstreut vorkommend; an den Fundorten sehr oft in grosser Zahl vorhanden; die hier abgebildeten Pflanzen unterscheiden sich von den zahlreichen Kulturformen vor allem durch kleinere Blüten; geschützte Pflanze
Höhenstufen	Kollin (hier vor allem Kulturformen gepflanzt), montan, seltener subalpin
Bodenbeschaffenheit	Auf mässig feuchten, nährstoffarmen bis mässig nährstoff- und basenreichen, schwach sauren bis neutralen, humosen Lehmböden; eine schlechte Durchlüftung des Bodens mit Sauerstoff wird ertragen
Standorte	Hecken, lichte Waldstellen, Wiesen; kultivierte Formen in Gärten und Parkanlagen gepflanzt; seit dem Mittelalter eine beliebte Gartenpflanze
Blütezeit	März und April
Bestäubung	Insektenbestäubung: Bienen, Hummeln
Aussehen	15–40 cm hoch, aufrecht, mehrjährig, mit Zwiebeln als Reserveorgane, giftig; Stängel ohne Blätter, im oberen Bereich mittel- bis dunkelgrün, oberhalb der Zwiebel weiss, schmal oval, zweischneidig, mit dunkelgrünen und hervortretenden Längsstreifen, hohl; Leitbündel zerstreut angeordnet
Blütenstand	Am Ende der Stängel eine Einzelblüte mit einem häutigen Hochblatt
Blüten	Radiärsymmetrisch, aufrecht, abstehend oder nickend, bis 10 cm breit
Kelchblätter	Kein Kelch ausgebildet
Perigonblätter	6, oval bis breit lanzettlich, hellgelb, sternförmig ausgebreitet, im unteren Teil zu einer 1–2 cm langen Röhre verwachsen; im Innern eine dunkelgelbe, röhrenförmige, 3–5 cm breite, am Rande wellige Nebenkrone
Staubblätter	6, alle in der Nebenkrone sichtbar
Fruchtknoten	Unterständig, grün, aus 3 Fruchtblättern verwachsen; 1 Griffel mit 3 Narben
Früchte	Fachspaltige Kapseln verkehrt schmal eiförmig bis schmal oval, etwas fleischig, 3-fächerig; zahlreiche Samen anfangs weiss, später sich dunkel verfärbend
Blätter	4–6, grundständig, etwa so lang wie der Stängel, linealisch, 2–15 mm breit, blaugrün, im unteren Bereich weisslichgrün bis weiss, am Ende stumpf oder abgerundet, unterseits mit einer mehr oder weniger tiefen Rinne und damit gekielt; keine Nebenblätter vorhanden; die Blätter sind vorsommergrün

Schöllkraut
Chélidoine; Celidonia
Greater Celandine
Chelidonium majus L.

Papaveraceae
Mohngewächse

Goldkraut, Goldwurz

Herkunft / Verbreitung: Eurasiatische Pflanze; nordwärts bis Schottland, Südskandinavien; ostwärts bis Mittelrussland, Kaukasusgebiet, mittleres Zentral- und Ostasien; südwärts bis Nordwestafrika; in der Region häufig anzutreffen

Höhenstufen: Kollin, montan

Bodenbeschaffenheit: Auf ziemlich feuchten bis frischen, nährstoffreichen, mässig sauren, humosen, lockeren, sandigen oder reinen Lehmböden; bis maximal 25 cm tief wurzelnd; Kulturbegleiter; Halbschattenpflanze

Standorte: Hecken, Mauern, Schuttplätze, Unkrautfluren, um Häuser herum, entlang von Wegen, verwilderte Garten- und Parkanlagen, Waldsäume

Blütezeit: April bis September

Bestäubung: Insektenbestäubung: Bienen, Fliegen, Hummeln, Käfer; Selbstbestäubung

Aussehen: 20–80 cm hoch, aufrecht, grün bis blaugrün, wenig- bis langjährig, mit kurzem Rhizom; der orangegelbe Milchsaft wird in der Volksmedizin zur Entfernung (aufträufeln) von Warzen eingesetzt; Stängel bereits im unteren Bereich verzweigt, breit oval oder stielrund, hohl, abstehend behaart; Leitbündel ringförmig angeordnet

Blütenstand: 2–8-blütige Dolde

Blüten: 1,5–2,8 cm breit, gelb, vor dem Aufblühen aufrecht

Kelchblätter: 2, schmal oval, am Ende abgerundet oder zugespitzt, grünlichgelb, zerstreut behaart, beim Öffnen der Blüte abfallend

Kronblätter: 4, oval bis breit oval, 0,5–1,5 cm lang, am Ende abgerundet, miteinander nicht verwachsen

Staubblätter: Zahlreich; Staubfäden gegen oben keulenförmig verdickt; diese untehalb der Staubbeutel in einen kurzen Stiel verschmälert

Fruchtknoten: Oberständig, aus 2 miteinander verwachsenen Fruchtblättern; auf einem kurzen Griffel 2 rundliche und weisse Narben

Früchte: 2-klappig aufspringende Kapseln (keine Schote, da keine Zwischenwand ausgebildet); Samen oval/nierenförmig, mit weissem Elaiosom (Ameisennahrung)

Blätter: Wechselständig angeordnet, unregelmässig fiederteilig bis gefiedert, oberseits blaugrün, unterseits hell blaugrün, zerstreut behaart; untere Blätter gestielt, die oberen sitzend; Abschnitte oval, stumpf gezähnt; Buchten abgerundet

Gelber Lerchensporn, Gelber Scheinlerchensporn **Papaveraceae**
Corydale jaune; Colombina gialla **Mohngewächse**
Yellow Fumitory; Yellow Corydalis
Pseudofumaria lutea (L.) Borkh., *Corydalis lutea* (L.) DC **Scheinerdrauch**

Herkunft / Verbreitung	Südalpine Pflanze; Südalpen, Apennin, Gebirge der Balkanhalbinsel – bis nach Kroatien; an vielen Orten in Mittel- und Westeuropa eingebürgert; bevorzugt Standorte mit milden Wintern
Höhenstufen	Kollin, montan, seltener subalpin
Boden-beschaffenheit	Auf feuchtem bis frischem, nährstoffreichem, steinigem, meist beschattetem Kalk- und Dolomitgeröll; in den Bergamasker Alpen auf Urgesteinsschutt
Standorte	Bachschotter, Felsen, Geröll, Kalkfelsschutt, Mauerritzen; oft als Zierpflanze in Garten- und Parkanlagen gepflanzt (vor allem in Steingärten)
Blütezeit	März bis September
Bestäubung	Insektenbestäubung: Bienen, Hummeln; auch Selbstbestäubung
Aussehen	10–30 cm hoch, aufsteigend oder aufrecht, mit mehreren beblätterten Stängeln, mehrjährig, ohne Knolle, jedoch mit einem waagrechten und knotigen Rhizom; Stängel mit stielrundlicher Form, oft vieleckig, bräunlichrot, ausgefüllt, kahl, zart, ohne Schuppe; Leitbündel ringförmig angeordnet
Blütenstand	5–15-blütige Traube, die oft von Seitentrieben überragt wird
Blüten	Einseitswendig angeordnet, goldgelb, kurz gespornt, lang gestielt, in den Achseln von lanzettlichen, fein gezähnten und zugespitzten Tragblättern, die kürzer als die Blütenstiele sind
Kelchblätter	2, schmal lanzettlich, zugespitzt, 4–6 mm lang, etwas gezähnt, nach sehr kurzer Zeit bereits abfallend
Kronblätter	4; äussere Kronblätter 2: das obere vorn verbreitert, nach oben gebogen und mit einem 2–4 mm langen Sporn versehen (Oberlippe); das untere vorn verbreitert, nach unten gebogen und ohne Sporn (Unterlippe); die inneren 2 Kronblätter auf der Aussenseite mit einer flügelartigen Rippe; zwischen den beiden Lippen gesamthaft eine geschlossene Maske bildend
Staubblätter	4; 2 innere und 2 äussere; am Grund des oberen Staubblattes 1 Nektarium
Fruchtknoten	Oberständig, aus 2 Fruchtblättern verwachsen; 1 Griffel mit 2 Narben
Früchte	2-klappig sich öffnende Kapseln; Samen nierenförmig, schwarz, mit Elaiosom
Blätter	2–3-fach gefiedert, gestielt, (Blattstiel im unteren Bereich rötlichbraun, danach hellgrün), wechselständig angeordnet, kahl, oberseits blaugrün, unterseits heller blaugrün bis graugrün; Abschnitte ungleich gezähnt oder eingeschnitten

Scharbockskraut
Ficaire; Ranuncolo favagello
Lesser Celandine; Pilewort
Ranunculus ficaria L.

Ranunculaceae
Hahnenfussgewächse

Feigwurz

Herkunft / Verbreitung	Eurasiatische Pflanze; verbreitet in Europa mit Ausnahme der arktischen Gebiete; Kaukasus; Westsibirien; Nordafrika; in den USA eingeschleppt
Höhenstufen	Kollin, montan, seltener subalpin; verbreitet und häufig anzutreffen
Bodenbeschaffenheit	Auf feuchten bis frischen, nährstoff- und basenreichen, schwach sauren bis neutralen, humosen, lockeren, mehr oder weniger tiefgründigen Lehm- und Tonböden; Mullbodenpflanze; verdichtete Böden werden ertragen; bis 25 cm tief wurzelnd
Standorte	Auenwälder, Baumgärten, feuchte Fettwiesen, Gärten, Parkanlagen, feuchte und krautreiche Laubmischwälder, Hecken; halbschattige Lagen bevorzugend; eine Schatten- und Halbschattenpflanze
Blütezeit	März bis Mai; vorsommergrüne Pflanze
Bestäubung	Insektenbestäubung: Bienen, Fliegen, Hummeln, Käfer; Selbstbestäubung
Aussehen	5–30 cm hoch, niederliegend und aufsteigend, mehrjährig, mit keulenförmigen Wurzeln als Speicher- und Überwinterungsorgane; Stängel oval oder stielrund, hohl, glatt, kahl, grün, hellgelb und hell rötlichbraun; ab Mitte der Vegetationszeit kommt es in den Blattwinkeln (blattachselständig) zur Ausbildung von kugeligen Brutknöllchen; Leitbündel ringförmig angeordnet
Blütenstand	Am Ende der Stängel einzelne aufrechte Blüten
Blüten	Radiärsymmetrisch, gestielt, im Durchmesser 1,5–4 cm, goldgelb
Perigonblätter	Meist deren 3, seltener 4, kelchblattähnlich, breit oval bis eiförmig, hellgelb und grünlich, kleiner als die Nektarblätter
Nektarblätter	8–12, kronblattartig, schmal oval, mit der grössten Breite in der Mitte, am Ende stumpf oder abgerundet
Staubblätter	Zahlreich, mit gelben Staubfäden und Staubbeuteln
Fruchtknoten	Zahlreiche oberständig angeordnete und grünliche Fruchtblätter, die miteinander nicht verwachsen sind; Narben hellgelb
Früchte	Eiförmige, locker behaarte, anfangs grüne, später hellbraune, gekielte Nüsschen mit weissem Elaiosom (Nahrung für Ameisen)
Blätter	Grund- und stängelständige herz- bis nierenförmig, lang gestielt, am Grund mit einer breiten Scheide; Blattspreite entfernt gezähnt mit abgerundeten Zähnen oder seltener auch ganzrandig, am Ende stumpf oder abgerundet

Sumpf-Dotterblume
Populage; Calta palustre
Kingcup, Marsh Marigold
Caltha palustris L.

Ranunculaceae
Hahnenfussgewächse

Butterblume

Herkunft / Verbreitung	Eurosibirisch-nordamerikanische Pflanze; nordwärts bis Island und ins arktische Russland; südwärts bis Süditalien, Nordspanien, Griechenland
Höhenstufen	Kollin, montan, subalpin, seltener bis in die alpine Stufe
Bodenbeschaffenheit	Auf nassen bis feuchten, nährstoff- und basenreichen, schwach sauren bis neutralen, humosen Lehm- und Tonböden; auch auf Sumpfhumusböden; bis 50 cm tief wurzelnd
Standorte	Bruch- und Auenwälder, bei Quellen, entlang der Ufer von Bächen und Flüssen, feuchte Gebüsche, in Gräben, Moore, nasse Wirtschaftswiesen, Sumpfwiesen; wechselnder Wasserstand wird gut ertragen
Blütezeit	März bis Juni; im Herbst oftmals noch einmal blühend
Bestäubung	Insektenbestäubung; Bienen, Fliegen, Hummeln, Käfer; auch Schwebefliegen sind häufige Gäste
Aussehen	15–50 cm hoch, oft liegend, auch bogig aufsteigend und/oder aufrecht, im oberen Bereich verzweigt, mit einem dicken und vielköpfigen Wurzelstock als Speicherorgan, mehrjährig; Stängel oval bis stielrund, kahl oder mit einzelnen Haaren, meist hohl, grün und besonders im unteren Bereich rosa; Leitbündel ringförmig angeordnet; bezüglich Blatt- und Wuchsform und der Form der Früchte eine vielgestaltige Sumpfpflanze
Blütenstand	Am Ende der Haupt- und Seitentriebe Einzelblüten
Blüten	Radiärsymmetrisch, gestielt, gelb bis dottergelb, innerseits meist dunkelgelb
Kelchblätter	Keine Kelchblätter vorhanden
Perigonblätter	5–9, miteinander nicht verwachsen, breit oval bis rundlich, bis 2 cm lang, nach der Blütezeit rasch abfallend
Staubblätter	Zahlreich (bis 40), mit sehr grosser Pollenproduktion
Fruchtknoten	Fruchtblätter 3–8 (seltener bis 15), nicht verwachsen, schmal oval, flach, kahl, mit einer schwach sichelförmigen Rückennaht, oberständig angeordnet
Früchte	Mehrsamige Balgfrüchte; Samen schmal oval, bis 2,5 mm lang, mit Längskanten, braun; Elaiosom weiss bis hellbraun (Nahrung für Ameisen)
Blätter	Grundständige gestielt, mit einer rundlichen, herz- bis nierenförmigen, ganzrandigen oder etwas gezähnten/gekerbten Spreite; Stängelständige wechselständig angeordnet, kurz gestielt, im oberen Teil sitzend; alle dunkelgrün

Knolliger Hahnenfuss
Renoncule bulbeuse; Ranuncolo bulboso
Bulbous Buttercup
Ranunculus bulbosus L.

Ranunculaceae
Hahnenfussgewächse

Knollen-Hahnenfuss

Herkunft / Verbreitung	Europäische Pflanze; nordwärts bis Irland, Skandinavien; fehlt in Island; ost- und südostwärts: Weissrussland, Kaukasus, Kleinasien; in Europa verbreitet und häufig anzutreffen; in den USA eingeschleppt
Höhenstufen	Kollin, montan, subalpin
Boden-beschaffenheit	Auf mässig trockenen, mässig nährstoffreichen, neutralen bis basischen, meist kalkhaltigen, humosen, lockeren Lehmböden; etwas wärmeliebend; leicht giftiges Weideunkraut; bis 25 cm (seltener bis 50 cm) tief wurzelnd
Standorte	Böschungen, Halbtrockenrasen, Kalk-Magerrasen, magere und trockene Wiesen und Weiden, Raine
Blütezeit	Mai bis Juli
Bestäubung	Insektenbestäubung: Bienen, Hummeln, vereinzelt auch Käfer
Aussehen	10–20 cm hoch, aufrecht, mehrjährig, meist verzweigt, mit einer verdickten Knolle als Speicher- und Überwinterungsorgan und einem nicht sehr langen Wurzelstock; Stängel oval bis stielrund, grün und rötlichbraun, hohl, an der Basis abstehend und anliegend behaart, im oberen Bereich vorwiegend anliegend behaart; Leitbündel ringförmig angeordnet
Blütenstand	Einzelblüten an langen und gefurchten Stielen
Blüten	Radiärsymmetrisch, meist 5-zählig, gelb, im Durchmesser 2–3 cm, an den Blütenstielen meist anliegend behaart, mit behaartem Blütenboden
Perigonblätter	Meist 5, kelchblattähnlich, miteinander nicht verwachsen, schmal eiförmig, am Ende abgerundet oder zugespitzt, hellgrün bis hellgelb, behaart, kleiner als die Nektarblätter; während des Blühvorganges sich nach unten neigend
Nektarblätter	5, kronblattähnlich, miteinander nicht verwachsen, oval bis rundlich, goldgelb, an der Basis mit einer rundlichen oder verkehrt 3-eckigen Honigdrüse
Staubblätter	Zahlreich; Staubbeutel und Stabfäden gelb
Fruchtknoten	Zahlreich, eiförmig bis kugelig, grün, glatt, oberständig
Früchte	Einsamige Nussfrüchte 2,5–4 mm breit, oval oder rundlich, flach, kahl, dunkelbraun, mit einem hellbraunen und abgesetzten Rand, fein punktiert, mit einem meist deutlich gekrümmten Fruchtschnabel
Blätter	Am Stängel wechselständig angeordnet; Grundblätter gestielt, 3-teilig, mit einem kurz gestielten Mittelabschnitt; alle Teilblätter gelappt/gesägt, kahl oder schwach behaart; Zähne meist stumpf oder kurz zugespitzt

Fries' Scharfer Hahnenfuss
Renoncule de Fries; Ranuncolo di Fries
Buttercup, Meadow Buttercup
Ranunculus acris subsp. *friesianus* (Jord.) Syme

Ranunculaceae
Hahnenfussgewächse

Scharfer Hahnenfuss

Herkunft / Verbreitung	Westeuropäische Pflanze; von Südostfrankreich bis ins westliche Österreich häufig anzutreffen; nordwärts bis Grönland; südwärts bis Nordafrika; in den USA eingeschleppt
Höhenstufen	Kollin, montan, subalpin, seltener in der alpinen Stufe
Boden-beschaffenheit	Auf nassen bis frischen, neutralen bis mässig sauren, nährstoffreichen, humosen Lehmböden oder moorigen Böden; bis 50 cm tief wurzelnd
Standorte	Gärten, Gräben, Hecken, Moore, Strassen- und Wegränder, Wiesen, Weiden
Blütezeit	April bis September
Bestäubung	Insektenbestäubung: Bienen, Fliegen, Käfer; auch Selbstbestäubung
Aussehen	20–100 cm hoch, aufrecht, reich verzweigt, mehrjährig, mit bis 10 cm langem Rhizom; Stängel breit oval bis stielrund, hohl, nicht gefurcht, locker anliegend behaart oder kahl, an der Basis auch abstehend behaart, hell- und dunkelgrün und sonnenseits sehr oft dunkelrotbraun; Leitbündel ringförmig angeordnet; Pflanze im frischen Zustand giftig
Blütenstand	Einzelblüten an langen und anliegend behaarten Blütenstielen
Blüten	2–3 cm im Durchmesser, leuchtend goldgelb, mit kahlem Blütenboden
Perigonblätter	5, kelchblattähnlich, nicht verwachsen, eiförmig, hellgrün bis gelblich, am Ende abgerundet oder stumpf, mit oftmals einem hellen Saum, abstehend behaart, kleiner als die Nektarblätter und an diese sich anschmiegend
Nektarblätter	5, kronblattähnlich, miteinander nicht verwachsen, rundlich oder breit verkehrt eiförmig, mit der grössten Breite oberhalb der Mitte, bis 13 mm lang, an der Basis mit einer Schuppe, in welcher sich die Nektardrüse befindet
Staubblätter	Zahlreich, schraubig angeordnet; Staubfäden und Staubbeutel gelb
Fruchtknoten	Zahlreiche, miteinander nicht verwachsene, oberständig angeordnete Fruchtblätter, die an der Blütenachse schraubig angeordnet sind
Früchte	Kugelige, bis 10 mm breite Sammelfrucht mit zahlreichen Nüsschen; diese sind 2–4 mm lang, bis 2,5 mm breit, im reifen Zustand hellbraun, mit einer hellen Rippe; der Fruchtschnabel ist gekrümmt oder eingerollt, seltener gerade
Blätter	Meist wechselständig angeordnet und lang gestielt; Blattspreite bis fast zum Grunde 3- oder 5-teilig; Abschnitte sich nicht überlappend, mit etwas hellerer Unterseite und 5 deutlich hervortretenden Hauptadern; Obere meist sitzend

Gewöhnlicher Scharfer Hahnenfuss
Renoncule âcre; Ranuncolo comune
Buttercup
Ranunculus acris L.

Ranunculaceae
Hahnenfussgewächse

Gold-Blume

Herkunft / Verbreitung	Eurasiatische Pflanze; ganz Europa (auch Grönland); nordwärts bis 72° nördliche Breite; Nordafrika, Neuseeland, Nord- und Südasien; in den USA vermutlich eingeschleppt
Höhenstufen	Kollin, montan, subalpin, seltener alpin
Bodenbeschaffenheit	Auf nassen, feuchten bis trockenen, nährstoffreichen, humosen, schwach sauren bis neutralen Lehmböden; auch auf anmoorigen Böden anzutreffen; bis in eine Tiefe von 25 cm wurzelnd; Nährstoffzeiger
Standorte	Gräben, Grasplätze, Hecken, Mager- und Nasswiesen, Moore, Strassenränder, Weiden, Viehlägerstellen im Alpengebiet
Blütezeit	April bis September
Bestäubung	Insektenbestäubung: Bienen, Fliegen, Hummeln, Käfer; Selbstbestäubung
Aussehen	30–50 cm hoch, aufrecht, reich verzweigt, mehrjährig, angedrückt behaart oder kahl; Rhizom bis 1 cm lang, kurz abgebissen, mit zahlreichen Wurzeln; Stängel breit oval bis stielrund, ohne Kanten und Rillen, hohl, nach oben kahler werdend, mittel- bis dunkelgrün; Leitbündel ringförmig angeordnet
Blütenstand	Blüten auf langen Stielen einzeln oder eine lockere Traube bildend
Blüten	2–3 cm im Durchmesser, goldgelb, mit kahlem Blütenboden; Blütenstiele rund, nie gefurcht und weichhaarig
Perigonblätter	5, kelchblattähnlich, nicht verwachsen, schmal eiförmig, hellgrün bis gelblich, am Ende abgerundet oder stumpf, mit meist einem hellgelben Saum, vorwiegend anliegend behaart, sich an die grösseren Nektarblätter anschmiegend
Nektarblätter	5, kronblattähnlich, nicht verwachsen, breit verkehrt eiförmig, mit der grössten Breite oberhalb der Mitte, 6–11 mm lang, an der Basis mit einer Nektardrüse
Staubblätter	Zahlreich, schraubig angeordnet; Staubfäden und Staubbeutel gelb
Fruchtknoten	Fruchtblätter zahlreich, nicht verwachsen, oberständig; Schnabel gerade
Früchte	Kugelige, bis 10 mm breite Sammelfrucht mit zahlreichen braunen Nüsschen; diese sind flach, berandet, mit sehr kurzem und meist geradem Schnabel
Blätter	Am Stängel wechselständig angeordnet; Grundblätter lang gestielt, ihre Spreiten 3, 5- oder 7-teilig, beiderseits anliegend behaart oder kahl; die Abschnitte deutlich 3-spaltig, unregelmässig eingeschnitten, sich deutlich überlappend; Stängelblätter den Grundblättern ähnlich, jedoch einfacher gestaltet

Kriechender Hahnenfuss
Renoncule rampante; Ranuncolo strisciante
Creeping Buttercup
Ranunculus repens L.

Ranunculaceae
Hahnenfussgewächse

Elsternblume

Herkunft / Verbreitung	Eurasiatische Pflanze; in ganz Europa verbreitet; nordwärts bis 72° nördliche Breite; auch in Island; in Nord- und Südamerika, Neuseeland eingeschleppt; im Gebiet häufig anzutreffen
Höhenstufen	Kollin, montan, subalpin
Boden-beschaffenheit	Auf feuchten bis frischen, nährstoffreichen, mässig sauren, humosen, steinigen, sandigen oder reinen Lehm- und Tonböden; bis 50 cm tief wurzelnd; als Intensivwurzler ein guter Bodenfestiger; Bodenverdichtungszeiger
Standorte	Ackerränder, Auenwälder, Brachen, Gärten, Gräben, Parkanlagen, Schutthalden, Ufer- und Wegränder; verbreitet in Pioniergesellschaften
Blütezeit	Mai bis September
Bestäubung	Insektenbestäubung: Bienen, Fliegen, Hummeln, Käfer; Selbstbestäubung
Aussehen	10–50 cm hoch, niederliegend bis bogig aufsteigend, mit langen oberirdischen Ausläufern, die an den Knoten Wurzeln bilden, mehrjährig; Stängel verzweigt, oval oder stielrund, hohl, schwach abstehend behaart oder kahl, hell- bis dunkelgrün; Leitbündel ringförmig angeordnet; Licht-Halbschattenpflanze
Blütenstand	Einzelblüten an verzweigten Stängeln
Blüten	2–3 cm breit, gelb, mit gefurchten Blütenstielen
Perigonblätter	5, kelchblattähnlich, schmal oval, miteinander nicht verwachsen, am Ende abgerundet oder zugespitzt, grünlichgelb, zerstreut behaart, kleiner als die Nektarblätter und diesen anliegend
Nektarblätter	5, kronblattähnlich, miteinander nicht verwachsen, breit oval bis rundlich, am Ende meist abgerundet, 1–1,5 cm lang, an der Basis mit einer Nektardrüse
Staubblätter	Zahlreich; Staubfäden und Staubbeutel gelb
Fruchtknoten	Zahlreiche, miteinander nicht verwachsene, oberständig angeordnete Fruchtblätter, die an der gewölbten Blütenachse schraubig angeordnet sind
Früchte	Kugelige, bis 8 mm breite Sammelfrüchte mit zahlreichen Nüsschen; diese sind 2,5–3,5 mm lang, bis 3 mm breit, flach, im reifen Zustand braun, mit deutlich abgesetztem Rand, kahl und einem geraden oder gebogenen Schnabel
Blätter	Wechselständig angeordnet; Grundständige lang gestielt, 3-zählig, mit 3 tief eingeschnittenen Abschnitten; Abschnitte 2. Ordnung unregelmässg gezähnt; obere Stängelblätter sitzend, einfach gestaltet, mit schmalen Abschnitten

Gold-Hahnenfuss
Renoncule tête d'or; Ranuncolo botton d'oro
Gold-Buttercup
Ranunculus auricomus L.

Ranunculaceae
Hahnenfussgewächse

Goldschopf-Hahnenfuss

Herkunft / Verbreitung	Eurosibirische Pflanze; ganz Europa; im Mittelmeergebiet nur in den Gebirgen; Kaukasus, durch Südsibirien bis ins Gebiet des Jenissei
Höhenstufen	Kollin, montan, seltener subalpin
Boden-beschaffenheit	Auf feuchten bis frischen, nährstoff- und basenreichen, oft kalkhaltigen, humosen Lehm- und Tonböden; die typische Sippe bevorzugt unbeschattete Stellen; Licht- und Halbschattenpflanze
Standorte	Auenwälder, Bachgehölze, Baumgärten, feuchte Fettwiesen und krautreiche Laubmischwälder, Hecken, Moor- und Waldwiesen
Blütezeit	April bis Juni; zuweilen nochmals im Herbst
Bestäubung	Insektenbestäubung: Bienen, Käfer, Hummeln; auch Selbstbestäubung
Aussehen	20–60 cm hoch, aufrecht, meist verzweigt, mehrjährig, mit kurzem Wurzelstock (Rhizom) und zahlreichen Seitenwurzeln; bis höchstens 25 cm tief wurzelnd; Stängel oval bis stielrund, hohl, zerstreut behaart bis kahl, im unteren Bereich weiss/rötlichbraun, darüber grün; Leitbündel ringförmig angeordnet
Blütenstand	Einzeln oder zu wenigen in lockeren Rispen
Blüten	Lang gestielt, 1–2 cm im Durchmesser, goldgelb, oft mit unvollständig entwickelten kronblattähnlichen Nektarblättern; Blütenstiele rund, anliegend behaart, ohne Furchen; Blütenboden kahl
Perigonblätter	5, verkehrt eiförmig, hellgelb und weisslich mit grünen Streifen und den Nektarblättern anliegend
Nektarblätter	5, verkehrt eiförmig, 7–10 mm lang, oftmals verkümmert oder ganz fehlend, mit kurzer und unvollständig bedeckter Honiggrube
Staubblätter	Zahlreich, schraubig angeordnet; Staubfäden und Staubbeutel gelb
Fruchtknoten	An zylindrischer Blütenachse zahlreiche, miteinander nicht verwachsene, oberständige, schraubig angeordnete Fruchtblätter
Früchte	Kugelige, bis 11 mm breite Sammelfrucht mit zahlreichen Nüsschen; diese sind 2–4 mm lang, eiförmig bis breit eiförmig, etwas gewölbt, flaumhaarig, mit einem hakenförmig gebogenen Schnabel
Blätter	Grundständige lang gestielt; Spreite rundlich bis nierenförmig, 3- oder 5-teilig, mit breit gezähnten Abschnitten, oberseits blaugrün, unterseit heller blaugrün; Stängelblätter fingerförmig geteilt mit meist linealen Abschnitten

Gelbes Windröschen
Anémone jaune; Anemone gialla
Yellow Anemone
Anemone ranunculoides L.

Ranunculaceae
Hahnenfussgewächse

Gelbe Wald-Anemone

Herkunft / Verbreitung	Europäische Pflanze; nordwärts bis Skandinavien; in England eingeschleppt; auch in West- und Zentralasien heimisch
Höhenstufen	Kollin, montan, seltener subalpin; meist in grösseren Gruppen auftretend
Boden-beschaffenheit	Auf feuchten bis frischen, nährstoff- und basenreichen, kalkhaltigen, humosen, lockeren, mehr oder weniger tiefgründigen Lehm- und Tonböden; Mullbodenpflanze; höchstens bis 25 cm tief wurzelnd
Standorte	Auenwälder, Baumgärten, feuchte Laubmischwälder, Hecken, Orte im Vorwaldstadium, seltener auf feuchten Wiesen
Blütezeit	März bis Mai; vorsommergrüne Pflanze
Bestäubung	Insektenbestäubung: Bienen, Hummeln; auch Selbstbestäubung
Aussehen	10–30 cm hoch, aufrecht, mehrjährig, unverzweigt, mit weit und auch horizontal kriechendem Rhizom; vegetative Vermehrung durch unterirdische Ausläufer; Stängel breit oval bis stielrund, grün und hell braunrot, im obersten Viertel mit einem Quirl von 3 sehr kurz gestielten Hochblättern; Leitbündel ringförmig angeordnet
Blütenstand	Am Blütenstängel Einzelblüten oder deren 2, seltener 3
Blüten	Blütenhülle einfach; radiärsymmetrisch, aufrecht, lang gestielt, 1,5–2,5 cm im Durchmesser
Perigonblätter	Meist 5, seltener deren 6, goldgelb, oval bis breit eiförmig, unterseits etwas weichhaarig
Nektarblätter	Keine Nektarblätter vorhanden
Staubblätter	Zahlreich, mit gelben Staubfäden und Staubbeuteln
Fruchtknoten	Zahlreiche oberständig und schraubig angeordnete, grünliche, anliegend und abstehend behaarte Fruchblätter, die miteinander nicht verwachsen sind; Narben hellgelb
Früchte	Nüsschen schmal eiförmig, dicht kurz- und weichhaarig
Blätter	An den blühenden Pflanzen 3 Hochblätter; diese sind im Umriss rhombisch, 4–8 cm lang, bis zum Grunde 3-teilig, nur am Rand borstig behaart und vorsommergrün; Abschnitte unregelmässig grob gezähnt, gelegentlich mit einigen tiefen Einschnitten; zur Blütezeit kaum grunständige Blätter vorhanden, denn diese erscheinen erst später

Winterling
Eranthe d'hiver; Pié di gallo
Winter Aconite
Eranthis hyemalis L.

Ranunculaceae
Hahnenfussgewächse

Südeuropäischer Winterling

Herkunft / Verbreitung	Südeuropäische Pflanze; in West- und Zentraleuropa und in Nordamerika eingeführt und eingebürgert
Höhenstufen	Kollin; in Südeuropa vor allem in feuchten Laubwäldern
Bodenbeschaffenheit	Auf feuchten bis frischen, nährstoffreichen, neutralen bis basischen, kalkhaltigen, humosen, tiefgründigen, im Sommer möglichst nicht austrocknenden, lehmigen Böden; bevorzugt halbschattige, auch sonnige Lagen unter laubabwerfenden Bäumen; bis höchstens 20 cm tief wurzelnd
Standorte	In Garten- und Parkanlagen, Obstgärten, gelegentlich in Weinbergen; meist in grösseren Gruppen anzutreffen; kultiviert und verwildert
Blütezeit	Januar bis März; ab August ist vom Winterling meist nicht mehr viel zu sehen, denn die Pflanze hat sich eingezogen
Bestäubung	Insektenbestäubung; Bienen, Hummeln; auch Selbstbestäubung; im Frühjahr mit viel Nektar und Pollen
Aussehen	5–20 cm hoch, aufrecht, mehrjährig, mit einer kleinen, schwarzen, unregelmässig geformten Rhizomknolle als Speicher- und Überwinterungsorgan; Stängel oval bis stielrund, glatt, kahl, hohl, grün, hellgelb und rötlichbraun, am Grund mit kleinen Niederblättern; stark giftige Pflanze; Leitbündel ringförmig angeordnet
Blütenstand	Am Ende des Stängels eine Einzelblüte
Blüten	Radiärsymmetrisch, gestielt, im Durchmesser bis 5 cm, mit süssem, frischem und weit reichendem Duft; zwischen den Staub- und Perigonblättern gestielte und becherförmige Honigblätter (Nektarblätter)
Kelchblätter	Keine Kelchblätter, doch Kelchfunktion von Hochblättern übernommen
Perigonblätter	5–8 (meist deren 6), miteinander nicht verwachsen, breit oval, mit der grössten Breite oberhalb der Mitte, glänzend goldgelb
Staubblätter	Zahlreich; Staubfäden und Staubbeutel gelb
Fruchtknoten	Fruchtblätter 4–6, miteinander nicht verwachsen, oberständig angeordnet
Früchte	Balgfrüchte 4–15 mm lang, quergestreift, mehrsamig; Samen eiförmig, braun
Blätter	Stängel unter der Blüte mit einem Quirl aus 3 sehr tief geteilten Hochblättern; Grundständige lang gestielt, sich erst nach der Blütezeit entwickelnd; ihre Spreiten sind kreisrund und vielspaltig

Wiesen-Platterbse
Gesse des prés; Cicerchia dei prati
Meadow Vetchling
Lathyrus pratensis L.

Fabaceae
Hülsenfrüchtler

Gelbe Vogelwicke

Herkunft / Verbreitung	Eurasiatische Pflanze; fast in ganz Europa; nordwärts bis Island und Nordskandinavien; nordöstlich bis Sibirien; in Nordafrika besonders in den Steppengebieten; in den USA eingebürgert
Höhenstufen	Kollin, montan, subalpin; häufig anzutreffende Art
Bodenbeschaffenheit	Auf wechselfeuchten bis frischen, nährstoffreichen, mehr oder weniger humosen Lehm- und Tonböden; stickstoffliebend; bis 75 cm tief wurzelnd; Licht-Halbschattenpflanze; mit nur mässigem Futterwert
Standorte	Fett-, Moor- und Nasswiesen, aber auch in trockenen Wiesen, im Saum von Hecken, bei Ufern, Waldlichtungen und Wegrändern; oft in grösseren Mengen auftretend; bis 2130 m ü.M.
Blütezeit	Juni und Juli
Bestäubung	Insektenbestäubung: Bienen, Hummeln
Aussehen	30–90 cm hoch, aufsteigend oder kletternd, kahl oder zerstreut anliegend behaart, grau, graugrün oder blaugrün, mit dünnen, langen und ästigen Laubsprossen, unterirdischen Ausläufern; mehrjährig; Stängel 4-kantig, nicht geflügelt, oft etwas gerillt; Leitbündel ringförmig angeordnet
Blütenstand	Lang gestielte, 3–12-blütige Trauben
Blüten	Gelb, kurz gestielt, 1,5–2 cm lang, aufrecht oder abstehend, schwach duftend, an den Blütenstielen mit meist anliegender Behaarung
Kelchblätter	5; diese in der unteren Hälfte verwachsen, hellgrün, behaart; Kelchzähne lanzettlich, lang zugespitzt; die unteren 2 Kelchzähne länger als die 3 oberen und gleich lang wie die Kelchröhre oder kürzer als diese
Kronblätter	5; Fahne rundlich bis verkehrt herzförmig, an den Rändern etwas zurückgeschlagen und länger als die 2 Flügel und das stark gekrümmte Schiffchen
Staubblätter	10; Staubfadenröhre gerade; 9 weisse Staubfäden miteinander im unteren Teil verwachsen, die freien Teile fädig; oberstes Staubblatt frei
Fruchtknoten	Aus einem Fruchtblatt, oberständig, bärtig behaart; Griffel gebogen
Früchte	Hülsen flach, 2,5–3,5 cm lang, 4–6 mm breit, im reifen Zustand meist kahl und dunkelbraun bis schwarz; die 6–12 Samen eiförmig bis kugelig, gefleckt
Blätter	Gestielt, aus einem Fiederpaar und einer oft verzweigten Ranke bestehend, wechselständig angeordnet; an der Basis des Blattstiels 2 Nebenblätter; Teilblätter lanzettlich, bis 4 cm lang, mit unterseits gut sichtbaren Adern

Gelbe Luzerne, Sichel-Luzerne
Luzerne en faux; Erba medica falcata
Sickle Medick
Medicago falcata L.

Fabaceae
Hülsenfrüchtler

Sichelklee

Herkunft / Verbreitung	Eurasiatische Pflanze; in fast ganz Europa; nordwärts bis England, Estland, vereinzelt bis Südnorwegen; südwärts bis Griechenland und Spanien; in Westeuropa vermutlich nur als Kulturbegleiter oder Ruderalpflanze eingebürgert; ostwärts durch Westasien bis zum Baikalgebirge
Höhenstufen	Kollin, montan, subalpin
Bodenbeschaffenheit	Auf mässig trockenen, basenreichen, kalkhaltigen, humosen, tiefgründigen, sommerwarmen Lehm- und Lössböden; Rohbodenpionier; Tiefwurzler: bis in eine Tiefe von 2 m wurzelnd
Standorte	Böschungen, trockene Wald-, Weg- und Ackerränder, Flussdämme, Ruderalplätze, Kalk-Magerrasen, Trockenwiesen, zerstreut in sonnigen Gebüschen; bevorzugt wärmere Lagen
Blütezeit	Mai bis August
Bestäubung	Insektenbestäubung: Bienen, Hummeln; auch Selbstbestäubung
Aussehen	20–60 cm hoch, niederliegend, aufsteigend und/oder aufrecht, verzweigt, mit zahlreichen unverholzten und dicken Wurzeln und unterirdischen Ausläufern; mehrjährig; Stängel breit oval bis stielrund, meist mit Mark gefüllt, anliegend und auch abstehend behaart, hell- und dunkelgrün; Leitbündel ringförmig angeordnet; eine in Form und Grösse sehr veränderliche Art
Blütenstand	Blüten in kopfförmig verkürzten Trauben
Blüten	5–11 mm lang, kurz gestielt, hell- bis dunkelgelb, selten weisslich; Blütenstiel kurz anliegend behaart; Krone nach dem Verblühen abfallend
Kelchblätter	5, bis zur Mitte miteinander verwachsen; Kelchbecher glockenförmig, anliegend behaart; Kelchzähne fein zugespitzt, gleich lang wie der Kelchbecher oder etwas länger als dieser
Kronblätter	5; Fahne rundlich, länger als die 2 Flügel und das Schiffchen
Staubblätter	10; Staubfäden und Staubbeutel gelb; oberster Staubfaden frei
Fruchtknoten	Oberständig angeordnet, aus einem Fruchtblatt bestehend
Früchte	Hülsen gerade oder sichelförmig gekrümmt, 8–15 mm lang, im reifen Zustand braun/schwärzlich, leicht behaart; Samen 2–2,5 mm lang, ei- bis nierenförmig
Blätter	Wechselständig angeordnet, gestielt, mit 3 Teilblättern und meist 2 Nebenblättern; Teilblätter schmal oval, mit der grössten Breite oberhalb der Mitte, fein behaart bis kahl, nur im obersten Bereich gezähnt und stachelspitzig

Echter Honigklee, Echter Steinklee
Mélilot officinal; Meliloto comune
Sweet Clover
Melilotus officinalis Lam.

Fabaceae
Hülsenfrüchtler

Gelber Steinklee

Herkunft / Verbreitung	Eurasiatische Pflanze; ganz Europa; ostwärts bis Sibirien; heute beinahe über die ganze Erde verschleppt
Höhenstufen	Kollin, montan; vereinzelt bis in die subalpine Stufe reichend
Bodenbeschaffenheit	Auf mässig trockenen bis trockenen, nährstoff- und basenreichen, neutralen, meist wenig humosen, steinigen, kalkreichen, auch schwach salzigen, sommerwarmen Böden; Rohbodenpionier; bis 90 cm tief wurzelnd
Standorte	Acker- und Wegränder, Bahnareale, Hafenanlagen, Kiesgruben, Mauern, Ödland, Schuttplätze, Steinbrüche, Unkrautfluren, Weinberge; Kulturbegleiter
Blütezeit	Juni bis Oktober
Bestäubung	Insektenbestäubung: Bienen, Fliegen, Hummeln; gute Bienenweide
Aussehen	20–120 cm hoch, aufsteigend bis aufrecht, reich verzweigt, meist 2-jährig, kahl oder nur im oberen Bereich schwach behaart, mit schief abstehender Pfahlwurzel; Stängel breit oval bis stielrund, kantig, hohl, hell- bis mittelgrün; Leitbündel ringförmig angeordnet; im trockenen Zustand stark süsslich nach Kumarin duftendes Kraut, das zur Abschreckung von Motten in Kleider gelegt wird (Mottenkraut)
Blütenstand	30–70 Blüten in einer 4–10 cm langen und schmalen Traube
Blüten	5–10 mm lang, gelb, hängend, verblassend; Blütenstiele 2–3 mm lang und herabgekrümmt; Blüten gegliedert in Fahne, 2 Flügel und einem Schiffchen
Kelchblätter	5, grün, miteinander verwachsen; Kelchbecher glockenförmig, schwach anliegend behaart; Kelchzähne schmal 3-eckig, zugespitzt
Kronblätter	5; Fahne breit oval bis rund, am Ende oft etwas ausgerandet, gegen den Grund zu keilförmig verschmälert; die 2 Flügel gleich lang wie die Fahne oder etwas länger als diese; Schiffchen kürzer als die Flügel
Staubblätter	10; Staubfäden und Staubbeutel hellgelb bis weiss; oberster Staubfaden frei
Fruchtknoten	Oberständig angeordnet, aus einem Fruchtblatt bestehend
Früchte	Hülsen bis 4 mm lang, eiförmig, stumpf, mit Querfurchung, mit bleibendem Griffelrest, einsamig; Samen bis 2 mm lang, eiförmig, braun, dunkel gefleckt
Blätter	Wechselständig angeordnet, gestielt, mit 3 Teilblättern und meist 2 Nebenblättern; Teilblätter länglich verkehrt eiförmig, die unteren mehr rautenförmig, die oberen lanzettlich, am Ende mit aufgesetzter Spitze

Hopfenklee, Hopfen-Schneckenklee
Luzerne lupuline; Erba medica lupulina
Black Medick
Medicago lupulina L.

Fabaceae
Hülsenfrüchtler

Gelbklee

Herkunft / Verbreitung	Eurasiatische Pflanze; in fast ganz Europa verbreitet, ohne arktische Gebiete; über die ganze Erde verschleppt, jedoch ohne Tropen
Höhenstufen	Kollin, montan, subalpin
Boden-beschaffenheit	Auf mässig trockenen, sommerwarmen, mehr oder weniger nährstoff- und basenreichen, humosen oder rohen Lehmböden; bis 50 cm tief wurzelnd
Standorte	Äcker, Dämme, Erdanrisse, Fettwiesen, Gärten, Kalk-Magerrasen, Ruderalstellen, Schuttplätze, Wiesen, Wegränder
Blütezeit	Mai bis September; gute Bienenweide
Bestäubung	Insektenbestäubung: Bienen, Fliegen, Hummeln; auch Selbstbestäubung
Aussehen	10–30 cm (seltener bis 50 cm) hoch, niederliegend und aufsteigend, seltener ganz aufrecht wachsend, verzweigt, 1- bis 2-jährig, mit langer Pfahlwurzel; gute Futterpflanze; formenreiche Art; Stängel oval und etwas kantig oder viereckig, besonders im unteren Bereich nicht nur anliegend, sondern auch abstehend behaart, hell- bis dunkelgrün; Leitbündel ringförmig angeordnet
Blütenstand	Kopfartige Traube, gestielt, 10- bis 50-blütig, 4–5 mm breit, später verlängert
Blüten	3–5 mm lang, gelb, in Fahne, 2 Flügel und Schiffchen gegliedert; Stiel kurz
Kelchblätter	5, bis in die Mitte miteinander verwachsen und behaart; Kelch glockenförmig; Kelchzähne lanzettlich bis schmal 3-eckig und lang zugespitzt
Kronblätter	5; Fahne rundlich, gegen den Grund zu keilförmig verschmälert, meist doppelt so lang wie der Kelch; Krone nach der Blütezeit abfallend
Staubblätter	10; Staubfäden und Staubbeutel gelb; oberster Staubfaden frei
Fruchtknoten	Oberständig angeordnet, aus einem Fruchtblatt bestehend, behaart; Griffel zur Blütezeit so lang wie der Fruchtknoten; Narbe kopfig
Früchte	Hülsen nieren- oder sichelförmig, 2–3 mm im Durchmesser, mit halbkreisförmig gebogener Bauchnaht und etwas verästelten Längsstreifen, kahl oder etwas behaart, zuletzt braunschwarz; Samen länglich eiförmig, 1–2 mm lang, zusammengedrückt, glatt, wachsgelb bis grünlich
Blätter	Wechselständig angeordnet, 3-zählig, gestielt, mit lanzettlichen bis eiförmigen, ganzrandigen oder am Grund gezähnten Nebenblättern; Teilblätter verkehrt eiförmig, im oberen Bereich etwas gezähnelt, am Ende ausgerandet und mit Spitzchen, behaart; mittleres Teilblatt länger gestielt als die Seitenteilblätter

Zweifelhafter Klee, Kleiner Klee
Trèfle douteux; Trifoglio dubbio
Small Hop Clover
Trifolium dubium Sibth.

Fabaceae
Hülsenfrüchtler

Faden-Klee

Herkunft / Verbreitung	Eine ursprünglich mediterrane Pflanze; nordwärts bis 60° nördliche Breite, ostwärts bis zum Kaukasus und weiter bis Russland; in Mitteleuropa häufig anzutreffen; heute über weite Gebiete der Erde verbreitet
Höhenstufen	Kollin, seltener montan und subalpin
Bodenbeschaffenheit	Auf frischen bis mässig trockenen, lockeren, nährstoffarmen aber auch nährstoffreichen, kalkarmen und kalkhaltigen, etwas humosen, sandigen oder reinen Lehmböden in wärmeren Lagen; bis 30 cm tief wurzelnd
Standorte	Grasplätze, Fettwiesen, Rasenflächen, Wegränder, Weiden
Blütezeit	Mai bis September; Krone nach der Blütezeit nicht abfallend
Bestäubung	Insektenbestäubung: Bienen, Hummeln
Aussehen	10–30 cm hoch, niederliegend, meist verzweigt, einjährig, ohne Ausläufer, mit Pfahlwurzel und zahlreichen Seitenwurzeln; Stängel oval bis stielrund, mit Mark gefüllt und später hohl, etwas behaart, fadenförmig, im unteren Bereich rötlichbraun, darüber grün; Leitbündel ringförmig angeordnet
Blütenstand	3–15 Blüten in einer gestielten und kopfartigen Traube, aus den Achseln von Stängelblättern entspringend; Blüten abstehend und zurückgebogen
Blüten	3,5–4 mm lang, hellgelb, länger als die Kelchröhre, mit 1 mm langen Blütenstielen; Krone nach dem Verblühen sich hellbraun verfärbend
Kelchblätter	5, miteinander glockenförmig verwachsen, den Kronblättern anliegend, kahl oder zerstreut anliegend behaart, mit lang zugespitzten Zipfeln; der unterste Kelchzipfel länger als die übrigen 4
Kronblätter	5; Krone in Fahne, 2 Flügel und Schiffchen gegliedert; Fahne länger als Flügel und Schiffchen und genagelt; Schiffchen gerade, mehr oder weniger stumpf
Staubblätter	10; 9 Staubfäden sind bis zur Mitte verwachsen; 10. Staubblatt frei
Fruchtknoten	Oberständig, etwas gestielt; Griffel viel kürzer als der Fruchtknoten
Früchte	Einsamige Hülsenfrüchte von 2–3 mm Länge und 1,5 mm Breite; der kleine Griffel bleibt bei der Fruchtreife erhalten; Samen eiförmig bis kugelig, etwas abgeflacht, hellbraun, bis 1,5 mm lang
Blätter	Gestielt, mit 3 Teilblättern, wechselständig angeordnet; Teilblätter verkehrt eiförmig, gegen den Grund zu keilförmig verschmälert, nicht länger als 1 cm; Blattrand in der oberen Hälfte gezähnt; Nebenblätter breit eiförmig

Gewöhnlicher Hornklee
Lotier corniculé; Ginestrino comune
Bird's Foot Trefoil
Lotus corniculatus L.

Fabaceae
Hülsenfrüchtler

Schotenklee

Herkunft / Verbreitung	Eurosibirische Pflanze; in ganz Europa mit Ausnahme der arktischen Gebiete; in den gemässigten Zonen Asiens; in Mitteleuropa verbreitet und häufig
Höhenstufen	Kollin, montan, subalpin, alpin
Boden-beschaffenheit	Auf frischen bis eher trockenen, nährstoff- und basenreichen, lockeren, humosen, kalkhaltigen Lehmböden; bis 1 m tief wurzelnd; Bodenverbesserer; auch Rohbodenbesiedler
Standorte	Böschungen, Fettwiesen, Gebüschsäume, Kalk-Magerrasen, Kiesgruben, Ruderalstellen, Steinbrüche, Wegränder, Weiden; wertvolle Futterpflanze
Blütezeit	Mai bis August; gute Bienenweide
Bestäubung	Insektenbestäubung: Bienen, Hummeln, Tag- und Nachtfalter
Aussehen	5–30 cm hoch, bogig aufsteigend bis aufrecht, mehrjährig, unverzweigt und verzweigt, mit dünnen Rhizomen; Stängel stielrund und kantig oder 4-eckig, kahl oder zerstreut behaart, meist gefüllt, grün und im unteren Bereich auch mit rötlichen Streifen und Flecken; Leitbündel ringförmig angeordnet
Blütenstand	4- bis 8-blütige, lang gestielte und kopfartige Dolde
Blüten	10–18 mm lang, gelb, vor dem Aufblühen oft mit rötlichen Streifen; in Fahne, zwei Flügel und einem Schiffchen gegliedert
Kelchblätter	5, bis zur Mitte miteinander verwachsen, kahl oder bis zu 1 mm langen Haaren; Kelchzähne schmal 3-eckig, lang zugespitzt, vor dem Aufblühen zusammenneigend, grün, hellgrün und rötlich, meist etwas kürzer als die Kelchröhre
Kronblätter	Fahne rundlich, fast rechtwinklig abstehend; Flügel und Schiffchen kürzer als die Fahne; Schiffchen hellgelb oder rötlich, zugespitzt, aufwärts gebogen
Staubblätter	10, hellgelb bis weisslich; 9 miteinander bis oberhalb der Mitte verwachsen; das zehnte Staubblatt frei
Fruchtknoten	Oberständig, aus einem Fruchtblatt gebildet
Früchte	Hülsen 2–3 cm lang, gerade, im reifen Zustand braun; Samen eiförmig bis kugelig, glänzend braun, mit einem rundlichen und weissen Nabel, in der Hülse durch ein lockeres Parenchym voneinander getrennt
Blätter	Mit 5 Teilblättern, ungestielt, wechselständig angeordnet; die 2 unteren Teilblätter wie Nebenblätter gestellt; die 3 oberen Teilblätter kurz gestielt; alle oval bis verkehrt eiförmig, unterseits weisslichgrün bis hellgrün

Karpaten-Wundklee
Anthyllide commune; Vulneraria dei Carpazi
Kidney Vetch
Anthyllis vulneraria subsp. *carpatica* (Pant.) Nyman

Fabaceae
Hülsenfrüchtler

Hasenklee

Herkunft / Verbreitung	Mitteleuropäische Pflanze; in fast ganz Europa heimisch; besonders nördlich der Alpen verbreitet
Höhenstufen	Kollin, montan, seltener subalpin
Bodenbeschaffenheit	Auf mässig trockenen bis trockenen, basenreichen, meist kalkhaltigen, humosen und auch rohen, mittel- bis tiefgründigen Lehm- und Lössböden; Rohbodenpionier; mit Wurzelverdickungen; bis 1 m tief wurzelnd; wärmere Lagen werden bevorzugt
Standorte	Artenreiche Wiesen, Dämme, Trockenrasen, lichte Wälder, Steinbrüche
Blütezeit	Mai, Juni und seltener bis September
Bestäubung	Insektenbestäubung; Bienen, Hummeln
Aussehen	15–60 cm hoch, aufsteigend oder aufrecht, mehrjährig, mit 2–4 Stängelblättern; Stängel oval, oft eckig, hohl, grün, rötlich und rötlichbraun, anliegend behaart, nur im unteren Teil beblättert, gelegentlich im oberen Teil verzweigt; Leitbündel ringförmig angeordnet; Grundblätter gefiedert oder ungefiedert
Blütenstand	Dichtblütige Köpfchen, die von lineal lanzettlichen, zugespitzten oder auch stumpflichen und grünen Hüllblättern umgeben sind
Blüten	8–14 mm lang, blassgelb bis goldgelb, sitzend oder sehr kurz gestielt, in Fahne, 2 Flügel und Schiffchen gegliedert
Kelchblätter	5, bis weit hinauf miteinander verwachsen, 8–11 mm lang, mehr der weniger aufgeblasen, weisslich bis hellgelb, anliegend und auch etwas abstehend behaart; Kelchzipfel gleichfarbig wie die Kelchröhre; seitliche Kelchzipfel der Krone nicht angedrückt
Kronblätter	5; Fahne 5–7 mm breit, länger und breiter als die 2 Flügel und das Schiffchen; Schiffchenspitze gelb wie die anderen Blütenteile
Staubblätter	10: alle Staubfäden anfangs zu einer Röhre verbunden; nach der Bestäubung der oberste Staubfaden sich bis zur Mitte oder ganz ablösend
Fruchtknoten	Oberständig angeordnet, aus einem Fruchtblatt, meist gestielt; Griffel kahl
Früchte	Hülsen 4–6 mm lang, 2-klappig aufspringend, braun
Blätter	Unpaarig gefiedert, wechselständig angeordnet, mit 3, 5, 7, 9, oder 11 Fiederblättern; diese lanzettlich bis schmal oval, bis 8 mm lang, oberseits kahl, unterseits zerstreut anliegend behaart; Endteilblatt grösser als die Seitenteilblätter

Schopfiger Hufeisenklee, Gewöhnlicher Hufeisenklee
Hippocrépide à toupet; Sferracavallo comune
Horseshoe Vetch
Hippocrepis comosa L.

Fabaceae
Hülsenfrüchtler
Pferdehuf

Herkunft / Verbreitung	Mittel- und südeuropäische Pflanze; nordwärts bis England; ostwärts bis Ungarn und Bulgarien; südwärts bis Sizilien
Höhenstufen	Kollin, montan, subalpin; gelegentlich bis in die alpine Stufe vordringend; in der Region häufig anzutreffen
Bodenbeschaffenheit	Auf mässig trockenen bis trockenen, basenreichen, humosen und mehr oder weniger rohen, kalkhaltigen aber auch kalkfreien Lehm- und Lössböden; bis in eine Tiefe von 70 cm wurzelnd
Standorte	Böschungen, entlang von Wegen, Erdanrisse, in Felsen, Föhrenwälder, Halbtrockenrasen, sonnige Kalk-Magerrasen, Steinbrüche, Trockenwiesen; oft gesellig auftretend
Blütezeit	Mai bis Juli
Bestäubung	Insektenbestäubung: Bienen, Hummeln, Schmetterlinge
Aussehen	10–30 cm lang, ausgebreitet niederliegend bis aufsteigend, stark verzweigt, mehrjährig, am Grund verholzend, mit langer und ästiger Pfahlwurzel; Stängel stielrund oder unregelmässig 4-kantig, hell- bis dunkelgrün, kahl oder zerstreut anliegend behaart; Leitbündel ringförmig angeordnet
Blütenstand	Kopfartige, lang gestielte, 5–12-blütige Dolde
Blüten	Gelb, bis 1 cm lang, kurz gestielt, in den Achseln sehr kurzer Tragblätter
Kelchblätter	5, bis zur Hälfte miteinander verwachsen; Kelch kurz glockenförmig, schwach 2-lippig, hell- bis dunkelgrün; Kelchzähne breit 3-eckig, zugespitzt; die oberen Zähne deutlich länger als die unteren
Kronblätter	5, gegliedert in Fahne, 2 Flügel und einem Schiffchen; Nagel der Kronblätter viel länger als die Kelchblätter; Fahnenplatte breit eiförmig, mit rötlichen Streifen; Flügel so lang wie die Fahne und über das Schiffchen gewölbt; Schiffchen im vorderen Teil aufwärts gekrümmt
Staubblätter	10; 9 Staubfäden miteinander im unteren Teil verwachsen; oberstes Stbb. frei
Fruchtknoten	Oberständig angeordnet; aus einem Fruchtblatt bestehend
Früchte	Hülsen schmal, 1–2 cm lang, abstehend oder nickend, aus bis 6 hufeisenförmigen und einsamigen Gliedern, dunkelbraun; Samen eiförmig, braun
Blätter	Wechselständig angeordnet, lang gestielt, mit kleinen Nebenblättern, unpaarig gefiedert, mit 4–7 Fiederblattpaaren; Fiederblätter schmal verkehrt eiförmig, 5–12 mm lang, ganzrandig, meist blaugrün, mehr oder weniger kahl

Echtes Johanniskraut, Tüpfel-Johanniskraut **Hypericaceae**
Millepertuis perforé **Johanniskrautgewächse**
Erba di San Giovanni comune; St. John's Wort
Hypericum perforatum L. **Tüpfel-Hartheu**

Herkunft / Verbreitung	Eurosibirische Pflanze; in Skandinavien bis 65° nördliche Breite; ostwärts bis zum Baikalsee; heute in allen subtropischen und gemässigten Zonen
Höhenstufen	Kollin, montan; verbreitet und häufig anzutreffen
Bodenbeschaffenheit	Auf wechselfeuchten, frischen bis mässig trockenen, schwach sauren bis neutralen, mässig nährstoffarmen bis mässig nährstoffreichen, tiefgründigen aber auch rohen Böden; verdichtete und vernässte Böden werden ertragen; bis in eine Tiefe von 50 cm (in Ausnahmen bis 1 m) wurzelnd; schwermetalltolerant
Standorte	Brachen, Buschweiden, Gebüschsäume, Hecken, Ginster- und Heidekrautheiden, Magerrasen, Halbtrockenrasen, Trockenwiesen, Waldlichtungen, Wald- und Wegränder; Licht-Halbschattenpflanze
Blütezeit	Juni bis September
Bestäubung	Insektenbestäubung: Fliegen, Käfer; auch Selbstbestäubung
Aussehen	30–70 cm hoch, aufrecht, verzweigt, mehrjährig, mit oberirdischen Trieben, die sich bewurzeln und mit dicken Rhizomen; Stängel breit oval bis stielrund, ausgefüllt, kahl, hellgelb bis grün, mit 2 erhabenen Längskanten; Leitbündel ringförmig angeordnet
Blütenstand	Vielblütige Rispe oder reichblütige Trugdolde
Blüten	Radiärsymmetrisch, bis 2,5 cm im Durchmesser, gelb, gestielt
Kelchblätter	5, lanzettlich, 3–5 mm lang, grün, ganzrandig, allmählich in eine feine grannenartige Spitze ausgezogen; schwarze Punke fehlend oder sie sind nur vereinzelt vorhanden; Kelch zur Blütezeit doppelt so lang wie der Fruchtknoten
Kronblätter	5, schmal oval bis schmal verkehrt eiförmig, miteinander nicht verwachsen, länger als die Kelchblätter, im oberen Bereich nur auf der einen Seite gezähnt, sonst ganzrandig, unterseits mit schwarzen Punkten
Staubblätter	Zahlreich, am Grund in den 3 Büscheln gruppiert
Fruchtknoten	Oberständig, aus 3 fast vollständig verwachsenen Fruchtblättern bestehend
Früchte	Kapseln schmal- bis breit eiförmig, 5–10 mm lang, mit punktförmigen Drüsen, bei den Wänden aufspringend und vielsamig; Samen 1–1,2 mm lang, zylindrisch, warzig, dunkelbraun bis schwarz, an den Enden zugespitzt / abgerundet
Blätter	Gegenständig angeordnet, sitzend, länglich oval bis schmal eiförmig, 1–2 cm lang, oberseits hell- bis mittelgrün, unterseits weisslich grün, durchscheinend punktiert; Blattrand flach oder nur wenig umgebogen

Aufrechter Sauerklee
Oxalis des fontaines; Acetosella minore
Yellow Sheep Sorrel
Oxalis stricta L.

Oxalidaceae
Sauerkleegewächse

Europäischer Sauerklee

Herkunft / Verbreitung	Ursprünglich eine nordamerikanisch-ostasiatische Pflanze; sie gelangte 1658 als Zierpflanze aus den USA nach England; später verwildert; heute fast über die ganze Erde verschleppt
Höhenstufen	Kollin, seltener montan; an Häufigkeit zunehmend
Bodenbeschaffenheit	Auf frischen, nährstoffreichen, schwach sauren bis neutralen, lockeren, auch kalkarmen, lehmigen oder sandigen Böden; wärmere und halbschattige Lagen bevorzugend; schlechte Durchlüftung des Bodens mit Sauerstoff ertragend; oft in grösseren Gruppen anzutreffen; höchstens bis 50 cm tief wurzelnd
Standorte	Äcker, Bahn- und Hafenareale, Böschungen, Friedhöfe, Ruderalstellen, Gärten, kurzlebige Unkrautgesellschaften, Mauerritzen, Mülldeponien, Olivenhaine, Parkanlagen, Wald- und Wegränder
Blütezeit	Juni bis Oktober
Bestäubung	Insektenbestäubung: Bienen, Fliegen, Hummeln; auch Selbstbestäubung
Aussehen	10–40 cm lang, aufrecht, im Alter am Grund oft etwas liegend aber nicht wurzelnd, ohne Nebenblätter, 1- bis mehrjährig, mit dünnem Wurzelstock und einigen Ausläufern; Stängel stielrund und kantig oder 5-eckig, grün und im unteren Bereich hell rötlichbraun, dicht abstehend behaart; Leitbündel ringförmig angeordnet
Blütenstand	Meist bis 5-blütige (seltener bis 7-blütige) Dolden oder Wickel; Stiel des Blütenstandes am Grund deutlich verdickt
Blüten	Radiärsymmetrisch, 5–13 mm im Durchmesser, vor dem Aufblühen nickend, gelb, nach dem Verblühen aufrecht oder abstehend
Kelchblätter	5, schmal eiförmig, grün, behaart, am oberen Ende gestutzt oder zugespitzt
Kronblätter	5, breit oval, vorn abgerundet, miteinander nicht verwachsen oder am Grund nur selten etwas verwachsen
Staubblätter	10, hellgelb; die 5 Äusseren kurz, die 5 Inneren etwas länger
Fruchtknoten	Oberständig, grün, aus 5 Fuchtblättern verwachsen
Früchte	Kapseln zylindrisch, 5-kantig, 8–15 mm lang; Samen rötlich oder rötlichbraun
Blätter	3-zählig (kleeblattartig), lang gestielt, behaart, wechselständig und auch gegenständig angeordnet; Teilblätter oval oder herzförmig, an der Spitze eingebuchtet, mit dem Blattstiel gelenkig verbunden (Schlafstellung ermöglichend)

Echte Nelkenwurz
Benoîte commune; Cariofillata comune
Clove Root
Geum urbanum L.

Rosaceae
Rosengewächse

Benediktenkraut

Herkunft / Verbreitung	Eurasiatische Pflanze; nordwärts bis Schottland und Lappland; im Mittelmeergebiet seltener, hier vor allem in der montanen Stufe; in den USA, Australien und Neuseeland eingeschleppt
Höhenstufen	Kollin, montan, seltener subalpin
Bodenbeschaffenheit	Auf feuchten bis frischen, nährstoffreichen, mässig sauren, humosen Lehm- und Tonböden; Nährstoffzeiger; etwas wärmeliebend; bis 50 cm tief wurzelnd
Standorte	Auenwälder, Gebüsche, Waldränder, krautreiche Laubmischwälder, im Saum schattiger Zäune, Ruderalstellen, Wildläger
Blütezeit	Mai bis September
Bestäubung	Insektenbestäubung: Fliegen, Käfer; auch Selbstbestäubung
Aussehen	20–60 cm (seltener bis 90 cm) hoch, aufrecht wachsend, verzweigt, mehrjährig, mit grundständigen Seitentrieben und stark bewurzelnden nach Gewürznelken riechenden Rhizomknollen (früher als Heil- und Nutzpflanze verwendet); Stängel oval bis stielrund mit erhabenen Kanten, etwas behaart, ohne Drüsenhaare, hell- bis dunkelgrün; Leitbündel ringförmig angeordnet
Blütenstand	Einzelblüten an langen Blütenstielen
Blüten	1–2,5 cm im Durchmesser, aufrecht, gelb
Kelchblätter	2x5; Aussenkelchblätter lanzettlich, 2–3 mm lang, grün, beiderseits behaart; Innenkelchblätter 3-eckig, 3–6 mm lang, dunkelgrün, nur ausserseits behaart; Kelchblätter zur Fruchtzeit zurückgeschlagen
Kronblätter	5, ausgebreitet, etwa so lang wie die inneren Kelchblätter, breit verkehrt eiförmig bis rundlich, fast unbenagelt, nach dem Verblühen rasch abfallend
Staubblätter	Zahlreich; Staubfäden hellgelb; Staubbeutel hell- bis dunkelgelb
Fruchtknoten	Auf erhöhtem Blütenboden zahlreich und oberständig angeordnet; Griffel gegliedert; nach dem Verblühen bleibt nur noch der untere hakig gebogene Teil
Früchte	Die zahlreichen Fruchtknoten zur Reifezeit ein Fruchtköpfchen bildend; Fruchtboden behaart; Früchtchen schmal verkehrt eiförmig, borstig behaart, braun, mit unterem und langem Griffelteil versehen, der am Ende hakig gebogen ist
Blätter	Stängelblätter wechselständig angeordnet, gestielt, meist 3-teilig oder gelappt, mit blattartigen Nebenblättern; grundständige Blätter lang gestielt, gefiedert, mit grosser meist 3-teiliger, grob gezähnter und oft auch gelappter Endfieder

Bach-Nelkenwurz
Benoîte des ruisseaux; Cariofillata dei rivi
Water Avens, Indian Chocolate Root
Geum rivale L.

Rosaceae
Rosengewächse

Wasser-Benediktenkraut

Herkunft / Verbreitung	Eurasiatische-/nordamerikanische Pflanze; in Europa vom äussersten Norden bis in die Gebirge der Mittelmeerländer; in Mitteleuropa weit verbreitet
Höhenstufen	Kollin, montan, subalpin; bis 2100 m ü. M.
Boden-beschaffenheit	Auf gelegentlich überfluteten, nährstoff- und basenreichen, humosen Lehm- und Tonböden; oft auf Kalk und auch auf Niedermoorböden; Nährstoffzeiger; bevorzugt eine kühl-humide Klimalage; bis höchstens 50 cm tief wurzelnd
Standorte	Auenwälder, entlang von Bächen, feuchte Gebüsche, Feucht- und Nasswiesen, Hochstaudenfluren, Moorwiesen, bei Quellen
Blütezeit	April bis Juli
Bestäubung	Insektenbestäubung: Bienen, Fliegen, Hummeln, Käfer; Selbstbestäubung
Aussehen	20–60 cm hoch, aufsteigend oder aufrecht, mehrjährig, mit bis 15 cm langem, waagrechtem und nicht riechendem Rhizom; Stängel stielrund, gefüllt und später hohl, grün und rotbraun, anliegend und abstehend behaart, im oberen Teil auch mit drüsenköpfigen Haaren besetzt; Leitbündel ringförmig angeordnet; Halbrosettenpflanze
Blütenstand	An langen Stielen 1 oder 2 Blüten
Blüten	10–15 mm lang, glockenförmig, hellgelb bis rosa, gegen den oberen Rand der Kronblätter auch etwas rötlich, nickend, erst zur Fruchtzeit aufgerichtet
Kelchblätter	2x5, dunkelrot bis rötlichbraun; Aussenkelchblätter linealisch, 2–4 mm lang, kurz drüsig behaart; Innenkelchblätter meist 3-eckig, lang zugespitzt, ungefähr gleich lang wie die Kronblätter, mit hervortretenden Adern; Kelch zur Fruchtzeit fast aufrecht bleibend
Kronblätter	5, zusammenneigend, 10–15 mm lang, verkehrt eiförmig bis herzförmig, am oberen Ende oft ausgerandet, unten allmählich in den Nagel verschmälert; nach der Blütezeit lange bleibend
Staubblätter	Zahlreich; Staubfäden weisslich bis hellgrün; Staubbeutel hell- bis mittelgelb
Fruchtknoten	Zahlreich, oberständig angeordnet, auf gestieltem Fruchtboden
Früchte	Die zahlreichen Fruchtknoten zur Reifezeit ein Fruchtköpfchen bildend
Blätter	Stängelblätter wechselständig angeordnet, gestielt, 3-teilig, gelappt und auch ungelappt, mit blattartigen Nebenblättern; grundständige Blätter gestielt, gefiedert, mit grosser meist 3-teiliger oder auch gelappter, gezähnter Endfieder

Kleiner Odermennig
Aigremoine eupatoire; Agrimonia comune
Agrimony Cocklebur
Agrimonia eupatoria L.

Rosaceae
Rosengewächse

Gewöhnlicher Odermennig

Herkunft / Verbreitung	Europäisch-südwestasiatische Pflanze; nordwärts bis Schottland, in Skandinavien bis 63° nördliche Breite; ostwärts bis zum Ural; südwärts bis Sizilien, Griechenland, Nordafrika, Kleinasien; verbreitet und häufig anzutreffen
Höhenstufen	Kollin, montan, seltener subalpin
Bodenbeschaffenheit	Auf frischen bis trockenen, mehr oder weniger nährstoff- und basenreichen, lockeren, humosen, meist kalkhaltigen Böden; höchstens bis in eine Tiefe von 2 m wurzelnd; Licht-Halbschattenpflanze
Standorte	Im Saum von Hecken, trockene Wiesen und Weiden, krautreiche Böschungen und Raine, Wegränder, lichte Wälder
Blütezeit	Juni bis September
Bestäubung	Insektenbestäubung: Bienen, Fliegen, Hummeln; auch Selbstbestäubung
Aussehen	30–100 cm (seltener bis 150 cm) hoch, aufrecht, mehrjährig, wenn verzweigt, dann nur im oberen Teil, mit dicker Pfahlwurzel; Stängel breit oval oder stielrund bis 4-eckig, ausgefüllt, hell- bis dunkelgrün, dicht abstehend behaart und mit wenigen sitzenden Drüsen; ohne grundständige Blätter
Blütenstand	10–40 cm lange, schlanke und vielblütige Traube
Blüten	Radiärsymmetrisch, gelb, in der Hauptachse kurz gestielt, bis 1,5 cm breit
Kelchblätter	5, breit 3-eckig, grün, am oberen Ende meist stumpf, nach der Blütezeit zusammenneigend; Kelchbecher glockenförmig, fast auf der ganzen Länge mit deutlichen Furchen, am äusseren Rand mit zahlreichen waagrecht abstehenden oder nach oben gerichteten (nicht nach unten gerichteten) Hakenborsten
Kronblätter	5, verkehrt eiförmig, 3–6 mm lang, am oberen Ende meist abgerundet
Staubblätter	10–20; Staubfäden hellgelb; Staubbeutel gelb
Fruchtknoten	Mittelständig; 2 freie Fruchtblätter mit je einer Samenanlage sind im Blütenbecher eingesenkt, jedoch mit ihm nicht verwachsen; Griffel endständig, nach der Blütezeit abfallend
Früchte	Klettfrüchte; sie enthalten 1 oder 2 Nüsschen, die vom 10-furchigen Kelchbecher umgeben sind; meist reift nur ein Nüsschen heran
Blätter	Wechselständig angeordnet, unpaarig gefiedert (1–9 Paare und Endfieder); Fiederblätter 2–6 cm lang, oberseits dunkelgrün, etwas anliegend behaart, unterseits graufilzig, nur mit vereinzelten Drüsen oder drüsenlos; nicht riechend

Zweijährige Nachtkerze, Gewöhnliche Nachtkerze — Onagraceae
Onagre bisannuelle; Enagra comune — Nachtkerzengewächse
Common Evening Primrose
Oenothera biennis L. — **Gewöhnliche Zweijährige Nachtkerze**

Herkunft / Verbreitung	Ursprünglich eine nordamerikanische Pflanze; zu Beginn des 17. Jahrhunderts in Europa eingeschleppt und später vor allem aus Gartenanlagen verwildert; nordwärts bis Mittel-Schweden; ostwärts bis Mittel-Russland; Vorderasien
Höhenstufen	Kollin, montan; an Häufigkeit zunehmend
Bodenbeschaffenheit	Auf mässig trockenen, mehr oder weniger nährstoffreichen, neutralen bis basischen, humosen oder auch rohen, steinigen, kiesigen oder sandigen Lehmböden; Pionierpflanze; bis 1,5 m tief wurzelnd
Standorte	Böschungen, Eisenbahndämme, Flussufer, Hafenanlagen, Kiesgruben, lückige Unkrautfluren, Ödland, Sandfelder, Schuttplätze, Steinbrüche, Strassenränder, unbebaute Äcker, Wegränder
Blütezeit	Juni bis September; Blüten öffnen sich erst abends
Bestäubung	Insektenbestäubung: Nachtfalterblume; auch Selbstbestäubung
Aussehen	50–150 cm hoch, aufrecht, 2-jährig, oft verzweigt, mit Drüsenhaaren und gewöhnlichen Haaren; Stängel stielrund, grün, im oberen Teil etwas kantig, wie der Fruchtknoten ohne rote Flecken; Leitbündel ringförmig angeordnet; Lichtpflanze; offizinell (Alternativ- und Schulmedizin)
Blütenstand	Vielblütige, zur Blütezeit aufrechte, endständige Traube oder Rispe
Blüten	Radiärsymmetrisch, gelb, bis 7 cm im Durchmesser, gestielt, 4-zählig
Kelchblätter	4, grün, lanzettlich bis schmal 3-eckig, zugespitzt, in der Knospenlage zusammenneigend, zur Blütezeit nach unten gerichtet
Kronblätter	4; breit oval und dabei breit abgerundet oder auch breit herzförmig, gegen den Grund zu verschmälert, 2–3 cm lang, sich mit den Rändern überdeckend und länger als die Staubblätter
Staubblätter	8; Staubfäden und längliche Staubbeutel hellgelb
Fruchtknoten	Unterständig, aus 4 Fruchtblättern verwachsen; Achsenbecher weit über den Fruchtknoten hinaus zylindrisch verlängert, nach der Blütezeit abfallend
Früchte	15–30 mm lange, 4-fächerige, längliche, vielsamige, ohne rote Flecken versehene Kapseln; Samen rötlich, bräunlich bis braunschwarz, kantig
Blätter	Bis 15 cm lang, lanzettlich bis schmal elliptisch, zugespitzt, die untersten in den kurzen Stiel verschmälert, die oberen meist sitzend, gezähnt bis ganzrandig, oft mit rot gefärbter Mittelader; Blattrosette (1. Jahr) dem Boden anliegend

Rotkelchige Nachtkerze
Onagra de Glaziou; Enagra di Lamarck
Large-leaved Evening Primrose
Oenothera glazioviana Micheli

Onagraceae
Nachtkerzengewächse

Lamarcks 2-jährige Nachtkerze

Herkunft / Verbreitung	Die Gattung *Oenothera* stammt aus den USA; Lamarcks Nachtkerze vermutlich in Europa in Gärten entstanden; in ganz Europa bis nach Japan verwildert; als Neophyt in Ausbreitung begriffen
Höhenstufen	Kollin, seltener montan
Bodenbeschaffenheit	Auf frischen bis trockenen, mässig nährstoffreichen, schwach sauren bis basischen Böden; sonnige Lagen liebend; bis 1 m tief wurzelnd
Standorte	Bahnareale, Bahndämme, neue Brachflächen, Ödland, Sandfelder, Ufer, unbebaute Äcker, Strassen- und Wegränder, dominant in Ruderalgesellschaften; in Dünen Hollands und Englands weit verbreitet
Blütezeit	Juni bis September
Bestäubung	Insektenbestäubung: Bienen, Fliegen, Hummeln, Schwärmer; die Blüten öffnen sich und duften meist erst gegen Abend; auch Selbstbestäubung
Aussehen	30–200 cm hoch, aufrecht, 2- oder wenigjährig, dicht mit Drüsenhaaren und gewöhnlichen Haaren besetzt; im 1. Jahr Bildung einer dem Boden anliegenden Rosette, im 2. Jahr Ausbildung eines bis 2 m hohen Stängels; dieser breit oval bis stielrund, im oberen Bereich oft etwas kantig, ausgefüllt, mit roten Flecken, Streifen und Tupfen; Hauptwurzel rübenartig verdickt und oft dicker als der Stängel; Leitbündel ringförmig angeordnet
Blütenstand	Endständige und dichtblütige Traube
Blüten	Radiärsymmetrisch, gelb, bis 12 cm im Durchmesser, gestielt, 4-zählig
Kelchblätter	4, in der Knospenlage zusammenneigend, lanzettlich, fein zugespitzt, rot gestreift und gefleckt, zur Blütezeit nach unten gerichtet
Kronblätter	4, breit oval und keilförmig verschmälert bis verkehrt herzförmig, 4–6 cm lang, länger als die Staubblätter, miteinander nicht verwachsen, sich mit den Rändern überdeckend; Achsenbecher nach der Blütezeit abfallend
Staubblätter	8, kürzer als der Griffel; Staubfäden und längliche Staubbeutel hellgelb
Fruchtknoten	Unterständig, aus 4 Fruchtblättern, rot getupft, mit sehr langem Griffel und einer 4-lappigen Narbe
Früchte	Längliche, bis 3 cm lange, 4-fächerige Kapseln; Samen zahlreich, kantig
Blätter	Wechselständig angeordnet; die unteren mehrheitlich elliptisch, bucklig gewellt, allmählich in den Stiel verschmälert, entfernt gezähnt bis ganzrandig; die obersten oft lanzettlich, meist sitzend; Hauptblattader rötlich gefärbt

Gemeine Winterkresse
Herbe de Sainte-Barbe; Erba di Santa Barbara comune
Winter cress, Yellow Rocket
Barbarea vulgaris R. Br.

Brassicaceae
Kreuzblütler

Gewöhnliches Barbarakraut

Herkunft / Verbreitung	Eurasiatische Pflanze; fast in ganz Europa; nicht in den arktischen Gebieten; in gemässigten Zonen weltweit verbreitet
Höhenstufen	Kollin, montan, seltener subalpin
Bodenbeschaffenheit	Auf feuchten bis sicker- und grundfrischen, nährstoff- und basenreichen, humosen, rohen, vorwiegend kiesigen oder sandigen Lehmböden; nur einige wenige cm tief wurzelnd; mit spindelförmigen Wurzeln; Pionierpflanze
Standorte	Acker- und Wegränder, Dämme, Kiesgruben, Bach- und Flussufer, Unkrautfluren, Waldschläge; feuchte Standorte bevorzugend
Blütezeit	Mai bis Juli
Bestäubung	Insektenbestäubung: Bienen, Fliegen, Hummeln, Käfer; Selbstbestäubung
Aussehen	20–70 cm hoch, aufrecht, einfach oder schwach bis stark verzweigt, 1-jährig, kahl, glänzend mittel- bis dunkelgrün; Stängel oval bis breit oval und kantig, gefurcht, ausgefüllt; Leitbündel ringförmig angeordnet
Blütenstand	Reichblütige Traube
Blüten	Radiärsymmetrisch, goldgelb, bis 20 mm im Durchmesser, 4-teilig
Kelchblätter	4, länglich, kahl, bis 3,5 mm lang, weiss hautrandig, aufrecht
Kronblätter	4, oval bis verkehrt eiförmig, miteinander nicht verwachsen, 5–8 mm lang, oft doppelt so lang wie die Kelchblätter, an der Spitze abgerundet oder etwas ausgerandet
Staubblätter	6, mit hellgelben Staubfäden und länglichen Staubbeuteln; die äusseren zwei Staubblätter 4–5 mm lang, die inneren 4 mit einer Länge von je 5–6 mm; auf dem Blütenboden 4 Honigdrüsen (Nektardrüsen)
Fruchtknoten	Oberständig, flaschenförmig, aus 2 miteinander verwachsenen Fruchtblättern, bei deren Verwachsungsnähten eine sekundäre Zwischenwand (als falsche Scheidewand bezeichnet) ausgebildet wird; Griffel bis 2,5 mm lang; hellgelbe Narbe kopfig und schwach 2-lippig
Früchte	Schoten linealisch, rundlich und dabei oft 4-kantig, mit einem kurzen Schnabel, 2-klappig aufspringend, mit 4–5 mm langen Stielen aufrecht abstehend; Samen bis 1,5 mm lang, mit feinwabiger Oberfläche
Blätter	Grundständige in Rosette, gestielt, bis auf die Mittelader fiederteilig; ihr Endabschnitt oval bis rundlich, gewellt bis stumpf gezähnt, viel grösser als die seitlichen Fiedern; Stängelblätter wechselständig, meist ungeteilt, mit Öhrchen

Raps
Colza; Cavolo navone
Oilseed
Brassica napus L.

Brassicaceae
Kreuzblütler

Newat

Herkunft / Verbreitung	Ursprünglich aus dem Mittelmeerraum stammend; in Kultur als Futter-, Gemüse- und Ölpflanze bekannt; gelegentlich verwildert
Höhenstufen	Kollin, montan
Bodenbeschaffenheit	Auf frischen, nährstoff- und basenreichen, lockeren, sandigen oder reinen Lehmböden; bis 1,5 m tief wurzelnd; wintermilde und auch eine humide Klimalage bevorzugend
Standorte	Äcker; gelegentlich verwildert auf Brachen, Schuttplätzen, bei Wegrändern
Blütezeit	April und Mai
Bestäubung	Insektenbestäubung: Bienen, Fliegen, Hummeln
Aussehen	30–150 cm hoch, aufrecht, 1–2-jährig, im oberen Bereich verzweigt; Stängel stielrund, oft etwas kantig, ausgefüllt und im Laufe der Vegetationszeit auch mit Hohlräumen, hell- bis blaugrün, kahl; Leitbündel ringförmig angeordnet
Blütenstand	Endständige Traube, die schon während der Blütezeit verlängert ist; offene Blüten sehr oft von Blütenknospen überragt
Blüten	Radiärsymmetrisch, 4-teilig, gelb, lang gestielt, bis 30 mm im Durchmesser
Kelchblätter	4, schmal elliptisch bis schmal eiförmig, 6–8 mm lang, miteinander nicht verwachsen, aufrecht oder etwas abstehend, hellgrün bis hellgelb und oft schmal weisslich berandet
Kronblätter	4, breit oval bis rund, 11–15 mm lang, gegen die Basis zu keilförmig verschmälert, miteinander nicht verwachsen; der Nagel der Kronblätter erreicht oft die Länge der Kelchblätter
Staubblätter	6, aufrecht, mit hellgelben Staubfäden und Staubbeuteln; äussere 2 Staubblätter kürzer als die 4 im inneren Kreis; Honigdrüsen grün, aufrecht abstehend
Fruchtknoten	Oberständig, aus 2 miteinander verwachsenen Fruchtblättern
Früchte	Schoten bis 11 cm lang und bis 5 mm breit, mit 1–2 cm langem Schnabel, aufrecht abstehend oder im Alter auch hängend, 20–40-samig; zwischen den Verwachsungsnähten Ausbildung einer sekundären Scheidewand; Samen kugelig, bis 2,5 mm im Durchmesser, bläulichschwarz, mit schwacher Netzzeichnung
Blätter	Wechselständig, blaugrün, bereift, meist kahl; untere Stängelblätter gestielt, mit grossem Endabschnitt; mittlere und obere Stängelblätter sitzend, ganzrandig oder gezähnt, mit herzförmigem Grund, den Stängel etwas umfassend

Gelbe Reseda
Réséda jaune; Réséda comune
Cutleaf Mignonette
Reseda lutea L.

Resedaceae
Resedagewächse

Gelbe Rauke

Herkunft / Verbreitung	Mediterrane Pflanze; nordwärts bis nach England, Norwegen, Mittelschweden, Finnland; ostwärts bis ins obere Wolgagebiet, Westsibirien; heute fast über ganz Eurasien und den USA verschleppt
Höhenstufen	Kollin, montan, seltener subalpin; ziemlich häufig anzutreffen
Boden-beschaffenheit	Auf warmen, mässig trockenen bis trockenen, nährstoff- und basenreichen, wenig humosen, meist sandigen, kalkhaltigen, lockeren Stein- und Lehmböden; Rohbodenpionier; bis 1 m tief wurzelnd
Standorte	Bahn- und Hafenanlagen, Dämme, Kiesgruben, lückige Unkrautfluren, Schuttplätze, Steinbrüche, trockenwarme Wegränder, Weinberge
Blütezeit	Juni bis September
Bestäubung	Insektenbestäubung: Bienen, Hummeln und weitere Hautflügler
Aussehen	25–60 cm hoch, aufsteigend, jedoch meist aufrecht wachsend, kahl oder schwach behaart, oft verzweigt, mehrjährig, mit langer Pfahlwurzel; Stängel breit oval bis stielrund, mit erhabenen Kanten, mittel- bis dunkelgrün; Leitbündel ringförmig angeordnet
Blütenstand	Traube zu Beginn breit und kurz, später stark verlängert, mit vielen Blüten
Blüten	6-zählig, hellgelb, mit Tragblättern aber ohne Vorblätter, geruchlos, mit jeweils 3–6 mm langen Blütenstielen
Kelchblätter	6, länglich, 2–3 mm lang, in der unteren Hälfte hellgrün, im oberen Bereich meist dunkelgrün, am Ende meist abgerundet
Kronblätter	6; die 2 oberen 4–5 mm lang und 3-teilig (mit 2 grossen Seitenabschnitten und einem kleineren Mittelzipfel); die 4 unteren Kronblätter ungeteilt oder nur mit kleinen seitlichen Zipfeln
Staubblätter	Zahlreich; Staubfäden hellgelb, keulenförmig und warzig
Fruchtknoten	Oberständig, gestielt, meist 1-fächerig, aus 2–5 (oft 3) zum grössten Teil verwachsenen (oben offen) Fruchtblättern bestehend; meist mit 3 Narben
Früchte	Kapseln 8–12 mm lang, meist länglich eiförmig, 3-kantig, aufrecht abstehend; Samen eiförmig, glänzend braunschwarz, glatt, mit hellem Nabelwulst
Blätter	Wechselständig angeordnet, bis 4 cm lang, flügelig gestielt, 3–5-teilig bis fiederteilig; Hauptabschnitte noch jederseits mit 1–3 schmal lanzettlichen bis schmal ovalen Zipfeln; am Rand oft mit kleinen knorpeligen Zähnen

Gegenblättriges Milzkraut; Dorine à feuilles opposées **Saxifragaceae**
Erba milza con foglie opposte **Steinbrechgewächse**
Opposite-leafed Golden Saxifrage
Chrysosplenium oppositifolium L. **Zittrichkraut**

Herkunft / Verbreitung	Westeuropäische Pflanze; in West- und Mitteleuropa und den Britischen Inseln; fehlt im Mittelmeergebiet und im Südosten; bei schattigen Quellfluren gebietsweise recht häufig anzutreffen
Höhenstufen	Kollin, montan
Bodenbeschaffenheit	Auf kühlen, sickernassen, mässig nährstoff- und basenreichen, leicht sauren kalkarmen, steinigen oder sandigen Tonböden; mit dünnen Wurzeln nur wenig tief wurzelnd
Standorte	Bachbegleitende Erlen- und Eschenwälder, feuchte Stellen, kalkarme Quellen, schattige Quellfluren, Schluchten, überrieselte Felsen
Blütezeit	April bis Juli
Bestäubung	Insektenbestäubung: Fliegen, Käfer; auch Selbstbestäubung
Aussehen	Oberirdischer Hauptspross kriechend, mit gestreckten Internodien und bewurzelnden Knoten; mehrjährig, oft grosse Rasen bildend; kriechende Stängelabschnitte deutlich behaart; blühender Spross im Frühling 5–20 cm hoch, aufsteigend oder aufrecht, nicht behaart; Stängel unregelmässig rechteckig, ausgefüllt, hell grüngelb bis bräunlich hellgelb, kahl; Leitbündel auch zentral
Blütenstand	Blüten in flachen, von gelblichen Hochblättern getragenen Trugdolden
Blüten	3–5 mm im Durchmesser, hellgelb, ausgebreitet, unauffällig
Kelchblätter	4, breit oval, am Ende stumpf oder abgerundet, bis 1,5 mm lang, gelb, aufrecht, kurz vor und während der Blütezeit ausgebreitet, mit vielen weissen Punkten; in der Knospenlage überlappt das äussere Paar das innere Paar
Kronblätter	Es sind keine Kronblätter vorhanden
Staubblätter	8, in den Buchten des deutlich entwickelten Diskus gelegen und in 2 Kreisen angeordnet; der äussere Kreis wechselt mit den Kelchblättern ab
Fruchtknoten	Fast unterständig, bis meist über die Mitte mit der Blütenröhre verwachsen, ungefächert, mit 2 oft spreizenden Griffeln; Diskus schwach 8-lappig und Nektar ausscheidend; Samen länglich oval bis rundlich eiförmig, rötlich/dunkelbraun
Früchte	Kapseln dünnwandig, 2-lappig, an der Bauchnaht aufspringend
Blätter	Gegenständig angeordnet, gestielt; Blattspreite bis 2 cm breit, breit spatelförmig, rundlich oder nierenförmig, gegen den Stiel zu gestutzt oder breit keilförmig, oberseits hellgrün, behaart, unterseits heller; Blattrand wellig gezähnt

Wechselblättriges Milzkraut
Dorine à feuilles alternes
Erba milza comune; Alternative-leafed Golden Saxifrage
Chrysosplenium alternifolium L.

Saxifragaceae
Steinbrechgewächse
Goldmilz

Herkunft / Verbreitung	Eurosibirische Pflanze; Mitteleuropa; nordwärts bis Mittelskandinavien; ostwärts bis Sibirien, Mongolei; in den USA eingeschleppt
Höhenstufen	Kollin, montan, subalpin
Bodenbeschaffenheit	Auf nassen bis grundfeuchten, zeitweise auch überschwemmten, nährstoff- und basenreichen, mässig sauren, humosen Lehm- und Tonböden; nährstoffreiche und feuchte Stellen anzeigend; Mullbodenzeiger; mit dünnen Wurzeln nur eine geringe Tiefe erreichend
Standorte	Häufig in Auenwäldern mit Eschen und Ulmen, am Rande feuchter Waldwege, feuchte und schattige Bachränder, Hochstaudenfluren, im Ufergebüsch, Schluchtwälder; vereinzelt auftretend oder kleine Rasen bildend
Blütezeit	April bis Juni
Bestäubung	Insektenbestäubung: Fliegen, Käfer; auch Selbstbestäubung
Aussehen	5–20 cm hoch, mehrjährig; unterer Teil des Sprosses rhizomartig, mit rosettig angeordneten Blättern und sich bewurzelnd; aus den Achseln der Grundblätter laufen fadenförmige Ausläufer weg; der obere gestreckte und blütentragende Teil mit nur wenigen kleinen Blättern; Stängel 3- oder 4-kantig, rötlich- und gelblichbraun bis hellgrün, an der Basis etwas behaart, im oberen Bereich spärlich behaart oder kahl; Leitbündel im Zentrum ringförmig angeordnet
Blütenstand	Blüten in flachen, von gelblichen Hochblättern getragenen Trugdolden
Blüten	3–5 mm im Durchmesser, hellgelb bis grünlichgelb, unauffällig
Kelchblätter	4, breit oval, kurz vor und zur Blütezeit ausgebreitet, am oberen Ende stumpf oder abgerundet und oft etwas zurückgekrümmt, bis 2 mm lang; bedingt durch zahlreiche gerbstoffhaltige Zellen fein punktiert
Kronblätter	Es sind keine Kronblätter vorhanden
Staubblätter	8, in den Buchten des deutlich entwickelten Diskus gelegen und in 2 Kreisen angeordnet; der äussere Kreis wechselt mit den Kelchblättern ab
Fruchtknoten	Fast unterständig, bis über die Mitte mit der Röhre verwachsen; 2 Griffel
Früchte	Kapseln an der Bauchnaht aufspringend; Samen länglich oval, glänzend, glatt
Blätter	Grundblätter lang gestielt, behaart; Blattspreite nierenförmig, mit meist herzförmigem Grund und grob gekerbtem Rand; Unterseite weisslichgrün; Stängelblätter wechselständig angeordnet, viel kleiner als die grundständigen Blätter

Wald-Springkraut, Grosses Springkraut | **Balsaminaceae**
Impatiente ne-me-touchez-pas; Balsamina gialla | **Balsaminengewächse**
Touch-me-not
Impatiens noli-tangere L. | **Rühr mich nicht an**

Herkunft / Verbreitung	Eurosibirische Pflanze; nordwärts bis England, Skandinavien; ostwärts bis zum Kaukasus und nach Nordrussland, Sibirien, Japan; westwärts bis zu den Pyrenäen; in der Region verbreitet und häufig
Höhenstufen	Kollin, montan, seltener subalpin
Boden-beschaffenheit	Auf sickernassen bis sickerfrischen, nährstoffreichen, humosen, mässig sauren, gut durchlüfteten Lehm- und Tonböden; flachwurzelnde Mullbodenpflanze; höchstens bis 25 cm tief wurzelnd
Standorte	Häufig und gesellig in Auenwäldern aber auch in Buchen- und Tannenmischwäldern, bei Waldquellen, feuchte Waldränder; oft grosse Bestände bildend
Blütezeit	Juni bis September
Bestäubung	Insektenbestäubung: Bienen, Hummeln; seltener auch Selbstbestäubung
Aussehen	30–100 cm hoch, im oberen Bereich verzweigt, kahl, 1-jährig; Primärwurzel frühzeitig durch zahlreiche Adventivwurzeln ersetzt; Stängel stielrund, grün und rot; Leitbündel ringförmig angeordnet; Halbschatten-Schattenpflanze
Blütenstand	Blüten einzeln oder in einer hängenden und wenigblütigen Traube
Blüten	Zygomorph, 5-zählig, goldgelb, im unteren Bereich mit roten Punkten, mit dem Sporn bis 3 cm lang; Blüte zuerst in der männlichen Phase, nach mehreren Tagen Abfallen der Staubblätter und Beginn der weiblichen Phase
Kelchblätter	5; zwei vordere fehlend oder zu undeutlichen Schuppen verkleinert; zwei seitliche breit eiförmig, kurz zugespitzt, bis 5 mm lang; hinteres Kelchblatt goldgelb, gross, mit einem gekrümmten Sporn
Kronblätter	5; das vordere unpaare Kronblatt bis 2,5 cm lang und breit; seitliche und hintere Kronblätter paarweise miteinander verwachsen
Staubblätter	5, mit den Kronblättern alternierend; Staubbeutel den Griffel überdeckend
Fruchtknoten	Oberständig, aus 5 miteinander verwachsenen Fruchtblättern bestehend, jeweils 5-fächerig; Griffel fehlend; Narbe kegelförmig und 5-zähnig
Früchte	Kapseln 15–25 mm lang, fleischig, grün, im reifen Zustand bräunlich gestreift, 5-klappig aufspringend; Samen schmal oval, bis 4 mm lang, runzelig, kahl
Blätter	Wechselständig angeordnet, 3–12 cm lang, kurz gestielt; Battspreite schmal oval, zugespitzt, an der Basis meist abgerundet, unterseits graugrün; Blattrand gezähnt und Zähne mit einer aufgesetzten Spitze

Kleines Springkraut, Kleinblütiges Springkraut
Impatiente à petites fleurs; Balsamina minore
Small Balsam
Impatiens parviflora DC.

Balsaminaceae
Balsaminengewächse

Sibirisches Springkraut

Herkunft / Verbreitung	Ursprünglich eine zentral- und ostasiatische Pflanze; seit etwa 1837 aus europäischen botanischen Gärten entwichen und nach und nach verwildert
Höhenstufen	Kollin, montan, seltener subalpin; oft grosse und dichte Bestände bildend
Boden-beschaffenheit	Auf feuchten bis frischen, nährstoffreichen, meist kalkarmen. lockeren, humosen, mässig sauren Lehmböden in luftfeuchter Lage; bis höchstens 25 cm tief wurzelnd; Stickstoffzeiger; Halbschatten-Schattenpflanze
Standorte	Flusskies, Bahngeleise, Gärten, Hecken, krautreiche Laubwälder, Parkanlagen, Schuttstellen, Waldlichtungen, Wegränder
Blütezeit	Juni bis Oktober
Bestäubung	Insektenbestäubung: Fliegen; auch Selbstbestäubung
Aussehen	30–80 cm hoch, kahl, aufrecht, im oberen Bereich oft verzweigt, 1-jährig; Stängel stielrund bis 5-eckig, hellgrün und hell rötlichbraun, mit oft kleinem Hohlraum; Leitbündel ringförmig angeordnet
Blütenstand	Blüten in aufrechter oder auch hängender, blattachselständiger Traube
Blüten	Zygomorph, 5-zählig, blass- bis hellgelb, im unteren Bereich mit rötlichen Streifen, mit dem Sporn bis 1 cm lang; Blüte zuerst in der männlichen Phase, nach einigen Tagen Abfallen der Staubblätter und Beginn der weiblichen Phase
Kelchblätter	3; 2 seitliche Kelchblätter eiförmig bis 3-eckig, bis 3 mm lang, hellgrün; das hintere Kelchblatt 8–10 mm lang, mit geradem Sporn, hellgelb, oft rot endend
Kronblätter	5; das vordere unpaare Kronblatt bis 1 cm lang und breit; seitliche und hintere Kronblätter paarweise miteinander verwachsen
Staubblätter	5, mit den Kronblättern alternierend; Staubfäden miteinander nicht verwachsen; Staubbeutel anfangs den Griffel überdeckend
Fruchtknoten	Oberständig, aus 5 verwachsenen Fruchtblättern bestehend und 5-fächerig; Narbe kegelförmig und 5-zähnig
Früchte	Keulenförmige Kapseln 1,5–2 cm lang, fleischig, grün, gestielt, 5-klappig aufspringend; Samen schmal oval, 3–5 mm lang, kahl, fein längs gestreift und mit dunkelbraunen Flecken versehen
Blätter	Meist wechselständig (zum Teil aber auch gegenständig) angeordnet, kurz gestielt, 3–10 cm lang; Blattspreite schmal oval bis eiförmig, zugespitzt, an der Basis abgerundet oder keilförmig verschmälert, unterseits graugrün; Blattrand grob und stumpf gezähnt und die Zähne mit einer aufgesetzten Spitze

Gemeiner Gilbweiderich, Gewöhnlicher Gilbweiderich
Lysimaque commune; Mazza d'oro comune
Yellow Loosestrife
Lysimachia vulgaris L.

Primulaceae
Primelgewächse

Rispen-Gilbweiderich

Herkunft / Verbreitung	Eurasiatische Pflanze; im gemässigten Eurasien; bis 64° nördliche Breite; nicht in den arktischen Gebieten; ostwärts bis Japan; im Gebiet häufig anzutreffen
Höhenstufen	Kollin, montan
Bodenbeschaffenheit	Auf nassen bis feuchten, mässig nährstoffreichen, schwach sauren bis basischen, humosen Lehmböden; auch auf Torfböden anzutreffen; meist bis 50 cm tief wurzelnd, seltener 1 m Tiefe erreichend
Standorte	Auenwälder, Bach- und Flussufer, feuchte und nasse Wiesen, Gräben, Gross-Seggenriede, Moortümpel, Moorwälder, Streuwiesen, Sümpfe, Teiche, feuchte Vorwaldstufen, Waldränder
Blütezeit	Juni bis August
Bestäubung	Insektenbestäubung: Bienen, Fliegen, Hummeln; auch Selbstbestäubung
Aussehen	30–130 cm hoch, aufrecht, einfach, schwach bis stark verzweigt, mehrjährig, behaart, mit langen unterirdischen Ausläufern; Stängel mehrkantig, 5- oder 6-eckig, ausgefüllt, mit vielen bis 1 mm langen und hellen Haaren; Leitbündel ringförmig angeordnet; nicht Nektar, sondern fette Öele anbietend
Blütenstand	Kurze und schmal pyramidenförmige Rispe oder Traube
Blüten	Radiärsymmetrisch, goldgelb, gestielt, bis 30 mm im Durchmesser, 5-teilig
Kelchblätter	5, schmal 3-eckig, 3–5 mm lang, zugespitzt, nur am Grund verwachsen und dort auch behaart, mit deutlich rot berandeten Kelchzipfeln
Kronblätter	5, breit oval bis stielrund, 7–12 mm lang, nur am Grund miteinander verwachsen, flach ausgebreitet, innerseits drüsig behaart
Staubblätter	5, bis zur Mitte zu einer den Fruchtknoten umschliessenden Röhre verwachsen, drüsig behaart, im inneren Kreis liegend und deshalb vor den Kronblättern stehend (äusserer Staubblattkreis fehlend)
Fruchtknoten	Oberständig, kugelig, mit einem fadenförmigen Griffel
Früchte	Kapseln kugelig, 4–5 mm lang, nicht rot punktiert, 5-klappig aufspringend; Samen 3- bis mehrkantig, bis 1,5 mm lang, anfangs weisslichgrün, später hellbraun, dicht mit kleinen Warzen bedeckt
Blätter	Breit lanzettlich bis schmal elliptisch, zugespitzt, mit der grössten Breite oft kurz unterhalb der Mitte, bis 15 cm lang, gegenständig und zu 3–4 quirlständig, kurz gestielt oder mit verschmälertem Grund sitzend, ganzrandig, am Rand oft etwas eingerollt, oberseits zerstreut und unterseits dichter behaart

Pfennigkraut
Lysimaque nummulaire; Mazza d'oro minore
Creeping Jenny
Lysimachia nummularia L.

Primulaceae
Primelgewächse

Pfennig-Gilbweiderich

Herkunft / Verbreitung	Europäische Pflanze; nordwärts bis England, Südskandinavien, Südgrönland; ostwärts bis zum Kaukasus und zum Ural; westwärts bis zu den Pyrenäen; in gemässigten Gebieten weltweit verschleppt
Höhenstufen	Kollin, montan, seltener subalpin; in den Zentralalpen sehr selten
Bodenbeschaffenheit	Auf feuchten und frischen, nährstoff- und basenreichen, rohen oder humosen, kalkarmen und auch kalkreichen Lehm- und Tonböden in halbschattigen Lagen; Rohboden-Kriechpionier; Halbschattenpflanze; Flachwurzler
Standorte	Auenwälder, Bach- und Flussufer, feuchte Grasplätze, Gärten, feuchte Wiesen und Weiden, Wassergräben, feuchte Waldstellen; auch eine Zierpflanze
Blütezeit	Mai bis Juli
Bestäubung	Insektenbestäubung: Bienen, Fliegen, Hummeln; auch Selbstbestäubung
Aussehen	10–50 cm lang, niederliegend/kriechend, mehrjährig, kahl oder nur schwach zerstreut kurzhaarig, einfach oder wenig verzweigt, an den untersten Knoten wurzelnd; ohne unterirdische Ausläufer; Verbreitung vor allem durch oberirdische Triebe; Stängel 4-kantig, mit hervortretenden Kanten; ausgefüllt; Leitbündel ringförmig angeordnet
Blütenstand	Einzelne Blüten, aus den Blattwinkeln hervorgehend
Blüten	Radiärsymmetrisch, 5-teilig, gelb, lang gestielt, bis 18 mm im Durchmesser
Kelchblätter	5, lanzettlich bis schmal 3-eckig, zugespitzt, am Grund herzförmig, bis 8 mm lang, kahl, nicht immer rot punktiert; Kelch tief 5-teilig
Kronblätter	5, breit oval bis verkehrt eiförmig, 2-mal so lang wie der Kelch, beinahe bis zum Grund gespalten, oben stumpf oder abgerundet, innerseits auch mit roten Punkten (dies jedoch nicht immer)
Staubblätter	5, meist kürzer als die Kronblätter; Staubfäden gelb, drüsig behaart, am Grund miteinander verwachsen; Staubbeutel gelb
Fruchtknoten	Oberständig, mit sehr langem Griffel
Früchte	Kapseln kugelig, 4–5 mm lang, bräunlich, mit kleinen roten Sekretbehältern, 5-klappig aufspringend; Samen 3-kantig, warzig, dunkelbraun/schwarzbraun
Blätter	Kreuzweise gegenständig angeordnet, jedoch in einer Ebene ausgebreitet, kurz gestielt, kahl; Blattspreite breit oval bis rund, bis 3 cm im Durchmesser, ganzrandig, oberseits mittel- bis hellgrün, unterseits weisslichgrün

Stängellose Schlüsselblume
Primevère acaule; Primula comune
Common Primrose
Primula vulgaris Huds., *Primula acaulis* (L.) Hill.

Primulaceae
Primelgewächse

Schaftlose Primel

Herkunft / Verbreitung	Westeuropäisch-mediterrane Pflanze; nordwärts bis Dänemark und Südnorwegen; ostwärts bis zu den Karpaten, zum Kaukasus, nach Kleinasien
Höhenstufen	Kollin, montan; in Ausbreitung begriffen
Bodenbeschaffenheit	Auf sickerfrischen, nährstoff- und basenreichen, neutralen bis schwach sauren, steinigen oder reinen Lehmböden in wintermilder Klimalage; Halbschatten-Lichtpflanze; Mullbodenpflanze; höchstens bis 25 cm tief wurzelnd
Standorte	Böschungen, Garten- und Parkanlagen, Gebüsche, lichte Wälder
Blütezeit	Februar bis April
Bestäubung	Insektenbestäubung: Bienen, Fliegen, Hummeln, Tagfalter
Aussehen	5–15 cm hoch, mit aufrecht wachsenden Blüten und mit einem kurzen und dicken Rhizom; Blütenstiele weisslichgrün bis hellgrün, abstehend behaart; eigentlicher Stängel reduziert, so dass die Blüten scheinbar einzeln aus der Rosette entspringen
Blütenstand	Blüten einzeln, grundständig, auf langen Stielen
Blüten	Radiärsymmetrisch, 5-teilig, hellgelb bis weisslichgelb, mit 5–10 cm langen Stielen, 2–3 cm im Durchmesser
Kelchblätter	5, kantig, 10–15 mm lang, bis zum obersten Fünftel miteinander verwachsen, hellgrün, behaart; Kelchzähne schmal 3-eckig, zugespitzt
Kronblätter	5, bis weit hinauf verwachsen und eine enge Röhre bildend; Zipfel verkehrt herzförmig, ausgebreitet, gegen den Schlund zu dunkler gelb bis orangegelb; Staubblätter und Narbe mit verschiedenen Stellungen (Heterostylie)
Staubblätter	5, hellgelb, in der Kronröhre angewachsen; bei langgriffligen Blüten sind sie im unteren Teil der erweiterten Röhre angewachsen, bei kurzgriffligen Blüten im obersten erweiterten Bereich der Blütenröhre
Fruchtknoten	Oberständig, eiförmig, hellgrün, mit je nach Blüte verschieden langem Griffel; Narbe kugelig
Früchte	Kapseln 5–9 mm lang, eiförmig, hellbraun, sich mit 5 Zähnen öffnend; Samen eiförmig bis rundlich, braun, bis 2,5 mm lang, mit warziger Oberfläche
Blätter	In grundständiger Rosette, spatelförmig bis schmal verkehrt eiförmig, in einen geflügelten Stiel verschmälert, 8–12 cm lang, unregelmässig gezähnt, unterseits graugrün mit behaarten Adern, oberseits hellgrün und kahl

Wald-Schlüsselblume, Hohe Schlüsselblume
Primevère élevée; Primula maggiore
Oxlip, Paigles
Primula elatior L.

Primulaceae
Primelgewächse

Gewöhnliche Schlüsselblume

Herkunft / Verbreitung	Mitteleuropäische Pflanze; durch ganz Mitteleuropa, von Südengland bis Südschweden (in der Bretagne fehlend); ost- und südostwärts bis zum Kaukasus, Südrussland, Nordiran; südwestwärts bis zu den Pyrenäen
Höhenstufen	Kollin, montan, subalpin; in der Region häufig anzutreffen
Bodenbeschaffenheit	Auf feuchten bis frischen, nährstoff- und basenreichen, neutralen bis schwach sauren, lockeren Lehmböden; Nährstoffzeiger; Mullbodenpflanze; nicht tiefer als 50 cm wurzelnd; Halbschatten-Lichtpflanze
Standorte	Auen- und Schluchtwälder, feuchte Wiesen, Gebüsche, Uferhänge
Blütezeit	März bis Juli
Bestäubung	Insektenbestäubung: Bienen, Hummeln, Tagfalter
Aussehen	Rosettenpflanze mit grundständigen Seitentrieben, 10–25 cm hoch, unverzweigt, mehrjährig, mit dicken Rhizomen; Stängel stielrund, besonders anfangs ausgefüllt, dicht mit zahlreichen bis 0,7 mm langen und weissen Haaren; Leitbündel ringförmig angeordnet; formenreiche Art
Blütenstand	Endständige, einseitswendige und vielblütige Dolde; Deckblätter mehr oder weniger trockenhäutig, kürzer als die Blütenstiele
Blüten	Radiärsymmetrisch, gestielt, hellgelb, mit flachem Kronensaum, nicht oder nur sehr schwach duftend
Kelchblätter	5, bis fast zuoberst verwachsen, kantig, nicht oder nur sehr wenig aufgeblasen, 3–7 mm lang, grün, behaart; Kelchzipfel schmal 3-eckig, zugespitzt
Kronblätter	5, selten deren 6, bis über die Mitte zu einer engen Röhre verwachsen, im Schlund mit einem dunkelgelben oder hellorangen Ring; Kronzipfel schmal herzförmig bis verkehrt eiförmig, abgerundet oder nur wenig ausgerandet
Staubblätter	5, in der Kronröhre je nach Blüte im oberen oder unteren Bereich der erweiterten Röhre angewachsen und hellgelb
Fruchtknoten	Oberständig, kugelig, hellgrün, mit kürzerem oder längerem Griffel (Verschiedengriffligkeit zur Vermeidung von Selbstbestäubung – Heterostylie)
Früchte	Kapseln 10–15 mm lang, zylindrisch; Samen braun, stark warzig
Blätter	In grundständiger Rosette, 10–20 cm lang; Blattspreite länglich eiförmig, sehr rasch in den schmal geflügelten und oft rötlich gefärbten Stiel übergehend, runzelig, unregelmässig gezähnt, beiderseits behaart

Gewöhnliche Frühlings-Schlüsselblume | **Primulaceae**
Primevère du printemps; Primula odorosa | **Primelgewächse**
Cowslip
Primula veris L. | **Echte Schlüsselblume, Wiesen-Schlüsselblume**

Herkunft / Verbreitung	Mitteleuropäische Pflanze; verbreitet im grössten Teil Mitteleuropas (Ausnahme im hohen Norden); Zentral- und Vorderasien
Höhenstufen	Kollin, montan, subalpin; bis 25 cm tief wurzelnd
Bodenbeschaffenheit	Auf frischen bis mässig trockenen, mehr oder weniger nährstoff- und basenreichen, gern kalkhaltigen, neutralen, humosen Lehm- und Tonböden
Standorte	Gärten, Gebüschränder, häufig in Kalk-Magerrasen, Raine, magere und sonnige Wiesen, Waldränder, lichte und krautreiche Eichenwälder
Blütezeit	April bis Juni
Bestäubung	Insektenbestäubung: Bienen, Hummeln, seltener Käfer, Tagfalter
Aussehen	Rosettenpflanze mit grundständigen Seitentrieben, 10–30 cm hoch, unverzweigt, mehrjährig, mit kurzem und walzenförmigem Wurzelstock (Heilpflanze); Stängel stielrund, ausgefüllt, dicht abstehend behaart; Leitbündel ringförmig angeordnet; Halbschatten-Lichtpflanze
Blütenstand	Meist eine einseitswendige Dolde mit bis zu 20 Blüten; Hüllblätter hellgrün bis gelblichweiss, 4–6 mm lang, kürzer als die Blütenstiele
Blüten	Radiärsymmetrisch, 1–2 cm lang gestielt, goldgelb, mit flachem oder etwas gewölbtem Kronensaum, wohlriechend
Kelchblätter	5, bis fast zuoberst miteinander verwachsen, kürzer als die Kronröhre, kantig, aufgeblasen, bis 16 mm lang, hellgrün, drüsig; Kelchzähne 3-eckig, länger als breit, oft mit einer Stachelspitze
Kronblätter	5, bis über die Mitte zu einer engen Röhre verwachsen, innerseits mit hellorangen Streifen; Kronzipfel breit oval mit abgerundeten oder etwas ausgerandeten Enden oder auch verkehrt herzförmig
Staubblätter	5, in der Kronröhre je nach Blüte im oberen oder unteren Bereich der erweiterten Röhre angewachsen
Fruchtknoten	Oberständig, kugelig, hellgrün, mit kürzerem oder längerem Griffel (Verschiedengriffligkeit zur Vermeidung von Selbstbestäubung – Hetorostylie)
Früchte	Kapseln bis 10 mm lang, oval; Samen 1–2 mm lang, dunkelbraun, warzig
Blätter	In grundständiger Rosette, 6–14 cm lang; Blattspreite länglich eiförmig bis eiförmig, allmählich oder rasch in den geflügelten Stiel übergehend, runzelig, mit gewelltem Rand, unterseits auf den Adern kurz dichthaarig

Gewöhnliches Labkraut, Echtes Labkraut
Gaillet jaune; Caglio zolfino
Lady's Bedstraw
Galium verum L.

Rubiaceae
Rötegewächse

Gelbes Waldstroh

Herkunft / Verbreitung	Vermutlich eurosibirische Pflanze; ganz Europa mit Ausnahme von Lappland und arktisches Russland; ost- und südostwärts bis Kleinasien, Iran, Syrien
Höhenstufen	Kollin, montan, seltener subalpin; in der Region verbreitet und häufig
Boden-beschaffenheit	Auf wechselfeuchten bis trockenen, kalkhaltigen, humosen, lockeren Lehm- und Lössböden, auch auf bindigen Sandböden; etwas wärmeliebend; Wurzelkriecher, Tiefwurzler (bis 1 m tief wurzelnd); Halbschatten-Lichtpflanze
Standorte	Bahndämme, Böschungen, Dünen, Gebüschsäume, Kalk-Magerrasen, Riedwiesen, Sandfelder, trockene und feuchte Wiesen, Waldränder, lichte Wälder
Blütezeit	Juni bis September
Bestäubung	Insektenbestäubung: Bienen (ein sehr gutes Bienenfutter), Fliegen, Hummeln, Käfer; auch Selbstbestäubung
Aussehen	10–70 cm hoch (seltener bis 1 m Höhe), aufsteigend bis aufrecht, mit Seitentrieben, mehrjährig, mit kriechendem Wurzelstock, Ausläufer bildend; Stängel stielrund oder stumpf 4-kantig, etwas hohl, kurz behaart, besonders im unteren Bereich kahl, grün und rötlichbraun; Leitbündel ringförmig angeordnet
Blütenstand	Endständige Rispe mit dichtflaumigen Achsen; grösste Teilblütenstände länger als die Internodien
Blüten	Radiärsymmetrisch, meist 4-zählig (seltener 5-zählig), mit kurzer Kronröhre, gestielt, goldgelb, höchstens 4 mm im Durchmesser, stark nach Honig duftend
Kelchblätter	Meist 4, nur rudimentär ausgebildet; Kelch zu einem undeutlichen Ring reduziert und ohne deutliche Kelchzähne
Kronblätter	Meist 4, schmal oval bis schmal eiförmig, am Ende zugespitzt oder abgerundet, aber nicht bespitzt, flach ausgebreitet, miteinander nicht verwachsen
Staubblätter	Meist 4, jeweils 2–3 mm lang; Staubbeutel gelb bis rötlichbraun
Fruchtknoten	Unterständig, aus 2 miteinander verwachsenen Fruchtblättern bestehend; hellgelber Griffel gespalten; jeder Griffelast mit einer kopfigen Narbe endend
Früchte	Spaltfrüchte in 2 schwarze, etwas warzige, bis 1,5 mm lange Teilfrüchte zerfallend; Samen mit der Fruchtschale verwachsen
Blätter	Quirlständig angeordnet, schmal lineal, 15–25 mm lang, mit feiner Stachelspitze, am Rand etwas umgerollt, oberseits kahl, glänzend und dunkelgrün, unterseits dicht flaumig weissfilzig, mit hervortretender Mittelader

Silber-Goldnessel, Echte Goldnessel — **Lamiaceae**
Lamier argenté; Ortica mora — **Lippenblütengewächse**
Yellow Archangel
Lamium galeobdolon subsp. *argentatum* (Smejkal) Duvign. **Gold-Taubnessel**

Herkunft / Verbreitung	Europäische Pflanze; in den gemässigten Zonen Europas und Asiens; in den USA eingebürgert; Zierpflanze; in Kultur entstanden
Höhenstufen	Kollin, montan; oft grössere Bestände bildend; in Ausbreitung begriffen
Bodenbeschaffenheit	Auf feuchten bis frischen, meist nährstoffreichen, schwach sauren bis neutralen, lockeren, humosen Lehmböden; schattige und halbschattige Lagen bevorzugend; Schatten-Halbschattenpflanze; bis höchstens 50 cm tief wurzelnd
Standorte	Gärten, Hecken, Hochstaudenfluren, krautreiche Laubwälder und deren Ränder, Siedlungen, Lichtungssäume
Blütezeit	Mai und Juni
Bestäubung	Insektenbestäubung: Bienen, Hummeln
Aussehen	Aufrechte, schlanke und blühende Sprosse 15–60 cm hoch; vor allem nach der Blütezeit lange, niederliegende und aufsteigende Ausläufer treibend, die an den Spitzen einwurzeln; Primärachse und Hauptwurzel einjährig; Pflanze sonst mehrjährig; Stängel 4-kantig, ausgefüllt und später mit Hohlraum, vor allem auf den Kanten rückwärts behaart, im unteren Bereich auf der gesamten Fläche mit dichter Behaarung; Leitbündel ringförmig angeordnet
Blütenstand	Übereinander liegende, 6–8-blütige Scheinquirlen; die Tragblätter schmal eiförmig bis rundlich, meist stumpf gezähnt
Blüten	Zygomorph, 15–25 mm lang, hell goldgelb, sitzend
Kelchblätter	5, verwachsen, mit 3-eckigen Zipfeln, hell- bis mittelgrün, schwach behaart; Kelchbehälter schmal- bis breit glockenförmig
Kronblätter	5, zu einer Röhre verwachsen, mit einer etwas gekrümmten, schlanken, hellgelben Kronröhre; Oberlippe aus 2 Kronblättern verwachsen, helmförmig, am Rand bewimpert; Unterlippe aus 3 verwachsenen Kronblättern, mit 3 spitzen Zähnen, rötlich gefleckt; Seitenzähne kürzer als der mittlere Zahn
Staubblätter	4; 2 längere und 2 kürzere, den Griffel überragend; Staubbeutel gelb, kahl
Fruchtknoten	Oberständig, mit hellgelbem Griffel
Früchte	Je 4 schmal 3-eckige, vorn gestutzte, braune bis schwarze Klausenfrüchte (Nüsschen) mit weissem Elaiosom (vor allem Ameisenverbreitung)
Blätter	Kreuzgegenständig angeordnet, 3–8 cm lang, gestielt; Blattspreite eiförmig bis schmal herzförmig, mit abgerundeten Zähnen, auf den Flächen und am Blattrand behaart; Blattunterseite weisslichgrün; Blattoberseite weiss gefleckt

Berg-Goldnessel
Lamier des montagnes; Ortica montana
Yellow Archangel
Lamium galeobdolon subsp. *montanum* (Pers.) Hayek

Lamiaceae
Lippenblütengewächse
Berg-Taubnessel

Herkunft / Verbreitung	Vermutlich eine europäische Pflanze; nordwärts bis Südengland; ostwärts bis Ungarn, Südpolen; süd- und südwestwärts bis zur Toskana und Südfrankreich; ohne südliche Alpenkette
Höhenstufen	Kollin, montan, subalpin; in der Region häufig anzutreffen
Bodenbeschaffenheit	Auf ziemlich feuchten bis frischen, nährstoff- und basenreichen, neutralen bis mässig sauren, humosen, lockeren Lehmböden in schattigen Lagen; höchstens bis 50 cm tief wurzelnd; Schatten-Halbschattenpflanze
Standorte	Verbreitet in feuchten und frischen Laubmischwäldern, am Rand von schattigen Gebüschen, Waldwegränder
Blütezeit	Mai bis Juli
Bestäubung	Insektenbestäubung: Bienen, Hummeln; auch Selbstbestäubung
Aussehen	Aufrechte, schlanke, unverzweigte und blühende Sprosse 15–45 cm hoch; während und nach der Blütezeit lange, niederliegende und aufsteigende Ausläufer bildend; Primärachse und Hauptwurzel 1-jährig; Pflanze sonst mehrjährig; Stängel 4-kantig, meist hohl, grün und im unteren Bereich bräunlichrot, dicht und abstehend behaart; Leitbündel ringförmig angeordnet
Blütenstand	Übereinander liegende, 8–16-blütige Scheinquirlen
Blüten	Zygomorph, 15–25 mm lang, goldgelb, sitzend
Kelchblätter	5, verwachsen, mit 3-eckigen Zipfeln, hell- bis mittelgrün, behaart; Kelchbehälter schmal- bis breit glockenförmig
Kronblätter	5, zu einer Röhre verwachsen, mit einer schlanken, im oberen Bereich etwas gekrümmten, von der Mitte an abwärts rötlich gefärbten Kronröhre; Oberlippe aus 2 Kronblättern verwachsen, helmförmig, am Rand fein bewimpert; Unterlippe aus 3 verwachsenen Kronblättern, mit 3 spitzen Zähnen; vor allem der mittlere und breitere Zahn rötlich gefleckt
Staubblätter	4 (2 längere und 2 kürzere), unter der Oberlippe aufsteigend
Fruchtknoten	Oberständig; Griffel und die 2 zugespitzten Narbenlappen rötlich gefärbt
Früchte	Je 4 schmal ovale, vorn gestutzte/gerundete, braune/schwarze Klausenfrüchte (Nüsschen) mit weissem Elaiosom (gebildet aus dem Rest der Blütenachse)
Blätter	Kreuzgegenständig angeordnet, 3–6 cm lang, gestielt; Blattspreite eiförmig bis schmal herzförmig, im oberen Bereich mehrheitlich lanzettlich mit scharf zugespitzten Zähnen; Blattoberseite ohne weisse Flecken

Zottiger Klappertopf
Rhinanthe velu; Cresta di gallo comune
Yellow Rattle
Rhinanthus alectorolophus (Scop.) Pollich

Orobanchaceae
Sommerwurzgewächse

Behaarter Klappertopf

Herkunft / Verbreitung	Mitteleuropäische Pflanze; nordwärts bis Belgien; westwärts bis zu den Pyrenäen; südostwärts bis nach Kroatien; ziemlich häufig anzutreffen
Höhenstufen	Kollin, montan, subalpin
Bodenbeschaffenheit	Auf mässig frischen, nährstoff- und basenreichen, meist kalkhaltigen, humosen, lockeren Lehm- und Lössböden; Lehmzeiger; wärmeliebend; vorwiegend nur bis 25 cm tief wurzelnd, seltener 50 cm Tiefe erreichend
Standorte	Warme Fettwiesen, Halbtrockenrasen, Getreideäcker; als Halbschmarotzer ein Wiesen- und Ackerschädling; formenreiche Art
Blütezeit	Mai bis September
Bestäubung	Insektenbestäubung: Bienen, Hummeln, Schmetterlinge
Aussehen	10–50 cm hoch, aufrecht, meist verzweigt, zottig behaart, 1-jährig; Stängel stielrund bis 4-kantig, grün mit oft hell rötlichbraunen Streifen; Leitbündel ringförmig angeordnet; keine vegetativen Ausbreitungsorgane vorhanden
Blütenstand	Kurz gestielte Blüten einzeln in den Achseln der oberen Stängelblätter; in der Gesamtheit eine Ähre bildend; Hochblätter 3-eckig, hell grünlichgelb, behaart, mit überwiegend gleich grossen Zähnen
Blüten	Zygomorph, 15–25 mm lang, 2-lippig, gelb, mit gekrümmter Kronröhre
Kelchblätter	4, miteinander bis weit hinauf verwachsen (die 2 oberen zu ungefähr der Hälfte verwachsen, die 2 unteren zum grössten Teil verwachsen), bauchig, jedoch seitlich zusammengedrückt, oben verengt, mit 4 kleinen Zähnen, hellgrün, anliegend behaart, zur Fruchtzeit vergrössert
Kronblätter	5, in Ober und Unterlippe gegliedert; Oberlippe helmförmig, seitlich etwas abgeflacht, beiderseits mit einem bis 2 mm langen und violetten Zahn; Unterlippe 3-lappig, etwas kürzer als die Oberlippe, mit dunkelvioletten Flecken
Staubblätter	4, in der Kronröhre eingeschlossen; Staubfäden paarweise zusammenneigend
Fruchtknoten	Oberständig, aus 2 Fruchtblättern verwachsen, stets 1-fächerig; 1 Griffel
Früchte	Kapseln linsenförmig bis flach kreisrund, 2-klappig aufspringend; Samen oval bis nierenförmig, mit flügelförmigem Rand, im Zentrum bogig gewölbt mit gut ersichtlicher Netzstruktur und mittel- bis dunkelbraun
Blätter	Kreuzgegenständig und sitzend oder ganz kurz gestielt; Battspreite lanzettlich, breit abgerundet, am Ende stumpf bis kurz zugespitzt, regelmässig gezähnt

Gewöhnliches Leinkraut
Linaire commune; Linaiola comune
Butter-and-eggs, Common Toadflax
Linaria vulgaris Mill.

Plantaginaceae
Wegerichgewächse

Echtes Leinkraut

Herkunft / Verbreitung	Eurosibirisch-submediterrane Pflanze; heimisch in Europa mit Schwergewicht im östlichen Europa und in West- und Zentralasien
Höhenstufen	Kollin, montan, seltener subalpin; liebt helle und warme Lagen
Bodenbeschaffenheit	Auf frischen bis trockenen, nährstoffreichen, schwach sauren bis leicht basischen, sandigen Lehm- und Steinböden; bis 50 cm tief wurzelnd, seltener eine Tiefe von 1 m erreichend
Standorte	Äcker, Bahndämme, Dünen, Felsränder, Garten- und Hafenanlagen, Getreidefelder, Olivenhaine, Rebberge, sandige Meeresufer, Schuttplätze, trockenes Brachland, Waldränder; oft in kleinen oder grösseren Gruppen anzutreffen
Blütezeit	Mai bis November
Bestäubung	Insektenbestäubung: Bienen, Hummeln, Schmetterlinge
Aussehen	20–70 cm hoch, aufrecht, 1-ästig mit schlankem Bau oder vom Grund an verzweigt, nicht bereift, mit unter- und oberirdischen Ausläufern, mehrjährig; Stängel breit oval bis stielrund, mit Mark ausgefüllt, kahl oder schwach drüsenhaarig, dicht beblättert, mit kräftigem Wurzelspross
Blütenstand	Endständige und vielblütige Traube
Blüten	Zygomorph, 5-teilig, mit Sporn 20–35 mm lang, mit drüsigem Stiel, länger als der Kelch; wird als echte Maskenblume bezeichnet
Kelchblätter	5, im unteren Bereich verwachsen, 3–6 mm lang, mit 3-eckigen Zähnen
Kronblätter	5, zu einer Röhre verwachsen, in Ober- und Unterlippe gegliedert, hellgelb bis bleich schwefelgelb, ohne dunkle Aderung; die Oberlippe 2-lappig; die Unterlippe 3-lappig, mit einer nach unten gerichteten, den Schlund verschliessenden und gelben oder orangegelben Wölbung (als Gaumen bezeichnet); Sporn jeweils schmal kegelförmig, gerade oder leicht gebogen, zugespitzt, hellgelb
Staubblätter	4 (2 verschieden lange Paare), in der Kronröhre angewachsen
Fruchtknoten	Oberständig, aus 2 Fruchtblättern verwachsen, mit einem Griffel
Früchte	Kapseln 5–8 mm lang, oft 2-fächerig, sich von der Spitze her mit mehreren Zähnen öffnend; Samen diskusförmig, flach, mit geflügeltem Rand, warzig
Blätter	Wechselständig angeordnet (an sterilen Trieben auch gegenständige oder quirlige Anordnung), 1–6 cm lang, lineal lanzettlich, lang zugespitzt, mit leicht nach unten eingerolltem Rand, sitzend oder nur kurz gestielt, kahl

Dalmatiner Leinkraut, Dalmatiner Ginster-Leinkraut — **Plantaginaceae**
Linaire de Dalmatie; Linaiola di Dalmazia — **Wegerichgewächse**
Dalmatian Toadflax
Linaria genistifolia subsp. *dalmatica* (L.) Maire & Petitm. — *L. dalmatica* Mill.

Herkunft / Verbreitung	Südeuropäische Pflanze; Mittel-, Ost- und Südeuropa; ost- und südostwärts bis Österreich, Ungarn, nördliche Balkanhalbinsel, Kaukasus, Südrussland
Höhenstufen	Kollin, montan; sehr helle, sonnige, warme, offene Standorte bevorzugend
Boden-beschaffenheit	Auf trockenen, nährstoffarmen, neutralen bis basischen, sandigen, kiesigen oder steinigen, mit wenig oder keinem Humus versehenen Böden; nicht tiefer als 50 cm wurzelnd, seltener eine Tiefe von 1 m erreichend; Lichtpflanze
Standorte	Buschige Abhänge, Dämme, Hafenanlagen, im Schotter der Flüsse, lückige und sonnige Halbtrocken- und Trockenrasen, Strassenböschungen, Wegränder, Unkrautfluren; sich in warmen Gebieten ausbreitend
Blütezeit	Juni bis September
Bestäubung	Insektenbestäubung: Bienen, Hummeln
Aussehen	30–120 cm hoch, aufrecht, verzweigt, blaugrün, kahl, dicht beblättert, mehrjährig, mit ästigem und kriechendem Wurzelstock; neue Triebe entspringen aus vielen seitlichen Wurzeln; Stängel breit oval bis stielrund, im oberen Bereich auch mit Drüsenhaaren, sonst kahl, mit Mark ausgefüllt; Leitbündel ringförmig angeordnet
Blütenstand	Lange, schlanke und vielblütige Traube
Blüten	Zygomorph, 5-teilig, mit Sporn 20–40 mm lang; Blütenstiele kahl, etwas länger als der Kelch; wird als echte Maskenblume bezeichnet
Kelchblätter	5, schmal 3-eckig, zugespitzt, unterseits hellgrün und dunkelgrün
Kronblätter	5, zu einer Röhre verwachsen, in Ober- und Unterlippe gegliedert, zitronengelb, ohne dunkle Aderung; die Oberlippe 2-lappig; die Unterlippe 3-lappig, mit einer den Schlund verschliessenden gelben oder orangegelben Wölbung (als Gaumen bezeichnet); Sporn schmal kegelförmig, gerade, lang zugespitzt
Staubblätter	4 (2 verschieden lange Paare), in der Kronröhre angewachsen/eingeschlossen
Fruchtknoten	Oberständig, aus 2 Fruchtblättern verwachsen; 1 Griffel mit kopfiger Narbe
Früchte	Kapseln breit eiförmig bis kugelig, mit meist 2 gleich grossen Fächern, sich mit mehreren Zähnen öffnend; Samen 3-kantig, mit Gruben und Erhebungen
Blätter	Wechselständig angeordnet, 2–4 cm lang, eiförmig und zugespitzt, lederig, etwas fleischig, steif, blaugrün bereift, kahl, sitzend, den Stängel etwas umfassend, mit 3 oder 5 deutlich sichtbaren Hauptadern

Grossblütige Königskerze
Molène à fleurs denses; Verbasco falso barbasso
Large-flowered Mullein
Verbascum densiflorum Bertol.

Scrophulariaceae
Braunwurzgewächse

Grossblütiges Wollkraut

Herkunft / Verbreitung	Europäisch-westasiatische Pflanze; ganz Europa (Ausnahmen: hoher Norden und Südwesten der Pyrenäen-Halbinsel); weltweite Verschleppung in den gemässigten Zonen; in Gärten als Zier- und Heilpflanze kultiviert
Höhenstufen	Kollin, montan; wärmere Lagen bevorzugend
Bodenbeschaffenheit	Auf frischen bis eher trockenen, nährstoff- und basenreichen, kalkhaltigen, humosen Lehmböden; bis 1 m tief wurzelnd; Lichtpflanze
Standorte	Dämme, Garten- und Parkanlagen, im Schotter von Flüssen, Kiesgruben, sonnige Unkrautfluren, Schuttplätze, Waldschläge, Wegränder
Blütezeit	Juli bis September
Bestäubung	Insektenbestäubung: Bienen, Fliegen, Hummeln, Schmetterlinge, Wespen
Aussehen	30–200 cm hoch, aufrecht, dichtfilzig, 2-jährig, mit einer spindelförmig-ästigen Hauptwurzel; Stängel stielrund, ausgefüllt, dicht filzig behaart; Leitbündel ringförmig angeordnet
Blütenstand	Blüten zu 2–5 in Büscheln, zusammen in einfacher oder ästiger Traube
Blüten	Radiärsymmetrisch, 5-zählig, hellgelb, 3–5 cm im Durchmesser, mit 3–15 mm langen, filzigen Stielen und einer kurzen Blütenröhre
Kelchblätter	5, weissfilzig, mit 3-eckigen, zugespitzten, grünen Zähnen
Kronblätter	5, breit verkehrt eiförmig bis rund, am Ende meist abgerundet oder schwach ausgerandet, flach ausgebreitet, in der Innenseite nicht punktiert
Staubblätter	5, in der kurzen Kronröhre eingefügt; 2 Untere lang, meist kahl, mit 3–5,5 mm langen und orangen Staubbeuteln; die 3 Oberen kürzer als die Unteren, mit weisswolligen Staubfäden und ebenfalls orangen Staubbeuteln
Fruchtknoten	Oberständig, aus 2 Fruchtblättern verwachsen, meist 2-fächerig, mit zahlreichen Samenanlagen; Griffel so lang wie die Staubblätter oder länger als diese, mit einer keulenförmigen Narbe
Früchte	Kapseln eiförmig bis kugelig, dicht filzig, braun, 5–10 mm lang, mit 2 Klappen aufspringend; Samen ei- bis zylinderförmig, bis 1 mm lang, mit erhabenen Flächen und grubigen Vertiefungen
Blätter	Wechselständig, bis 40 cm lang, beiderseits graufilzig, grob gekerbt; Unterste elliptisch, sitzend oder in den kurzen Stiel verschmälert; mittlere und obere Blätter zugespitzt, bis zum nächsten darunterliegenden Blatt herablaufend

Dunkle Königskerze, Schwarze Königskerze
Molène noire; Verbasco nero
Dark Mullein
Verbascum nigrum L.

Scrophulariaceae
Braunwurzgewächse

Dunkel-Königskerze

Herkunft / Verbreitung
Eurosibirische Pflanze; nordwärts bis England, Mittelskandinavien; nordostwärts bis Nordrussland; süd-/südwestwärts bis Norditalien und Nordspanien

Höhenstufen
Kollin, montan, seltener subalpin; wärmere Standorte bevorzugend

Bodenbeschaffenheit
Auf frischen bis trockenen, nährstoff- und basenreichen, neutralen bis mässig sauren, lockeren, humosen, auch kalkarmen Lehmböden

Standorte
Dämme, Kiesgruben, Schuttplätze, sonnige Hänge, trockene Waldschläge, Unkrautfluren, Ufer, Wegränder; bis 2 m tief wurzelnd

Blütezeit
Juni bis August

Bestäubung
Insektenbestäubung: Bienen, Fliegen, Käfer, Hummeln, Tagfalter

Aussehen
30–100 cm hoch, aufrecht, im unteren Bereich zerstreut behaart sonst kahl, wenig- bis mehrjährig, mit Wurzelverdickungen; Stängel breit oval bis stielrund, ausgefüllt, mit Längskanten; Leitbündel ringförmig angeordnet

Blütenstand
Blüten einzeln oder in büschelförmigen Trugdolden zu einer schlanken, einfachen oder ästigen Traube vereinigt

Blüten
Radiärsymmetrisch, 5-zählig, hell- bis mittelgelb, 1,5–2,5 cm im Durchmesser, mit 5–12 mm langen Stielen und einer kurzen Blütenröhre

Kelchblätter
5, mit Sternhaaren, 3–5 mm lang, mit schmal 3-eckigen bis schmal lanzettlichen und grünen Zähnen; Kelch glockenförmig

Kronblätter
5, breit verkehrt eiförmig bis rund, am Ende abgerundet, flach ausgebreitet, in der Innenseite am Grund rot gefleckt

Staubblätter
5, mehr oder weniger gleich lang, an der Kronröhre angewachsen; Staubfäden mit dichtem und purpurviolettem Haarkleid; Staubbeutel nierenförmig, quergestellt und dunkelgelb

Fruchtknoten
Oberständig, aus 2 Fruchtblättern verwachsen, meist 2-fächerig, mit zahlreichen Samenanlagen; Griffel violett, mit grüner und kopfförmiger Narbe

Früchte
Kapseln eiförmig bis kugelig, mit Sternhaaren, braun, 5–7 mm lang, mit jeweils 2 Klappen aufspringend; Samen ei- bis zylinderförmig, bis 1 mm lang, mit erhabenen warzigen Flächen und grubigen Vertiefungen

Blätter
Wechselständig angeordnet, bis 20 cm lang, grob gekerbt, oberseits grün, unterseits graufilzig; obere Blätter sitzend und nicht herablaufend; untere Blätter gestielt, schmal eiförmig bis schmal herzförmig, zugespitzt

Gemeines Greiskraut, Gewöhnliches Greiskraut
Séneçon commun; Senecione comune
Common Groundsel
Senecio vulgaris L.

Asteraceae
Korbblütler

Gemeines Kreuzkraut

Herkunft / Verbreitung	Südeuropäische Pflanze; heute über die ganze Erde verbreitet, mit Ausnahme der arktischen und tropischen Zonen; in der Region verbreitet und häufig
Höhenstufen	Kollin, montan, subalpin
Bodenbeschaffenheit	Auf frischen, nährstoffreichen, humosen Böden aller Art; Stickstoffzeiger; auch Winterblüher; Lichtpflanze; Kulturbegleiter; bis 45 cm tief wurzelnd
Standorte	Äcker, Bachschotter, Gärten, offene Unkrautfluren, Mauern, Raine, Ruderalstellen, Schuttplätze, unbebaute Orte, Waldschläge, Weinberge
Blütezeit	Januar bis Dezember
Bestäubung	Insektenbestäubung: Bienen, Fliegen, Hummeln; auch Selbstbestäubung
Aussehen	10–40 cm hoch, aufsteigend oder aufrecht, kahl oder zerstreut spinnwebig, ohne Drüsenhaare, daher nicht klebrig, 1- oder 2-jährig, meist verzweigt, mit spindelförmiger und bleicher Wurzel; Stängel stielrund und mehrkantig, hohl, dunkel rotviolett bis grün, kahl oder schwach spinnwebig behaart; Leitbündel ringförmig angeordnet; keine vegetativen Ausbreitungsorgane vorhanden
Blütenstand	Zahlreiche gestielte und spinnwebig behaarte Köpfchen in einer unregelmässigen Rispe vereinigt; 8–10 äussere Hüllblätter schmal eiförmig, zugespitzt, mit schwarzen Spitzen; innere Hüllblätter lanzettlich, 6–8 mm lang, zuerst grün, später mit dunkelbraunen bis schwarzen Spitzen
Blüten	In der Regel nur Röhrenblüten vorhanden; diese radiärsymmetrisch und gelb
Kelchblätter	Zu einem Pappus umgewandelt
Kronblätter	5, zu einer Röhre verwachsen, 2–4 mm lang; Kronzipfel beim Öffnen der Blüte gespreizt; Kronröhre lang, schmal und weiss
Staubblätter	5, in der Kronröhre eingeschlossen; Staubbeutel zusammengeneigt
Fruchtknoten	Unterständig; Griffelschenkel mit nur endständigen Fegehaaren
Früchte	Achänen 2–3 mm lang, lanzettlich, am unteren Ende abgerundet, dicht flaumhaarig; Pappus zur Fruchtzeit bis 3-mal so lang wie die Achäne, seidig rein weiss und aus einfachen Haaren bestehend
Blätter	Wechselständig angeordnet, 2–5 cm lang, linealisch bis schmal oval, jederseits bis über die Mitte der Blatthälfte fiederteilig mit rechtwinklig abstehenden Abschnitten, etwas fleischig; obere Blätter sitzend mit oft öhrchenartigem Grund; unterste Blätter mit breitem Stiel; Blattunterseite grünlichweiss

Kohldistel
Cirse maraîcher; Cardo giallastro
Cabbage Thistle; Siberian Thistle
Cirsium oleraceum (L.) Scop.

Asteraceae
Korbblütler

Kohl-Kratzdistel

Herkunft / Verbreitung	Eurosibirische Pflanze; Nordfrankreich, Südskandinavien, Westalpen, Bulgarien; ostwärts bis nach Sibirien; in den Südalpen ziemlich selten
Höhenstufen	Kollin, montan, seltener subalpin; in der Region häufig anzutreffen
Boden-beschaffenheit	Auf staunassen, nährstoff- und basenreichen, meist kalkhaltigen, humosen, lockeren, sandigen oder reinen Tonböden; Nährstoffzeiger; Tiefwurzler (bis zu 2 m tief wurzelnd); Halbschatten-Lichtpflanze
Standorte	Auenwälder, Bachränder, feuchte Wiesen, Gräben, Staudenfluren, Sümpfe
Blütezeit	Juni bis September
Bestäubung	Insektenbestäubung: Bienen, Hummeln, Tag- und Nachtfalter; Bienenweide
Aussehen	50–150 cm hoch, aufrecht, im oberen Bereich meist verzweigt und kurz behaart, unten kahl oder nur wenig behaart, mit grundständigen Seitentrieben, dickem Rhizomknollen, mehrjährig; Stängel stielrund bis 5-eckig, mit oft erhabenen Kanten, mit weissem Mark und einem sich bald bildenden Hohlraum, hell- bis mittelgrün; Leitbündel ringförmig angeordnet
Blütenstand	2–6 Köpfchen an den Stängelenden knäuelig gehäuft, 2,5–4 cm lang und von eiförmigen, ungeteilten, weich dornigen, bleich gelblichgrünen, die Blüten oft überragenden Hochblättern umhüllt
Blüten	Köpfchen nur mit hellgelben Röhrenblüten
Kelchblätter	Zu einem Pappus umgewandelt
Kronblätter	5, miteinander zu einer 1–2 cm langen Röhre verwachsen; der obere Bereich trichterförmig mit 5 Kronzipfeln
Staubblätter	5, in der Kronröhre eingefügt; Staubbeutel am Grund geschwänzt
Fruchtknoten	Unterständig, zylindrisch, seitlich etwas abgeflacht, kahl, weiss bis hellgelb, mit kurz 2-lappigem Griffel
Früchte	Achänen 4–5 mm lang, schmal zylindrisch, mit dunkelbraunen Linien, unten abgeflacht oder abgerundet, am oberen Ende mit einem Ring und der Ansatzstelle für den Pappus; dieser bis 1,5 cm lang mit federig behaarten Borsten
Blätter	Wechselständig, kahl oder zerstreut behaart, am Rand weichdornig bewimpert, unterseits grünlichweiss, oberseits mittel- bis dunkelgrün; untere Blätter elliptisch bis eiförmig, gezähnt oder fiederspaltig mit zugespitzten, gezähnten Abschnitten; mittlere und obere Blätter sitzend und stängelumfassend

Rainfarn, Wurmkraut | **Asteraceae**
Tanaisie commune; Erba amara selvativa | **Korbblütler**
Tansy
Tanacetum vulgare L. | **Rehfarn**

Herkunft / Verbreitung	Eurasiatische Pflanze; nordwärts bis 70° nördliche Breite; ostwärts bis zum Altai; in kühl gemässigten Zonen heute weltweit verbreitet; in den Nordalpen und im nördlichen Alpenvorland seltener; oft aus Gärten verwildert
Höhenstufen	Kollin, montan, seltener subalpin
Boden-beschaffenheit	Auf frischen, nährstoffreichen, neutralen, humosen, auch sandigen Lehm- und Tonböden; bevorzugt eine mehr oder weniger humide und sommerwarme Klimalage; Kriechwurzler; Kulturbegleiter
Standorte	Rand von Auenwäldern, Dämme, Gärten, im Schotter von Flüssen, Gebüsche, Schuttplätze, staudenreiche Unkrautfluren, Waldschläge, Waldwege
Blütezeit	Juni bis September
Bestäubung	Insektenbestäubung: Bienen, Fliegen, Hummeln, Schmetterlinge, Hautflügler
Aussehen	40–160 cm hoch, aufrecht, vor allem im oberen Bereich verzweigt, fast kahl, mit mehrköpfigem Rhizom und unterirdischen Ausläufern, mehrjährig, aromatisch duftend; Stängel oval bis stielrund mit erhabenen Kanten, ausgefüllt, rötlichbraun und grün; Leitbündel ringförmig angeordnet; Kompasspflanze (Blätter bei vollem Sonnenlicht genau senkrecht nach Süden gerichtet); Heil- und Nutzpflanze (Wurmmittel, Mottenkraut); Horste bildend
Blütenstand	Köpfe in dichter, doldenartiger Rispe, bis 1,2 cm breit, abgeplattet, mit bis zu 100 Röhrenblüten; Hüllblätter bis 4 mm lang, lanzettlich bis 3-eckig, zugespitzt, hell oder bräunlich berandet, im Aussenbereich kleiner
Blüten	Röhrenblüten bis 2,5 mm lang, goldgelb
Kelchblätter	Zu einem kleinen und weisslichen bis hellgelben Krönchen umgewandelt
Kronblätter	5, zu einer Röhre verwachsen; Krone der Randblüten 3-zähnig, die der inneren Röhrenblüten 5-zähnig
Staubblätter	5, in der Kronröhre eingeschlossen; Staubfäden zusammenneigend
Fruchtknoten	Unterständig, zylinderförmig, weiss; Griffel mit 2 spreizenden Narbenästen
Früchte	Achänen 1,5–2 mm lang, eiförmig, glatt, 5-rippig, drüsig punktiert, ohne Pappus oder höchstens mit einem kleinen gezähnten Krönchen
Blätter	Wechselständig angeordnet, im Umriss oval, mit jederseits 7–15 lanzettlichen, eingeschnittenen und gezähnten Abschnitten; untere Blätter gestielt, die oberen sitzend; Unterseite grünlichweiss und grubig punktiert

Weidenblättriges Rindsauge
Buphthalme à feuilles de saule; Asteroide salicina
Yellow Ox-Eye
Buphthalmum salicifolium L.

Asteraceae
Korbblütler
Weidenblättriges Ochsenauge

Herkunft / Verbreitung	Mittel- und südosteuropäische Pflanze; Belgien, Frankreich, Alpenkette und die nördlich vorgelagerten Gebiete, Jura, Gebirge der Balkanhalbinsel, nördl. Apennin, Kalkgebiete der Karpaten; südwärts bis nach Montenegro
Höhenstufen	Kollin, montan, subalpin; liebt helle und warme Lagen
Boden-beschaffenheit	Auf mässig trockenen, kalkhaltigen, mehr oder weniger humosen, mittelgründigen, aber auch steinigen, sommerwarmen Lehm- und Tonböden; Rohboden-Pionier; bis 50 cm tief wurzelnd
Standorte	Im Saum von Gebüschen, Kalk-Magerrasen, lichte Eichen- und Kiefernwälder, steile Grashänge, Trockenwiesen, Waldränder, Weiden
Blütezeit	Juni bis September
Bestäubung	Insektenbestäubung: Fliegen, Schmetterlinge, weitere Hautflügler
Aussehen	20–50 cm hoch, aufrecht, mit grossblättriger Grundrosette und grundständigen Seitentrieben, knolligem Rhizom, mehrjährig; Stängel stielrund und kantig, abstehend behaart oder auch mit kahlen Partien, einfach oder verzweigt, grün und rötlich; Leitbündel ringförmig angeordnet
Blütenstand	Körbchen 3–6 cm breit, einzeln oder zu wenigen in einer lockeren Traube; Hüllblätter breit lanzettlich, lang zugespitzt, anliegend behaart, dachziegelartig angeordnet, grün, kürzer als die randständigen Zungenblüten; Boden des Blütenkörbchens mit lanzettlichen Spreublättern besetzt
Blüten	Zungenblüten gelb, 11–16 mm lang und 2–3 mm breit, weiblich, strahlig ausgebreitet; zahlreiche innere Blüten radiärsymmetrisch, röhrenförmig, zwittrig, gelb, von den Spreublättern umgeben
Kelchblätter	Zu einem verwachsenen, am Rande gezähnten Pappuskranz reduziert
Kronblätter	5, zu einer Zunge verwachsen; bei Röhrenblüten mit 5 freien Zipfeln
Staubblätter	5, in der Kronröhre eingeschlossen; Staubbeutel eine Röhre bildend
Fruchtknoten	Unterständig, aus 2 Fruchtblättern verwachsen; Griffel mit 2 Griffelästen
Früchte	Achänen der inneren Blüten mehrheitlich zylindrisch und mit einem kleinen häutigen Pappusrand; randständige Achänen mit 3 deutlichen Kanten
Blätter	Wechselständig, ganzrandig oder fein gezähnt, etwas behaart; Grundblätter mit schmal geflügeltem Stiel, zur Blütezeit verdorrt; Stängelblätter mit geöhrtem Blattgrund

Kanadische Goldrute
Solidage du Canada; Verga d'oro del Canada
Canada Goldenrod
Solidago canadensis L.

Asteraceae
Korbblütler

Gewöhnliche Goldrute

Herkunft / Verbreitung	Heimisch in Kanada und in den USA; gehört in Europa zu den ältesten aus den USA eingeführten Zierpflanzen (um 1650 erstes Auftreten in verschiedenen europäischen Parkanlagen); verwildert leicht
Höhenstufen	Kollin, seltener montan
Bodenbeschaffenheit	Auf frischen bis trockenen, nährstoffarmen bis nährstoffreichen, tiefgründigen, durchlässigen, basischen bis leicht sauren Lehm-, Sand- und Tonböden; helle, warme Lagen bevorzugend; bis 50 cm tief wurzelnd; Wurzelkriech-Pionier
Standorte	Bahn- und Strassenböschungen, Dächer, industrielle Brachflächen, verlassene Gärten, Ödland, Schuttplätze, Waldlichtungen; Bildung von dichten Beständen, die die einheimische Flora verdrängen (invasiver Neophyt); Lichtpflanze
Blütezeit	Juli bis September
Bestäubung	Insektenbestäubung: Bienen, Fliegen, Hummeln, Tagfalter
Aussehen	50–150 cm hoch, aufrecht, im Bereich des Blütenstandes oft verzweigt, mit zahlreichen dicken Rhizomen und langen Ausläufern, mehrjährig (blühende Stängel sterben im Herbst ab; Mehrjährigkeit jedoch durch Rhizome garantiert); Stängel stielrund, glatt oder gerillt, grün und rötlichbraun, abstehend behaart, im Verlauf der Vegetationszeit vor allem im unteren Bereich verkahlend, mit Mark ausgefüllt; Leitbündel ringförmig angeordnet
Blütenstand	Pyramidenförmige Rispe mit zahlreichen aufrechten, bogig gekrümmten Ästen, die oberseits gestielte, 3–6 mm lange, glockenförmige Köpfchen tragen; Hüllblätter linealisch, gelblich bis hellgrün, dachziegelartig übereinander
Blüten	Im Köpfchen bis 20 abstehende Zungenblüten; im Zentrum Röhrenblüten
Kelchblätter	Zu einem Pappus umgewandelt, der später das Flugorgan bildet
Kronblätter	Röhrenblüten gelb, mit 5-zipfeliger Krone; bei den gelben Zungenblüten sind die Kronblätter zu einer Zunge verwachsen
Staubblätter	5, in der Kronröhre eingeschlossen; Staubbeutel eine Röhre bildend
Fruchtknoten	Unterständig, aus 2 Fruchtblättern verwachsen, mit 1 Griffel
Früchte	Achänen schmal zylindrisch, mit hervorstehenden Kanten, stark behaart
Blätter	Wechselständig angeordnet, 2–10 cm lang, lanzettlich bis breit lanzettlich, lang zugespitzt, ungestielt, abstehend kurzhaarig, oberseits etwas dunkler grün als unterseits; Blattrand mit feinen und aufwärts gerichteten Zähnen

Spätblühende Goldrute
Solidage géant; Verga d'oro maggiore
Late Goldenrod
Solidago gigantea Aiton

Asteraceae
Korbblütler

Späte Goldrute

Herkunft / Verbreitung	Ursprünglich eine Pflanze aus den USA; in Europa zuerst als Zierpflanze gehalten, später verwildert; heute ein invasiver Neophyt in rascher Ausbreitung
Höhenstufen	Kollin, seltener montan
Bodenbeschaffenheit	Auf feuchten bis frischen, nährstoff- und basenreichen, meist tiefgründigen, durchlässigen, leicht sauren bis basischen, sommerwarmen Lehm- und Tonböden; helle Lagen bevorzugend; Wurzelkriech-Pionier; bis 50 cm tief wurzelnd
Standorte	Feuchte Gebüsche, lichte Auenwälder, Gärten, Kiesgruben, Ödland, Ruderalstellen, Schuttplätze, Teiche, Ufer, Waldlichtungen; Bildung von sehr dichten Beständen, die die einheimische Flora verdrängen können
Blütezeit	August bis Oktober
Bestäubung	Insektenbestäubung: Bienen, Fliegen, Hummeln, Tagfalter
Aussehen	50–150 cm hoch, aufrecht, beim Blütenstand oft verzweigt, mit zahlreichen dicken Rhizomen und langen Ausläufern, mehrjährig (blühende Stängel sterben im Herbst ab; Mehrjährigkeit jedoch durch Rhizome garantiert); Stängel stielrund, glatt, grün, rötlich, oft weiss bereift, unten völlig kahl, im oberen Bereich auch kurzhaarig, mit Mark gefüllt; Leitbündel ringförmig angeordnet
Blütenstand	Pyramidenförmige Rispe mit zahlreichen bogig überhängenden Ästen, die 4–8 mm lang gestielte, schmal glockenförmige Köpfchen tragen; Hüllblätter linealisch, kahl oder am Rand etwas behaart, dachziegelartig angeordnet
Blüten	Bis 15 abstehende Zungenblüten; im Zentrum kleinere Röhrenblüten
Kelchblätter	Zu einem Pappus umgewandelt, der später das Flugorgan bildet
Kronblätter	Röhrenblüten gelb, mit 5-zipfeliger Krone; bei den gelben Zungenblüten sind die Kronblätter zu einer Zunge verwachsen
Staubblätter	5, in der Kronröhre eingeschlossen; Staubbeutel eine Röhre bildend
Fruchtknoten	Unterständig, aus 2 Fruchtblättern verwachsen, mit 1 Griffel
Früchte	Achänen schmal zylindrisch, gegen unten verengt und mit abgerundetem Ende, mit hervorstehenden Kanten, braun, weniger dicht aber etwas länger behaart als bei der Kanadischen Goldrute
Blätter	Wechselständig angeordnet, 4–10 cm lang, lanzettlich bis breit lanzettlich, an beiden Enden zugespitzt, kahl oder nur am Rand behaart, oberseits dunkelgün, unterseits heller grün; Blattrand mit feinen aufwärts gerichteten Zähnen

Echte Goldrute
Solidage verge d'or; Verga d'oro comune
European Goldenrod
Solidago virgaurea L.

Asteraceae
Korbblütler

Gemeine Goldrute

Herkunft / Verbreitung	Eurosibirisch-nordamerikanische Pflanze, die in Europa verbreitet und ziemlich häufig anzutreffen ist
Höhenstufen	Kollin, montan; in der subalpinen Stufe wächst die etwas kleinere 2. Sippe *Solidago virgaurea* subsp. *minuta*
Bodenbeschaffenheit	Auf mässig frischen bis trockenen, schwach sauren bis neutralen, modrig humosen, lockeren, kalkarmen und kalkreichen, sommerwarmen, sandigen, steinigen oder reinen Lehmböden; bis über 1 m tief wurzelnd
Standorte	Felsschutt, Gebüsche, Hecken, lichte und krautreiche Wälder, Magerweiden, Rasen; Halbschatten-Lichtpflanze
Blütezeit	Juli bis Oktober
Bestäubung	Insektenbestäubung: Bienen, Fliegen, Hummeln, Tagfalter; Selbstbestäubung
Aussehen	20–120 cm hoch, aufrecht, im oberen Bereich oft verzweigt, ohne unterirdische Ausläufer, mehrjährig (mit Knospen auf oder unter der Erdoberfläche überwinternd); Stängel breit oval bis stielrund, gerillt, grün, im unteren Bereich kahl oder fast kahl, oben mit kurzen mehrzelligen Haaren, mit Mark ausgefüllt; Leitbündel ringförmig angeordnet
Blütenstand	Endständige Rispe mit zahlreichen lang gestielten, bis 10 mm langen, schmal glockenförmigen, allseitswendig angeordneten Köpfchen; Hüllblätter meist linealisch bis lanzettlich, kurz behaart, dachziegelartig angeordnet, zugespitzt
Blüten	Im Köpfchen bis 12 ausgebreitete Zungenblüten; im Zentrum Röhrenblüten
Kelchblätter	Zu einem Pappus umgewandelt, der später das Flugorgan bildet
Kronblätter	Röhrenblüten gelb, mit 5-zipfeliger Krone; bei den gelben Zungenblüten sind die Kronblätter zu einer Zunge verwachsen
Staubblätter	5, in der Kronröhre eingeschlossen; Staubbeutel eine Röhre bildend
Fruchtknoten	Unterständig, aus 2 Fruchtblättern verwachsen, mit 1 Griffel
Früchte	Achänen sehr schmal zylindrisch, gegen unten verengt und mit abgerundetem Ende, mit hervorstehenden Kanten, braun, dicht behaart mit aufwärts gerichteten Haaren; Pappus länger als die Achäne
Blätter	Wechselständig angeordnet, bis 14 cm lang, im Bereich der Rispe lanzettlich, ganzrandig und etwas behaart; Grundblätter breit lanzettlich bis elliptisch, nur kurz zugespitzt, in den geflügelten Stiel verschmälert, grob gezähnt

Huflattich, Pferdefuss
Tussilage; Tossilagine comune
Coltsfood
Tussilago farfara L.

Asteraceae
Korbblütler

Brustlattich

Herkunft / Verbreitung	Eurasiatische Pflanze; nordwärts bis Island, Nordskandinavien; südwärts bis nach Südeuropa und Nordafrika
Höhenstufen	Kollin, montan, subalpin, seltener alpin; verbreitet und häufig anzutreffen
Bodenbeschaffenheit	Auf feuchten bis frischen, mässig nährstoff- und basenreichen, kalkhaltigen, neutralen bis basischen, tiefgründigen, oft humusarmen, auch steinigen Lehm- und Tonböden; Wasserzug-Zeiger; Wurzelkriech-Pionier; Pionier auf offenen Stellen; Bodenfestiger; bis über 1 m tief wurzelnd
Standorte	Deponien, Kiesbänke, Kiesgruben, Rebberge, Moränen, Rutschhänge, Säume von Waldschlägen, Schuttstellen, bei Wasserläufen, Wegränder
Blütezeit	Februar bis Mai
Bestäubung	Insektenbestäubung: Bienen, Fliegen, Tagfalter
Aussehen	Zur Blütezeit 5–20 cm hoch, später eine Höhe bis 30 cm erreichend, aufrecht, mit kriechendem Rhizom und sehr langen unterirdischen Ausläufern; Stängel stielrund bis 6-eckig, anfangs gefüllt, später hohl, mit roten bis bräunlichen, schuppenförmigen Blättern, filzig behaart; Leitbündel ringförmig angeordnet
Blütenstand	Endständiges, 2–3 cm breites Körbchen; Hüllblätter 1–1,5 cm lang, lanzettlich, oben meist abgerundet, fein behaart, grün und im oberen Bereich rötlichbraun bis braun, bei der Fruchtreife oft zurückgebogen
Blüten	Goldgelb; im Körbchen zahlreiche, mehrreihig angeordnete Zungenblüten und im Innern zwittrige Röhrenblüten
Kelchblätter	Zu einem Pappus umgewandelt, der später das Flugorgan bildet
Kronblätter	Röhrenblüten mit 5-zipfeliger Krone; bei den Zungenblüten sind die Kronblätter zu einer Zunge verwachsen
Staubblätter	5, in der Kronröhre eingeschlossen; Staubbeutel eine Röhre bildend
Fruchtknoten	Unterständig, aus 2 Fruchtblättern verwachsen, mit 1 Griffel
Früchte	Achänen sehr schmal zylindrisch, gegen unten nur schwach verengt und mit abgerundetem Ende, mit Längskanten, braun; Pappus bis 10 mm lang
Blätter	Grundständige rundlich bis herzförmig, bis 20 cm breit, buchtig eingeschnitten und entfernt fein gezähnt, in der Jugend beiderseits graufilzig, später oberseits verkahlend, lang und filzig gestielt, nach der Blütezeit erscheinend; im Stängelquerschnitt Leitbündel U-förmig angeordnet (Gegensatz zu *Petasites*-Arten)

Jakobs-Greiskraut
Séneçon jacobée; Senecione di San Giacomo
Common Ragwort
Senecio jacobaea L.

Asteraceae
Korbblütler
Gewöhnliches Jakobs Kreuzkraut

Herkunft / Verbreitung	Eurasiatische Pflanze; nordwärts bis Dänemark, Skandinavien, Irland, Schottland; ostwärts bis Kleinasien; südwärts bis Nordafrika; in den USA eingebürgert; nördlich der Alpen ziemlich häufig
Höhenstufen	Kollin, montan, subalpin
Boden-beschaffenheit	Auf frischen bis wechselfrischen, mehr oder weniger nährstoff- und basenreichen, etwas humosen, tiefgründigen, tonigen Lehmböden in humider Klimalage; höchstens bis 1 m tief wurzelnd; Lichtpflanze
Standorte	Böschungen, Dämme, Gräben, Kohlenmeiler, Raine, Strassenränder, truppweise auf buschigen Hängen, lichte Wälder, Wegränder, Wiesen; Weideunkraut
Blütezeit	Juni bis Oktober
Bestäubung	Insektenbestäubung: Bienen, Fliegen, Hummeln, Käfer, Schmetterlinge
Aussehen	30–100 cm hoch, aufrecht, oben verzweigt mit aufwärts strebenden Ästen und grundständigen Seitentrieben, 2- bis mehrjährig, im Frühling mit einer Blattrosette; Rhizome meist dicker als der Stängel; zerrieben unangenehm riechend; Stängel stielrund, kantig, gerillt, mit Mark gefüllt, spinnwebig wollig, später verkahlend; keine Ausläufer; Leitbündel ringförmig angeordnet
Blütenstand	In doldiger Rispe zahlreiche breite Körbchen mit bis 2 cm Durchmesser; Hüllblätter länglich lanzettlich, zugespitzt, mit dunkler Spitze
Blüten	Gelbe Röhren- und Zungenblüten
Kelchblätter	Zu einem Pappus umgewandelt, der später das Flugorgan bildet
Kronblätter	Bei inneren Blüten zu einer Röhre verwachsen und mit 5-zipfeliger Krone; bei den äusseren Blüten sind sie zu einer 10–12 mm langen Zunge verwachsen
Staubblätter	5, in der Kronröhre eingeschlossen; Staubbeutel eine Röhre bildend
Fruchtknoten	Unterständig, aus 2 Fruchtblättern verwachsen, mit 1 Griffel
Früchte	Achänen zylindrisch, mit Längsrillen, unten abgerundet, je nach Reifegrad hell- bis dunkelbraun; diejenigen der Zungenblüten sind kahl; die Röhrenblüten-Achänen sind kurz behaart und mit nach oben gerichteten Haaren
Blätter	Wechselständig angeordnet, oval bis schmal eiförmig, kahl oder zerstreut spinnwebig behaart; Obere beinahe bis an die Mittelader fiederteilig mit rechtwinklig abstehenden oder nach vorn gerichteten Abschnitten und stumpfen oder kurz zugespitzten Zähnen; untere zur Blütezeit meist schon verdorrt

Südafrikanisches Greiskraut, Schmalblättriges Greiskraut | **Asteraceae**
Séneçon sud-africain; Senecione sudafricano | **Korbblütler**
Ragwort
Senecio inaequidens DC. | **Schmalblättriges Kreuzkraut**

Herkunft / Verbreitung	Heimat ist die Südspitze von Südafrika (Kapflora); im 19. Jahrhundert vor allem auf dem Seeweg in Europa eingeschleppt; um 1970 Beginn einer raschen Verbreitung in Europa, besonders entlang von Autobahnen, Eisenbahnlinien und über Häfen; heute weltweite Verbreitung (invasiver Neophyt)
Höhenstufen	Kollin; bevorzugt wärmere Lagen
Bodenbeschaffenheit	Auf mässig trockenen bis trockenen, mässig nährstoffarmen bis mässig nährstoffreichen, schwach sauren bis neutralen Böden mit mittlerem Humusgehalt; bis 1 m tief wurzelnd; Lichtpflanze
Standorte	Bahn- und Hafenareale, Kiesgruben, Ödland, Ruderalfluren, Sandtrockenrasen, Schuttplätze, Strassen- und Wegränder (vor allem bei Autobahnen)
Blütezeit	Juli bis November
Bestäubung	Insektenbestäubung: Käfer
Aussehen	30–60 cm hoch, aufrecht, verzweigt, kahl, graugrün bis dunkelrot, mehrjährig, im unteren Bereich oft verholzend, mit dicker und verholzter Hauptwurzel, ohne vegetative Ausbreitungsorgane; Stängel stielrund bis 5-kantig, mit Mark gefüllt, kahl; Leitbündel ringförmig angeordnet; ganze Pflanze ist giftig, kann Mensch und Tier gefährden, ist herbizidresistent, mähtolerant und ist daher schwer zu bekämpfen (vor Blütezeit im Kehricht entsorgen)
Blütenstand	1,5–2,5 cm breite Körbchen am Ende der Zweige, gesamthaft eine lockere Doldenrispe bildend; Aussenhüllblätter klein, lanzettlich, mt dunkler Spitze; Innenhüllblätter linealisch, zugespitzt, hell- bis mittelgrün
Blüten	Gelbe Röhren- und Zungenblüten
Kelchblätter	Zu einem Pappus umgewandelt, der später das Flugorgan bildet
Kronblätter	5; bei den inneren Blüten zu einer Röhre verwachsen; Krone der 12–15 Randblüten (Zungenblüten) am Ende 3-zähnig oder abgerundet
Staubblätter	5, in der Kronröhre eingeschlossen; Staubbeutel eine Röhre bildend
Fruchtknoten	Unterständig, aus 2 Fruchtblättern; 1 Griffel mit 2 spreizenden Narbenästen
Früchte	Achänen schmal zylindrisch, dunkelrot bis dunkelbraun, stark behaart
Blätter	Wechselständig angeordnet, 5–7 cm lang, schmal lanzettlich, mit punktförmigen knorpeligen Zähnchen, gekielt, mit kurzen Öhrchen den Stängel halb umfassend; Rand umgerollt und daher ganzrandig erscheinend

Östlicher Wiesen-Bocksbart
Salsifis d'orient; Barba di becco orientale
Goat's Beard
Tragopogon pratensis subsp. *orientalis* (L.) Celak

Asteraceae
Korbblütler

Orientalischer B.

Herkunft / Verbreitung	Eurosibirische Pflanze; nordwärts bis Irland, Schottland, Skandinavien; südwärts bis Mittelitalien, südwestwärts bis Mittelspanien, ost- und südostwärts bis nach Südrussland, Sibirien, Armenien, Iran; in den USA eingeschleppt
Höhenstufen	Kollin, montan, seltener subalpin
Bodenbeschaffenheit	Auf frischen bis mässig trockenen, humosen, lockeren, tiefgründigen, mässig nährstoff- und basenreichen, schwach sauren bis leicht basischen, oft sandigen Lehm- und Tonböden; Helligkeit liebender Tiefwurzler (bis 1 m tief)
Standorte	Bahnareale, Böschungen, Raine, trockene und halbtrockene Rasen, Ruderal- und Halbruderalfluren, Schuttplätze, Steinfluren, Wegränder, Weiden, Wiesen
Blütezeit	Mai bis Juli; vor allem Vormittags und am frühen Nachmittag blühend
Bestäubung	Insektenbestäubung: Bienen, Fliegen, Hummeln
Aussehen	30–75 cm hoch, aufrecht, oft verzweigt, 2- bis mehrjährig, am Grunde oft mit einzelnene Blattresten, mit milchführendem Wurzelstock; Stängel stielrund, im innersten Bereich hohl, grün und rötlich, in der Jugend oft mit ineinander verflochtenen Haaren, die leicht abwischbar sind, später verkahlend, mit Milchsaft; Leitbündel ringförmig angeordnet
Blütenstand	5–8 cm breite Körbchen, die von Hüllblättern umgeben sind; 8–12 Hüllblätter ungleich lang, am Grund miteinander verwachsen, auf der Innenseite kahl, oft grünlichweiss berandet, zur Fruchtzeit zurückgebogen
Blüten	Auf dem geraden und im unteren Bereich oft hohlen Blütenstandsboden entspringen zahlreiche goldgelbe Zungenblüten, die zusammen eine Einzelblüte vortäuschen und länger als die Hüllblätter sind; keine Röhrenblüten
Kelchblätter	Zu einem Pappus umgewandelt, der später das Flugorgan bildet
Kronblätter	5, im oberen Bereich eine Zunge bildend, am Ende mit 5 Zipfeln endend
Staubblätter	5; Staubbeutel mit mehreren braunen bis braunschwarzen Längsstreifen
Fruchtknoten	Unterständig, aus 2 Fruchtblättern verwachsen; 1 Griffel mit 2 Narbenästen
Früchte	Achänen (Samenschale mit der Fruchtwand verwachsen) mit dem Schnabel bis 2,5 cm lang, schmal keulenförmig, kantig, schuppig, weichstachelig; Pappusborsten mit ineinander verflochtenen Haaren
Blätter	Wechselständig angeordnet, schmal lanzettlich, aus breitem Grund lang zugespitzt, ungestielt, ganzrandig, den Stängel halb umfassend

Gewöhnlicher Rainkohl
Lapsane commune; Lassana comune
Hawskbeard, Nipplewort
Lapsana communis L.

Asteraceae
Korbblütler

Gemeiner Rainkohl

Herkunft / Verbreitung	Eurasiatische Pflanze; nordwärts bis Südskandinavien; ostwärts bis zum Altai, Nordiran; südwärts bis Nordwestafrika; in den USA eingeschleppt; in der Region verbreitet und häufig anzutreffen
Höhenstufen	Kollin, montan, seltener subalpin
Bodenbeschaffenheit	Auf frischen, nährstoffreichen, humosen, lockeren Lehmböden in humider Klimalage; etwas wärmeliebend; Halbschattenpflanze; bis 35 cm tief wurzelnd; Pionierpflanze und Kulturbegleiter; hat ähnliche Ansprüche wie die mitteleuropäischen Getreidepflanzen (Guter Zeiger der Kulturstufe)
Standorte	Bei menschlichen Siedlungen, frische Ackerunkraut-Gesellschaften, Gärten, Getreidefelder, lückige Unkrautfluren, schattige Mauern, zerstreut in feuchten Wäldern, Wegränder, Waldschläge, entlang von Zäunen
Blütezeit	Juni bis September
Bestäubung	Insektenbestäubung: Bienen, Fliegen, Hummeln, Falter; Selbstbestäubung
Aussehen	20–120 cm hoch, aufrecht, verzweigt, ein- bis mehrjährig, mit Pfahlwurzel; Stängel oval bis stielrund und kantig, unten zerstreut steifhaarig, im oberen Bereich meist kahl, hohl, grün und rötlichbraun mit rötlichbraunen Streifen; Leitbündel ringförmig angeordnet
Blütenstand	Zahlreiche bis 1 cm breite, lang gestielte Körbchen in lockerer Rispe; Innenhüllblätter 5–7 mm lang, lanzettlich, grün, gekielt, aufrecht; Aussenhüllblätter klein, eilanzettlich, spitz, kahl, oft abstehend, in geringer Zahl vorhanden
Blüten	Im Körbchen 8–18 Zungenblüten; Blütenkörbchenboden flach und unbehaart; Blüten jeweils nur am Morgen geöffnet (bis höchstens 12 Uhr)
Kelchblätter	Reduziert und daher später keinen Pappus bildend
Kronblätter	5, zu Zungenblüten verwachsen, hellgelb, etwas länger als die Hüllblätter
Staubblätter	5, in der Kronröhre eingeschlossen; Staubbeutel am Grunde geschwänzt
Fruchtknoten	Unterständig, aus 2 Fruchtblättern verwachsen, 1 Griffel, 2 Narbenäste
Früchte	Kapseln 3–4 mm lang, mit 18–20 Rippen, mittel- bis dunkelbraun; Samen meist schmal oval, im oberen Bereich am breitesten, an der Spitze mit einem Wulst
Blätter	Im oberen Bereich lanzettlich bis eiförmig, kurz gestielt, zugespitzt, stumpf buchtig gezähnt bis ganzrandig; Untere lang gestielt, mit 1 oder 2 Paar buchtig gezähnten Lappen und mit grossem Endlappen oder leierförmig

Wiesen-Ferkelkraut, Gewöhnliches Ferkelkraut **Asteraceae**
Porcelle des prés, Salade de porc; Costolina giuncolina **Korbblütler**
Spotted Cat's Ear
Hypochaeris radicata L. **Gemeines Ferkelkraut**

Herkunft / Verbreitung	Ursprünglich eine mediterrane Pflanze; nordwärts bis Südskandinavien; ost- und südwärts bis Kleinasien, Nordafrika; in den USA eingeschleppt; durch Samenmischungen weit verbreitet; in der Region häufig anzutreffen
Höhenstufen	Kollin, montan, seltener subalpin
Boden-beschaffenheit	Auf frischen, mässig nährstoffreichen, kalkarmen, mässig sauren, vorzugsweise etwas sandigen Lehm- und Tonböden; bevorzugt eine wintermilde und humide Klimalage; bis 1 m tief wurzelnd
Standorte	Dünen, Heiden, lichte Wälder, Raine, Rasen, Schlagflächen, trockene Hänge, magere Wiesen, Wegränder, Weiden
Blütezeit	Juni bis Oktober
Bestäubung	Insektenbestäubung: Bienen, Fliegen, Hummeln, Käfer
Aussehen	20–60 cm hoch, aufrecht oder schief aufsteigend, meist verzweigt, kahl, im unteren Bereich auch steif behaart, mehrjährig; Stängel oval und mehrkantig, blaugrün, fein gestreift, nur mit einzelnen schuppen- bis borstenförmigen Blättern, anfangs gefüllt, später hohl; Leitbündel ringförmig angeordnet
Blütenstand	Hauptstängel mit einem einzelnen oder mit 2–4 lang gestielten, 2–4 cm breiten Körbchen; Hüllblätter lanzettlich, 1,5–2,5 mm lang, dunkelgrün bis schwarzgrün, in der Mitte des Rückens oft mit dunklen Borsten, mehrreihig; Blütenkörbchenboden mit begrannten Spreublättern
Blüten	Mit zahlreichen gelben Zungenblüten; keine Röhrenblüten vorhanden
Kelchblätter	Zu einem Pappus umgewandelt, der später das Flugorgan bildet
Kronblätter	5, zu Zungenblüten verwachsen; diese sind länger als die Hüllblätter, an der Spitze deutlich 5-zähnig, ausserseits grün, hell dunkelrot bis dunkelgrau
Staubblätter	5, in der Kronröhre eingeschlossen, am Grund kurz geschwänzt, an der Spitze mit einem abgerundeten Anhängsel; Staubbeutel eine Röhre bildend
Fruchtknoten	Unterständig, aus 2 Fruchtblättern verwachsen; 1 Griffel mit 2 Narbenästen
Früchte	Rötlichbraun, schmal lanzenförmig, mit langem Schnabel und einem gelblich weissen Pappus; Achänen mit Längsrippen, die kurze Stacheln tragen
Blätter	Grundständig, eine Rosette bildend, dem Boden fest anliegend und ungestielt; Blattspreite im Umriss lanzettlich bis oval, mit breit abgerundeten Zähnen, beiderseits oft rauhaarig, am Ende stumpf, unterseits hellgrün bis grünlichweiss

Raue Gänsedistel
Laiteron rude; Grespino spinosa
Prickly Sow Thistle
Sonchus asper Hill.

Asteraceae
Korbblütler

Dornige Gänsedistel

Herkunft / Verbreitung	Ursprünglich eine mediterrane Pflanze; nordwärts bis Nordirland, England, Skandinavien; südwärts bis Nordafrika; in Nord- und Südamerika und Australien eingeschleppt; in kühlgemässigten Zonen weltweit verbreitet
Höhenstufen	Kollin, montan, seltener subalpin
Bodenbeschaffenheit	Auf frischen, nährstoffreichen (besonders stickstoffreichen), neutralen, humosen, sandigen oder reinen Lehmböden; bis 1 m tief wurzelnd; Halbschatten-Lichtpflanze; oft an gleichen Standorten wie die Kohl-Gänsedistel
Standorte	Äcker, Brachen, Gärten, lückige Unkrautfluren, Schuttplätze, Wegränder
Blütezeit	Juni bis Oktober
Bestäubung	Insektenbestäubung: Bienen, Fliegen, Hummeln, Schmetterlinge
Aussehen	20–150 cm hoch, aufrecht, einfach oder ästig, ohne vegetative Ausbreitungsorgane, mit Wurzelverdickungen, 1-jährig; Stängel oval bis stielrund, mehrkantig, kahl, glatt, im oberen Bereich oft mit gestielten Drüsen, seltener etwas weissflockig, hohl, mit Milchsaft; Leitbündel ringförmig angeordnet
Blütenstand	Endständige Doldentraube mit zahlreichen gestielten, allseitswendig angeordneten Körbchen; Kopfstiele gegen die Spitze zu schwach keulig verdickt, kahl, seltener mit purpurvioletten Drüsenborsten; Hüllblätter linealisch bis lanzettlich, 10–15 mm lang, dachziegelartig übereinander angeordnet, bleich- bis trübgrün; Äussere zugespitzt, die Inneren stumpf endend
Blüten	Im Körbchen hell- bis goldgelbe Zungenblüten; keine Röhrenblüten
Kelchblätter	Zu einem Pappus umgewandelt, der später das Flugorgan bildet
Kronblätter	5, zu Zungenblüten verwachsen; sie sind länger als die Hüllblätter, am Ende mehrzähnig und ausserseits rötlich; Kronröhre im oberen Teil behaart
Staubblätter	5, in der Kronröhre eingeschlossen; Staubbeutel eine Röhre bildend
Fruchtknoten	Unterständig, aus 2 Fruchtblättern verwachsen; 1 dunkler Griffel, 2 Narben
Früchte	Lederfarbig bis rötlichbraun, ohne Schnabel; Pappus weiss, aus mehreren Reihen rauer Borsten bestehend; Achänen schmal oval, abgeflacht, 2–3 mm lang, mit jederseits 3 Längsrippen auf sonst glatter Oberfläche
Blätter	Wechselständig, ungeteilt bis fiederlappig, etwas steif, stechend gezähnt, oberseits dunkelgrün, unterseits hell blaugrün; Untere in einen geflügelten Stiel verschmälert; Obere den Stängel mit abgerundeten Zipfeln umfassend

Kohl-Gänsedistel
Laiteron maraîcher; Grespino comune
Milk Thistle
Sonchus oleraceus L.

Asteraceae
Korbblütler

Gewöhnliche Gänsedistel

Herkunft / Verbreitung	Ursprünglich eine mediterrane Pflanze; in den gemässigten Zonen weltweit verbreitet; auch eingebürgert in den USA, in Ostasien, Südafrika, Australien; in der Region verbreitet und häufig anzutreffen; früher eine Gemüsepflanze
Höhenstufen	Kollin, montan
Bodenbeschaffenheit	Auf frischen bis mässig trockenen, nährstoffreichen (besonders stickstoffreichen), humosen Böden aller Art; bis 1 m tief wurzelnd; Halbschatten-Lichtpflanze; oft zusammen mit der Rauen Gänsedistel anzutreffen; Pionierpflanze; alter Kulturbegleiter
Standorte	Äcker, Brachen, Gärten, lückige Unkrautfluren, Ruderalstellen, Schuttplätze, Waldlichtungen, entlang von Waldwegen
Blütezeit	Juni bis Oktober
Bestäubung	Insektenbestäubung: Bienen, Fliegen, Hummeln, Schmetterlinge
Aussehen	20–100 cm hoch, aufrecht, einfach oder ästig, ohne vegetative Ausbreitungsorgane, mit Wurzelverdickungen, 1-jährig; Stängel stielrund und mehrkantig (5–6-eckig), hohl, kahl, jedoch im oberen Bereich oft zerstreut drüsig behaart und weissflockig, mit Milchsaft; Leitbündel ringförmig angeordnet
Blütenstand	Doldentraube mit gestielten, vor dem Aufblühen weissflockigen Körbchen; Stiele an der Spitze etwas keulig verdickt, kahl oder mit nur einzelnen borstigen Drüsen; Hüllblätter länglich bis schmal lanzettlich, 5–15 mm lang, dachziegelartig übereinander angeordnet, dunkelgrün, mit einem weisslichen Längskiel; Äussere meist zugespitzt, die Inneren mit einem stumpfen Ende
Blüten	Im Körbchen hell- bis mittelgelbe Zungenblüten; keine Röhrenblüten
Kelchblätter	Zu einem Pappus umgewandelt, der später das Flugorgan bildet
Kronblätter	5, zu Zungenblüten verwachsen; Kronröhre im oberen Teil etwas behaart
Staubblätter	5, in der Kronröhre eingeschlossen; Staubbeutel eine Röhre bildend
Fruchtknoten	Unterständig, aus 2 Fruchtblättern verwachsen; 1 dunkler Griffel, 2 Narben
Früchte	Lederbraun bis rötlichbraun, ohne Schnabel; Pappus weiss, aus mehreren Reihen rauer Borsten bestehend; Achänen schmal oval, abgeflacht, 2–3 mm lang, mit jederseits 3 Streifen und höckeriger Oberfläche
Blätter	Wechselständig, meist fiederteilig, sitzend, glanzlos, kahl, dunkelgrün, unterseits heller blaugrün, den Stängel mit zugespitzten Zipfeln umfassend

Gewöhnlicher Löwenzahn, Wiesen-Löwenzahn
Pissenlit officinal, Dandelion; Tarassaco comune
Blowballs
Taraxacum officinale aggr.

Asteraceae
Korbblütler

Pfaffenröhrlein

Herkunft / Verbreitung	Eurosibirische Pflanze; in gemässigten Zonen über die ganze Erde verbreitet; in der Region verbreitet und häufig anzutreffen
Höhenstufen	Kollin, montan, subalpin, alpin
Bodenbeschaffenheit	Auf mässig feuchten bis mässig frischen, nährstoffreichen, schwach sauren bis neutralen, humosen, meist tiefgründigen Lehm- und Tonböden; lichtliebend; bis 2 m tief wurzelnde Pionierpflanze
Standorte	Äcker, Bahn- und Hafenanlagen, Böschungen, Felder, Fettwiesen, Olivenhaine, Rebberge, Ruderalstellen, Schuttplätze, Unkrautfluren, Waldlichtungen, Waldschläge, Wegränder, Weiden
Blütezeit	April und Mai; in der alpinen Stufe bis September
Bestäubung	Insektenbestäubung: Bienen, Fliegen, Hummeln, Tagfalter; gute Bienenweide
Aussehen	5–30 cm hoch, aufrecht, mehrjährig; Stängel breit oval bis stielrund, hohl, im untersten Bereich auch gefüllt, weiss, hellgrün, grün und rötlichgrün, etwas behaart, zum Teil weissflockig, mit Milchsaft; formenreiche Art
Blütenstand	Endständiges, bis 4 cm breites Körbchen (vor dem Aufblühen ein Köpfchen bildend), das von Hüllblättern umgeben ist; äussere Hüllblätter sehr schmal 3-eckig, zugespitzt, zur Blütezeit abstehend oder nach unten gebogen; innere Hüllblätter an der Spitze ohne Höcker
Blüten	Zahlreiche gelbe Zungenblüten, die in ihrer Gesamtheit eine Einzelblüte vortäuschen; Blütenstandsboden etwas leicht nach innen gewölbt
Kelchblätter	Zu einem Pappus umgewandelt, der später das Flugorgan bildet
Kronblätter	5, zu Zungenblüten verwachsen; diese sind am Ende meist 5-zähnig und auf der Unterseite mit einem hellbraunen Mittelstreifen versehen
Staubblätter	5; Staubfäden sind frei; Staubbeutel zu einer Röhre zusammengefügt
Fruchtknoten	Unterständig, aus 2 Fruchtblättern verwachsen; 1 Griffel, 2 Narben
Früchte	Achänen mit nicht federig behaartem Pappus, einem langen Schnabel, schmal zylindrisch, nach oben etwas verbreitert, mit vertieften Längsstreifen, dunkelbraun und mit zahlreichen hellbraunen und abstehenden Zähnchen
Blätter	Vielgestaltig, bis 20 cm lang, schmal oval, meist tief geteilt, mit breiten und oft gezähnten Abschnitten, einem grossen zugespitzten oder stumpfen Endabschnitt, dunkelgrün, in grundständiger Rosette

Wilder Lattich, Kompass-Lattich
Laitue serriole; Lattuga selvatica
Prickly Lettuce
Lactuca serriola L.

Asteraceae
Korbblütler

Zaun-Lattich

Herkunft / Verbreitung	Eurasiatische Pflanze; in Mittel- und Südeuropa, Nordafrika, West- und Zentralasien; in den USA eingeschleppt
Höhenstufen	Kollin, montan; bevorzugt wärmere Lagen
Bodenbeschaffenheit	Auf mässig trockenen bis trockenen, nährstoff- und basenreichen, gern sandigen und steinigen Lehm- und Tonböden; bis 2 m tief wurzelnd; Lichtpflanze; in Ausbreitung begriffen
Standorte	Bahn- und Verladeanlagen, buschige Hügel, Eisenbahndämme, Fluss-Schotter, Kiesgruben, Schuttplätze, sonnige und lückige Unkrautfluren, Steinbrüche, steinige Hänge, Wegränder, Weingärten
Blütezeit	Juli bis September
Bestäubung	Insektenbestäubung: Bienen, Hummeln; auch Selbstbestäubung
Aussehen	40–150 cm hoch, aufrecht, verzweigt, kahl, 1- bis 2-jährig, ohne vegetative Ausbreitungsorgane, mit langer Pfahlwurzel; Stängel stielrund, mit Mark gefüllt, vorwiegend kahl, im unteren Bereich jedoch mit einzelnen borstenartigen und steifen Haaren besetzt, hell- bis mittelgrün, hellbraun, dunkelrot, mit Milchsaft; Leitbündel ringförmig angeordnet; Kompasspflanze
Blütenstand	Pyramidenartige Rispe mit zahlreichen kleinen, schmal 3-eckigen und unten abgerundeten, lang gestielten, zuerst hängenden, später aufgerichteten Körbchen; Hülle 8–12 mm lang, am Ende der Fruchtzeit etwas bauchig; Hüllblätter schmal lanzettlich, grün und oft rot überlaufen, am Ende meist stumpf
Blüten	Zahlreiche blassgelbe Zungenblüten, die in ihrer Gesamtheit eine Einzelblüte vortäuschen; Boden des Blütenstandes meist flach
Kelchblätter	Zu einem Pappus umgewandelt, der später das Flugorgan bildet
Kronblätter	5, zu Zungenblüten verwachsen; diese am Ende 5-zähnig und auf der Unterseite oft mit hellrötlichen Flächen; Kronröhre im oberen Teil schwach behaart
Staubblätter	5, in der Kronröhre eingeschlossen; Staubbeutel eine Röhre bildend
Fruchtknoten	Unterständig, aus 2 Fruchtblättern; 1 Griffel mit 2 spreizenden Narbenästen
Früchte	Schmal ovale Achänen mit langem Schnabel und weissem Pappus
Blätter	Wechselständig angeordnet, blaugrün, grob buchtig gezähnt bis fiederteilig, am Rand fein stachelig gezähnt, unten mit geflügeltem Stiel, im mittleren und oberen Teil sitzend und mit spitzen Zipfeln den Stängel umfassend

Wiesen-Pippau
Crépide bisannuelle; Radicchiella dei prati
Rough Hawk's Beard
Crepis biennis L.

Asteraceae
Korbblütler

Zweijähriger Pippau

Herkunft / Verbreitung	Europäische Pflanze; nordwärts bis Südskandinavien; ostwärts bis Mittel- und Südrussland; im mediterranen Gebiet selten; in fast allen gemässigten Zonen der Erde; in der Region verbreitet und häufig anzutreffen
Höhenstufen	Kollin, montan, seltener subalpin
Bodenbeschaffenheit	Auf mässig feuchten bis frischen, nährstoffreichen, schwach sauren, humosen, mittel tiefgründigen Lehm- und Tonböden; bis 1 m tief wurzelnd; sonnige und wärmere Lagen bevorzugend; Lichtpflanze
Standorte	Böschungen, Fettwiesen, Raine, Wegränder
Blütezeit	Mai bis Juli
Bestäubung	Insektenbestäubung: Bienen, Hummeln; auch Selbstbestäubung
Aussehen	30–100 cm hoch, aufrecht, im oberen Bereich verzweigt, 2-jährig, mit heller und holziger Pfahlwurzel, ohne vegetative Ausbreitungsorgane; Stängel stielrund, vieleckig, hohl, grün, im unteren Bereich rötlichbraun und mit rötlichen Längsstreifen, kahl oder etwas behaart, Milchsaft führend; Leitbündel ringförmig angeordnet; Halbrosettenpflanze (trägt auch am Stängel einige Blätter)
Blütenstand	Aufrechte Körbchen in lockerer und doldenartiger Rispe; äussere Hüllblätter lanzettlich, meist weiss berandet, zugespitzt, dunkelgrün, graufilzig; innere Hüllblätter 8–13 mm lang, dunkelgrün bis schwarz, beiderseits anliegend behaart; Boden des Blütenkörbchens zerstreut behaart, ohne Spreublätter
Blüten	Zahlreiche goldgelbe Zungenblüten, die zusammen eine Einzelblüte vortäuschen und länger als die anliegenden Hüllblätter sind; keine Röhrenblüten
Kelchblätter	Zu einem Pappus umgewandelt, der später das Flugorgan bildet
Kronblätter	5, zu Zungenblüten verwachsen; diese sind am Ende 5-zähnig; Unterseite ohne Rotfärbung; Kronröhre im oberen Teil schwach behaart
Staubblätter	5, in der Kronröhre eingeschlossen; Staubbeuel eine Röhre bildend
Fruchtknoten	Unterständig, aus 2 Fruchtblättern; 1 Griffel mit 2 spreizenden Narbenästen
Früchte	Achänen länglich, oben verschmälert, ohne Schnabel, dunkelbraun, mit zahlreichen Rippen; Pappus 2–3-reihig, weiss, nicht federig behaart
Blätter	Grundständige in Rosetten; am Stängel im Umriss schmal oval, buchtig gezähnt bis fiederteilig, grau- bis dunkelgrün, zerstreut rauhaarig; Obere sitzend, den Stängel etwas umfassend; Untere in den geflügelten Stiel verschmälert

Löwenzahnblättriger Blasen-Pippau — **Asteraceae**
Crépide à feuilles de pissenlit — **Korbblütler**
Radicchiella con foglie di tarassaco; Beaked hawk's Beard
Crepis vesicaria subsp. *taraxacifolia* (Thuill.) Thell. — **Löwenzahn-Pippau**

Herkunft / Verbreitung	Westeuropäisch-westmediterrane Pflanze; nordwärts bis zur Nordsee, Südengland; ostwärts bis Mitteleuropa; südwärts bis westliches Marokko; in den USA, in Australien und Neuseeland eingeschleppt; in Ausbreitung begriffen
Höhenstufen	Kollin, montan
Bodenbeschaffenheit	Auf frischen bis mässig trockenen, nährstoff- und basenreichen, meist kalkreichen, rohen oder humosen Lehmböden; Pionierpflanze; in wärmeren Lagen; bis 50 cm tief wurzelnd
Standorte	Böschungen, Dämme, bei Mauern, Ruderalstellen, Schuttplätze, Strassen- und Wegränder, lückige Unkrautfluren
Blütezeit	Mai, Juni; seltener auch im Sommer und Herbst blühend
Bestäubung	Insektenbestäubung: Bienen, Fliegen, Hummeln
Aussehen	20–80 cm hoch, aufrecht, verzweigt, mit einer holzigen und hellen Pfahlwurzel, 1- bis 2-jährig, nach bitteren Mandeln riechend; Stängel meist oval und vielkantig, hohl, grün und im unteren Bereich dunkel- bis violettrot, mit kurzen Haaren, gelblichem Milchsaft; Leitbündel ringförmig angeordnet
Blütenstand	Vielköpfige Rispe; Boden des Blütenkorbes behaart; äussere Hüllblätter lanzettlich bis schmal eiförmig, zugespitzt, bis 4-mal so lang wie breit, weiss berandet, sich mit den Rändern nicht überdeckend, beim Verblühen abstehend und bei der Samenbildung abwärts gerichtet; innere Hüllblätter länger, schmal lanzettlich, innerseits anliegend behaart, mit zusätzlich schwarzen Drüsen
Blüten	Im Körbchen zahlreiche gelbe Zungenblüten; keine Röhrenblüten vorhanden
Kelchblätter	Zu einem Pappus umgewandelt, der später das Flugorgan bildet
Kronblätter	5, zu Zungenblüten verwachsen; diese sind am Ende meist 5-zähnig, unterseits mit orangeroten Flächen; Krone aussen etwas behaart
Staubblätter	5, in der Kronröhre eingeschlossen; Staubbeutel eine Röhre bildend
Fruchtknoten	Unterständig, aus 2 Fruchtblättern; 1 Griffel mit 2 spreizenden Narben
Früchte	Achänen, Schnabel und Pappus 6–9 mm lang; Achänen schmal lanzettlich, in einen langen Schnabel verschmälert, 10-rippig; Rippen mit vielen Zäpfchen
Blätter	Breit lanzettlich bis oval, buchtig gezähnt bis doppelt fiederteilig, mit rechtwinklig abstehenden Abschnitten; untere Blätter in den geflügelten Stiel verschmälert; Obere sitzend; Kopfstielblätter den Stiel nicht blasig umschliessend

Herbst-Zeitlose
Colchique d'automne; Colchico d'autunno
Naked Ladies
Colchicum autumnale L.

Colchicaceae
Herbstzeitlosengewächse

Hennegift, Wintergruss

Herkunft / Verbreitung	Mitteleuropäische Pflanze; nordwärts bis England, Irland; südostwärts bis Albanien, Südrussland, Serbien; südwärts bis Mittelitalien
Höhenstufen	Kollin, montan, subalpin
Bodenbeschaffenheit	Auf nassen bis feuchten, nährstoffreichen, humosen, tiefgründigen, mässig sauren Lehm- und Tonböden; bis höchstens 25 cm tief wurzelnd
Standorte	Auenwälder, Böschungen, entlang von Landstrassen, meist gesellig in abgemähten Fett- und Riedwiesen; liebt halbschattige und sonnige, warme, nicht dem Wind ausgesetzte Standorte; Halbschatten-Lichtpflanze
Blütezeit	August bis November
Bestäubung	Insektenbestäubung: Bienen, Fliegen, Hummeln, Tagfalter
Aussehen	5–25 cm hoch, aufrecht, kahl, mehrjährig, mit Sprossknollen überwinternd; Knolle bis 6 cm lang und braunschuppig; Stängel breit oval bis stielrund, mit hellgrünem Gewebe gefüllt, nur im innersten Bereich hohl; Leitbündel im Querschnitt des jungen Fruchtstängels über die gesamte grüne Fläche verteilt; sehr giftige Pflanze; alle ihre Organe enthalten das Zellteilungsgift Colchicin
Blütenstand	Meist Einzelblüten; 2–3 Blüten pro Sprossknolle sind ebenfalls möglich
Blüten	Bis 25 cm lang, hell lilarosa, seltener weiss (f. *albiflorum* Murr.)
Perigonblätter	6, zu einer langen und weissen Röhre verwachsen, die bis tief ins Erdreich reicht; freie Perigonteile in 2 Kreisen angeordnet, lanzettlich bis oval, am oberen Ende stumpf, unten gegen die Röhre zu verschmälert; die 3 äusseren Perigonabschnitte länger und etwas breiter als die 3 inneren Abschnitte
Staubblätter	6, an der Basis der freien Perigonabschnitte angewachsen; 3 äussere Staubblätter kürzer als die 3 inneren Staubblätter; Staubfäden weiss; Staubbeutel von länglicher Gestalt und gelblich bis orangegelb
Fruchtknoten	Oberständig, 3-fächerig, unter der Erde bleibend und erst im Frühling zusammen mit den Blättern an der Oberfläche erscheinend; die 3 Griffel sind sehr lang, miteinander nicht verwachsen, zuletzt zurückgebogen
Früchte	Anfangs hellgrüne, später dunkelbraune, vielsamige, bis zur Mitte sich öffnende Kapseln, die erst im Frühling erscheinen; Samen breit oval bis rundlich
Blätter	In einer grundständigen Rosette, oft mehr als 20 cm lang, länglich lanzettlich, oben und unten verschmälert, derb, glänzend dunkelgrün, neben der Hauptader mehrere feine Längsadern, im Frühsommer mit der Frucht erscheinend

Hohlknolliger Lerchensporn, Hohler Lerchensporn — **Papaveraceae**
Corydale creuse; Colombina cava — **Mohngewächse**
Bulbous corydalis
Corydalis cava (L.) Schweigg. & Körte — **Zottelhose**

Herkunft / Verbreitung	Mitteleuropäische Pflanze; nordwärts bis Dänemark, Südschweden; ostwärts bis Mittelrussland, Ukraine, nördliche Balkanhalbinsel; westwärts bis Lothringen; südwärts bis Mittelitalien, Mazedonien; in der Region häufig
Höhenstufen	Kollin, montan, seltener subalpin; in den Zentralalpen selten oder fehlend
Bodenbeschaffenheit	Auf ziemlich feuchten bis frischen, nährstoff- und basenreichen, lockeren, humosen, tiefgründigen, neutralen bis basischen Lehmböden vor allem in schattigen Lagen; Lehmzeiger; Mullbodenpflanze; bis 20 cm tief wurzelnd
Standorte	Baumgärten, krautreiche und schattige Teile von Buchen- und Eichen-Hainbuchenwäldern, Hecken, etwas seltener in Auenwäldern
Blütezeit	März und April
Bestäubung	Insektenbestäubung: Bienen (Bienenblume), Hummeln
Aussehen	15–30 cm hoch, aufrecht, kahl, 1-ästig, 2-blättrig, mit einer breit eiförmigen bis kugeligen und hohlen Knolle, unterhalb des untersten Blattes ohne Schuppe, mehrjährig; Stängel oval bis stielrund, hellgelb, hellgrün, rötlichbraun, gefüllt, später hohl; Leitbündel ringförmig angeordnet
Blütenstand	10–20 Blüten in einer endständigen und aufrechten Traube
Blüten	Purpurn bis violett, hellgelb oder weiss, mit je einem eilanzettlichen bis eiförmigen, meist ganzrandigen (seltener gezähnelt) Tragblatt; die Blütenstiele 2–3-mal kürzer als die spätere Frucht
Kelchblätter	2, sehr klein, nach dem Aufblühen abfallend
Kronblätter	4; innere Kronblätter 2, klein, weisslich und vorn zusammenhängend; äussere Kronblätter 2: Oberlippe gegen vorn verbreitert, mit oft stark zurückgerolltem Saum und nach hinten mit einem bis 3 cm langen, hakenförmig gekrümmten Sporn; Unterlippe auch vorn verbreitert, mit kaum zurückversetztem Saum
Staubblätter	4; die 2 inneren Stbb. halbiert und je eine Hälfte mit einem Äusseren bis unter dem Staubbeutel verwachsen, so dass zwei 3-teilige Staubblätter entstehen
Fruchtknoten	Aus 2 Fruchtblättern verwachsen, 1-fächerig, mit 1 Griffel und 2 Narben
Früchte	Schotenförmige, bis 2,5 cm lange, mehrsamige, sich 2-klappig öffnende Kapseln; Samen 1,5–3 mm lang, oval bis rundlich, schwarz, mit Elaiosom
Blätter	2, gestielt, wechselständig angeordnet, doppelt 3-zählig, mit tief gelappten Abschnitten, oberseits dunkelgrün bis blaugrün, unterseits heller blaugrün

Festknolliger Lerchensporn, Gefingerter Lerchensporn **Papaveraceae**
Corydale à tubercule plein; Colombina solida **Mohngewächse**
Bird in a Bush, Fumewort
Corydalis solida (L.) Clairv. **Fester Lerchensporn**

Herkunft / Verbreitung Europäische Pflanze; Mittel- und Nordeuropa; nordwärts bis Holland, Südostschweden, Südfinnland; ostwärts bis ins Gebiet der Wolga; westwärts bis zu den Pyrenäen; im Süden nur in den Gebirgen (z.B. algerisches Atlasgebirge)

Höhenstufen Kollin, montan, subalpin; zerstreut anzutreffen

Bodenbeschaffenheit Auf feuchten bis frischen, nährstoffreichen, oft kalkarmen, schwach sauren bis neutralen, humosen, sandigen Lehmböden; vor allem in schattigen Lagen; Mullbodenpflanze; bis 25 cm tief wurzelnd

Standorte Hecken, lichte und krautreiche Laubmischwälder, Waldränder, halbschattige Weiden; oft in grösseren Gruppen, jedoch nicht grössere Bestände bildend

Blütezeit März bis Mai

Bestäubung Insektenbestäubung: Vor allem langrüsselige Bienen

Aussehen 10–20 cm hoch, aufrecht, mit meist 2 Blättern, mehrjährig; aus der eiförmigen bis kugeligen, massiven, nicht hohlen und braunen Knolle entspringt ein Trieb oder deren 2; unterhalb des untersten Blattes eine auffällige, meist braune, bis 2 cm lange Blattschuppe; Stängel oval, weisslich, braun bis hellgrün und kahl; Leitbündel ringförmig angeordnet

Blütenstand 5–20 Blüten in einer endständigen und aufrechten Traube

Blüten Purpurn oder seltener weiss, bis 25 mm lang, gestielt; an der Basis des Stiels ein eilanzettliches, eiförmiges oder rundliches, deutlich fingerförmig eingeschnittenes Tragblatt (Hochblatt)

Kelchblätter Es sind keine Kelchblätter vorhanden

Kronblätter 4; innere Kronblätter 2, klein, hellrosa bis weiss, auf dem Rücken flügelartig gekielt, mit einem über die Spitze hinausgehenden Flügel; äussere Kronblätter 2: Oberlippe gegen vorn verbreitert, mit meist flachem Saum und hinten in einen bis 25 mm langen, hakenförmig gekrümmten Sporn endend, Unterlippe vorn verbreitert und am Grund etwas ausgerandet

Staubblätter 2 innere und 2 äussere Staubblätter

Fruchtknoten Oberständig, aus 2 Fruchtblättern, mit aufwärts gebogenem Griffel

Früchte Dunkelviolett gefleckte Kapseln; Samen nieren- bis eiförmig, zuletzt schwarz

Blätter Meist 2 (seltener 3), gestielt, wechselständig angeordnet, oberseits blaugrün, unterseits hell blaugrün, doppelt 3-zählig; Abschnitte mehrteilig, gelappt

Gewöhnlicher Erdrauch
Fumeterre officinale; Fumaria comune
Common Fumitory
Fumaria officinalis L.

Papaveraceae
Mohngewächse

Gebräuchlicher Erdrauch

Herkunft / Verbreitung	Eurasiatische Pflanze; in ganz Europa mit Ausnahme von Island; süd- und ostwärts bis zum Kaukasus, Nordafrika, Klein- und Zentralasien
Höhenstufen	Kollin, montan, seltener subalpin; in der Region verbreitet
Boden-beschaffenheit	Auf frischen, nährstoff- und basenreichen, oft auch kalkarmen, mässig sauren, humosen, lockeren Lehmböden; bis 60 cm tief wurzelnd; Nährstoffzeiger, Kulturbegleiter
Standorte	Äcker, Bahndämme, entlang von Zäunen, Gärten, Getreidefelder, Ödland, Unkrautfluren, Schuttplätze, Weinberge
Blütezeit	Mai bis September
Bestäubung	Insektenbestäubung: Bienen, Hummeln; Selbstbestäubung; Bienenblume
Aussehen	20–50 cm hoch, aufsteigend bis aufrecht, verzweigt, 1-jährig, milchsaftlos, ohne vegetative Ausbreitungsorgane; Stängel meist 5-eckig, anfangs gefüllt, später hohl, grün und bräunlich; Leitbündel ringförmig angeordnet
Blütenstand	Aufrechte Traube mit bis 50 Blüten; Hochblätter schuppenförmig
Blüten	Zygomorph, lippenblütenartig, rosa bis purpurn, im vorderen Teil etwas dunkler, mit dem Sporn zusammen 6–9 mm lang
Kelchblätter	2, lanzettlich bis eiförmig, gezähnt, ohne Sporn, bald abfallend
Kronblätter	4; 2 obere und äussere Kronblätter vorn abgerundet, nach hinten verlängert und einen sackförmigen Sporn bildend; 2 untere und innere Kronblätter länglich bis keilförmig, aussen mit einer schmalen Leiste, miteinander verwachsen, zwischen den Lippen eine geschlossene Maske bildend und ohne Sporn
Staubblätter	4; 2 äussere seitliche Stbb.; 2 Innere sind halbiert und mit je einer Hälfte des benachbarten Äusseren bis unter die Staubbeutel angewachsen; am Grund der oberen Staubblatt-Dreiheit ein in den Kronenraum ragendes Nektarium
Fruchtknoten	Oberständig, aus 2 Fruchtblättern verwachsen, 1-fächerig, dunkelgrün
Früchte	Auf einem aufrecht abstehenden Stiel eine kugelige, 2–3 mm breite, oben etwas eingebuchtete, etwas runzelige, einsamige Nuss; Samen ohne Anhängsel; Deckblatt kürzer als der Fruchtstiel
Blätter	Wechselständig angeordnet, 3–5 cm lang, gestielt, oberseits blaugrün, unterseits hell blaugrün, 2-fach gefiedert, mit tief geteilten Abschnitten; Blattzipfel lanzettlich, bis 3 mm lang

Klatsch-Mohn
Coquelicot; Papavero comune
Corn Poppy, Field Poppy
Papaver rhoeas L.

Papaveraceae
Mohngewächse

Mohnblume

Herkunft / Verbreitung	Mediterrane Pflanze; eingebürgert in ganz Eurasien mit Ausnahme der Arktis; ganzes Mittelmeergebiet mit eingeschlossen die Kanaren und Madeira; eingeschleppt in Australien, Neuseeland, Nord- und Südamerika
Höhenstufen	Kollin, montan, seltener subalpin
Bodenbeschaffenheit	Auf mässig frischen bis trockenen, sommerwarmen, nährstoff- und basenreichen, vorzugsweise kalkhaltigen, mehr oder weniger humosen, lockeren Lehmböden; bis 1 m tief wurzelnd
Standorte	Bahnhofsgelände, Getreidefelder, am Südrand der Alpen oft in grösserer Zahl in Olivenhainen, kurzlebige Ruderalgesellschaften, Schuttplätze, Wegränder
Blütezeit	Mai bis September
Bestäubung	Insektenbestäubung: Bienen, Fliegen, Hummeln, Käfer
Aussehen	30–70 cm hoch, aufsteigend bis aufrecht, einfach oder verzweigt, mit weissem Milchsaft, zur Blütezeit ohne grundständige Blattrosette, meist 1-jährig, ohne vegetative Ausbreitungsorgane; Stängel breit oval bis stielrund, ohne Hohlraum, grün, im unteren Bereich auch rötlichbraun, mit waagrecht abstehenden steifen Haaren, beblättert; Leitbündel ringförmig angeordnet
Blütenstand	Blüten einzeln, endständig, an langen Stielen
Blüten	Vor dem Aufblühen nickend, zur Blütezeit bis 10 cm im Durchmesser, scharlachrot bis purpurrot
Kelchblätter	2, mit hellen abstehenden Haaren und beim Öffnen der Blüte abfallend
Kronblätter	4, rundlich, 2–4 cm im Durchmesser, meist ganzrandig oder seltener am gerundeten Ende etwas eingeschnitten, am Grund mit einem rundlichen, glänzenden, oft weiss berandeten und schwarzen Flecken
Staubblätter	Zahlreich; Staubfäden fadenförmig, dunkel braunviolett; Staubbeutel dunkel
Fruchtknoten	Oberständig, verkehrt eiförmig, kahl, aus vielen Fruchtblättern verwachsen, mit abgerundetem Grund; Narbenscheibe flach, mit 8–18 Narbenstrahlen
Früchte	Kapseln schmal verkehrt eiförmig, kahl, 8–20 mm lang, gegen den Grund zu keilförmig verschmälert, im Innern mit zahlreichen radialen Wänden; Samen nierenförmig, bis 1 mm lang, braun bis grau, mit grubiger Netzstruktur
Blätter	Wechselständig angeordnet, 1–2-fach gefiedert, zerstreut bis dicht behaart; untere Blätter gestielt, mittlere und obere mit schmalem Grund sitzend

Dunkle Akelei, Schwarzviolette Akelei
Ancolie noirâtre; Aquilegia scura
Dark Columbine
Aquilegia atrata W.D.J. Koch

Ranunculaceae
Hahnenfussgewächse

Narrenkappen

Herkunft / Verbreitung	Südwesteuropäische Pflanze; nordwärts bis Südskandinavien; südwärts bis Nordafrika; in der Region verbreitet und ziemlich häufig anzutreffen
Höhenstufen	Kollin, montan, subalpin
Bodenbeschaffenheit	Auf wechselfeuchten bis mässig trockenen, mässig nährstoffreichen, kalkhaltigen, aber auch schwach sauren, humosen, sommerwarmen Lehm- und Tonböden; Halbschatten-Lichtpflanze; bis 50 cm tief wurzelnd
Standorte	Kiefern- und Fichtenmischwälder, Gebüsche, Moor- und Riedwiesen, Waldränder, Zwergstrauchgesellschaften
Blütezeit	Mai bis Juli
Bestäubung	Insektenbestäubung: Bienen, Hummeln
Aussehen	30–80 cm hoch, aufrecht, verzweigt, mit grundständigen Seitentrieben, mehrjährig; reich verzweigtes Wurzelsystem mit bleibender Pfahlwurzel als Überdauerungsorgan; Stängel breit oval und mehrkantig, ohne Hohlraum, hell- und dunkelgrün, abstehend behaart; Leitbündel ringförmig angeordnet
Blütenstand	Blüten einzeln oder in einer wenigblütigen Traube
Blüten	Bis 5 cm im Durchmesser, dunkelpurpurn, nickend
Perigonblätter	5, kronblattähnlich, abstehend, schmal eiförmig, 1,5–2,5 cm lang, zugespitzt, mit meist einer hellgrünen Spitze; keine eigentlichen Kelchblätter vorhanden
Nektarblätter	5 (auch Honigblätter genannt), ebenfalls kronblattähnlich, glockig zusammenneigend, mit Honigdrüsen und je einem Sporn versehen; Sporn an der Spitze etwas hakig eingerollt, 9–15 mm lang
Staubblätter	Zahlreich, mit weisslichen bis hellgelben Staubfäden und hellgelben Staubbeuteln, beim Öffnen der Blüte hervortretend; innerste Staubblätter steril (= Staminodien: Staubblätter, die keinen Pollen mehr produzieren können)
Fruchtknoten	5 oberständige und freie Fruchtblätter mit je einem langen Griffel
Früchte	Je Blüte 5 Balgfrüchte; Balgfrucht schmal zylindrisch, 2–3 cm lang, aufrecht, meist mit Drüsenhaaren, mit noch deutlich erkennbarem Griffel, hell- bis mittelbraun; Samen schmal eiförmig, braunschwarz bis schwarz
Blätter	Unterseite hellgrün, Oberseite mittel- bis dunkelgrün; Grundständige lang gestielt, 1–2-fach gefiedert, mit eiförmigen, keilig verschmälerten, stumpfen, unregelmässig gekerbten Abschnitten; Stängelblätter einfacher gestaltet

Karthäuser-Nelke **Caryophyllaceae**
Oeillet des Chartreux; Garofano dei Certosini **Nelkengewächse**
Charterhouse Pink
Dianthus carthusianorum L. **Gewöhnliche Kartäuser-Nelke, Felsnägele**

Herkunft / Verbreitung	Mitteleuropäische Pflanze; nordwärts bis Holland und Dänemark; ostwärts bis nach Polen und zu den Karpaten; südostwärts bis Albanien
Höhenstufen	Kollin, montan, subalpin
Bodenbeschaffenheit	Auf trockenen, basen- und meist kalkreichen, neutralen, humosen. lockeren, steinigen, sandigen, warmen Lehm- und Lössböden; bis 2 m tief wurzelnd
Standorte	Böschungen und sonnige Hänge, Felsen, Halbtrockenrasen, Kalk-Magerrasen, Trockenwiesen, lichte Wälder, Weiden
Blütezeit	Juni bis Oktober
Bestäubung	Insektenbestäubung: Tagfalter (Tagfalterblume)
Aussehen	5–45 cm hoch, aufrecht, meist kahl und meist auch unverzweigt, mehrjährig, mit wenig verzweigter Primärwurzel, mit vielen sterilen Seitentrieben; mit einer Blattrosette und ruhenden Knospen überwinternd; Stängel vor allem im oberen Bereich 4-kantig, meist ausgefüllt, hell- bis dunkelgrün; Leitbündel ringförmig angeordnet
Blütenstand	Kopfig, bestehend aus 5–10 endständigen Blüten
Blüten	Radiärsymmetrisch, 5-zählig, von Kelchschuppen umgeben; diese sind braun, derb, trockenhäutig, verschieden lang und in eine lange Granne verschmälert
Kelchblätter	5, an der Basis röhrig verwachsen, dunkelrot bis braunrot; Kelchzähne schmal 3-eckig, zugespitzt; Kelchröhre 12–18 mm lang
Kronblätter	5; Platte 6–12 mm lang, verkehrt 3-eckig, vorn unregelmässig tief gezähnt, rosa bis dunkelpurpurn, meist dunkelrot geadert, oft mit einzelnen dunklen Haaren; Nagel weiss, schmal 3-eckig, länger als die Platte
Staubblätter	10; 2 Kreise zu je 5 Staubblätter
Fruchtknoten	Oberständig, aus 2 Fruchtblättern verwachsen, schmal zylindrisch, an beiden Enden etwas verschmälert, 1-kammerig, mit vielen Samenanlagen, mit 2 freien Griffeln, die im oberen Bereich meist etwas rosa gefärbt sind
Früchte	Kapseln eiförmig, weisslich bis hellbraun, etwa gleich lang wie die Kelchblätter, sich mit meist 4 Zähnen öffnend; Samen schildförmig, mit verdickten Rändern, braunschwarz, mit dunkelbraunem und erhobenem Mittelbereich
Blätter	Gegenständig angeordnet, linealisch bis schmal lanzettlich, 2–5 cm lang, zugespitzt, 5-aderig, mit rauem Blattrand; Blattscheiden 1–2 cm lang

Kuckucks-Lichtnelke
Silêne fleur de coucou; Crotonella fior di cuculo
Ragged Robin
Silene flos-cuculi (L.) Clairv.

Caryophyllaceae
Nelkengewächse

Sternblume

Herkunft / Verbreitung	Eurosibirische Pflanze; Europa einschliesslich Island, jedoch ohne arktische Gebiete; ostwärts bis zum Kaukasus, nach Westsibirien, Baikalsee; südostwärts bis Mazedonien; eingebürgert im östlichen Teil der USA
Höhenstufen	Kollin, montan, subalpin
Bodenbeschaffenheit	Auf stau- und sickenassen, auch wechselfeuchten, nährstoffreichen, mässig sauren, humosen Lehm- und Tonböden und Sumpfhumus-Böden; Feuchtezeiger; bis höchstens 10 cm tief wurzelnd
Standorte	Flachmoore, feuchte Fettwiesen; Sumpf- und Moorwiesen, Riedwiesen
Blütezeit	Mai bis August
Bestäubung	Insektenbestäubung: Bienen, Fliegen, Hummeln, Tagfalter
Aussehen	20–60 cm hoch, aus knickig aufsteigendem Grund aufrecht wachsend, etwas rau, bläulichgrün, mehrjährig, am Grund mit einer sterilen Blattrosette, Ausläufer treibend; Stängel mehrkantig, hohl, grün und dunkelrot, mit kurzen rückwärts gerichteten Haaren, im oberen Teil unter den Knoten oft etwas klebrig; Leitbündel ringförmig angeordnet
Blütenstand	Blüten rispenartig angeordnet; oft 2 Stockwerke mit 2–8-blütigen Teilblütenständen; seltener ein einfaches, wenigblütiges Dichasium
Blüten	Bis 4 cm im Durchmesser, unterschiedlich lang gestielt, hell- bis dunkelrosa
Kelchblätter	5, meist rötlich, 6–9 mm lang, verwachsen, kahl; Kelch walzen- bis glockenförmig, mit 10 braunroten Rippen; Kelchzähne 3-eckig; mit 4 Aussenkelchblätter
Kronblätter	5, mit tief 4-teiliger Platte; Zipfel linealisch, spreizend; am Schlundeingang eine etwa 3 mm hohe und gezähnte Nebenkrone
Staubblätter	10; Staubfäden weiss, im mittleren und unteren Bereich oft dunkler gefärbt; Staubbeutel anfangs dunkelviolett
Fruchtknoten	Oberständig, eiförmig, grün, mit 5 weissen und aufrechten Griffeln
Früchte	Kapseln 5–8 mm lang, sich mit 5 oder 6 Zähnen öffnend, eiförmig bis kugelig; Samen nierenförmig, bis 1 mm lang, hellrosa bis braun, mit einer Oberfläche, die dicht mit kleinen Spitzen besetzt ist
Blätter	Rosettenblätter 4–12 cm lang, schmal spatelförmig, in einen langen Stiel verschmälert; Stängelblätter gegenständig angeordnet, lineal lanzettlich, zugespitzt, am Grund etwas bewimpert; Unterseite mit erhabener Ader

Rote Waldnelke, Rote Lichtnelke
Silène dioïque; Silene dioica
Red Campion
Silene dioica (L.) Clairv.

Caryophyllaceae
Nelkengewächse

Rote Nachtnelke

Herkunft / Verbreitung	Eurosibirische Pflanze; Europa, jedoch ohne Island und arktische Gebiete; ostwärts bis zum Altai; im Süden nur in den Gebirgen
Höhenstufen	Kollin, montan, subalpin
Bodenbeschaffenheit	Auf feuchten bis frischen, nährstoff- und basenreichen, mässig sauren, humosen, lockeren Lehm- und bindigen Sandböden; bis 1 m tief wurzelnd
Standorte	Auenwälder, Erlen- und Eschenwälder. feuchte Wiesen, Hochstaudenfluren, Ruderalvegetation, stellenweise bei Äckern
Blütezeit	April bis September
Bestäubung	Insektenbestäubung: Bienen, Hummeln, Tagfalter
Aussehen	20–80 cm hoch, aufsteigend bis aufrecht, im oberen Bereich meist verzweigt, ziemlich dicht behaart, mit grundständiger Blattrosette, 2-häusig, mehrjährig, mit Wurzelverdickungen; Stängel mehrheitlich stielrund, grün, hohl, mit anliegenden und abstehenden Haaren, schwach drüsig, nicht klebrig, mit schwach verholzter Basis; Leitbündel ringförmig angeordnet
Blütenstand	Ungleichästige und lockere Rispe
Blüten	Dunkelrosa bis rot, eingeschlechtig, geruchlos, 15–25 mm im Durchmesser
Kelchblätter	5, miteinander verwachsen, 10–15 mm lang, rötlich bis rötlichbraun, flaumig behaart; Kelch bei männlichen Blüten zylindrisch, bei weiblichen Blüten mehr eiförmig; Kelchzähne schmal 3-eckig und zugespitzt
Kronblätter	5, verkehrt herzförmig, verschieden tief eingeschnitten, bis 25 mm lang, mit langem und weisslichem bis hellgrauem Nagel; am Schlundeingang eine weisse, 1–2 mm hohe und 2-zipfelige Nebenkrone (bei männlichen Blüten ist diese grösser als bei den weiblichen Blüten)
Staubblätter	Bei männlichen Blüten deren 10; Staubfäden weiss
Fruchtknoten	Oberständig, schmal zylindrisch, aus 5 Fruchtblättern, mit 5 weissen Griffeln
Früchte	Kapseln 10–15 mm lang, breit eiförmig bis kugelig, braun, stark behaart, sich mit 10 Zähnen öffnend; Samen 1–1,5 mm lang, nierenförmig, dunkelgrau bis schwarz, dicht mit spitzen Warzen besetzt
Blätter	Mit 5–9 Blattpaaen; Stängelblätter gegenständig angeordnet, breit lanzettlich bis eiförmig, sitzend, dunkelgrün, unterseits und am Rand locker behaart; untere Blätter eiförmig, in einen breiten Stiel verschmälert

Pfirsichblättriger Knöterich, Floh-Knöterich
Renouée persicaire; Poligono persicaria
Knotgrass, Persicaria
Persicaria maculosa Gray

Polygonaceae
Knöterichgewächse
Polygonum persicaria L.

Herkunft / Verbreitung	Eine fast auf der ganzen Welt verbreitete Pflanzenart; in Europa bis Lappland; fehlt in den Tropen und im antarktischen Florenreich
Höhenstufen	Kollin, montan, seltener subalpin
Bodenbeschaffenheit	Auf feuchten bis frischen, nährstoffreichen, mässig sauren, humosen, lockeren Sand-, Lehm- und Tonböden; Pionierpflanze; bis 50 cm tief wurzelnd
Standorte	Äcker, Garten- und Parkanlagen, Gräben, Unkrautfluren, schlammige Ufer, Ruderalstellen, Schuttplätze
Blütezeit	Juli bis Oktober
Bestäubung	Insektenbestäubung: Bienen, Fliegen, Hummeln; auch Selbstbestäubung
Aussehen	10–80 cm hoch, niederliegend, aufsteigend und aufrecht, meist schon im unteren Bereich verzweigt, 1-jährig, mit verzweigter Pfahlwurzel; Stängel oval oder stielrund, rötlich und hellgrün, zuerst gefüllt, später hohl, kahl oder ganz schwach behaart; Leitbündel ringförmig angeordnet
Blütenstand	Zylindrische, dichtblütige Ähre; Ährenstiele meist drüsenlos
Blüten	2–3 mm lang, rosa bis purpurn, aber auch weiss, gegen den Grund zu auch etwas grünlich, die reife Frucht einschliessend; Blütenstiele meist drüsenlos
Kelchblätter	Es sind keine Kelchblätter vorhanden
Perigonblätter	Blütenhülle aus 4 oder 5 (meist 5) Perigonblättern bestehend
Staubblätter	6, seltener 7 oder 8; die inneren Staubblätter öffnen sich nach aussen, die äusseren Staubblätter öffnen sich nach innen; Staubfäden und Staubbeutel weiss
Fruchtknoten	Oberständig, 1-fächerig, aus 2–3 Fruchtblättern verwachsen, mit einer Samenanlage, 2 oder 3 Griffeln und kopfigen Narben
Früchte	Nüsse 2–3 mm lang, linsenförmig, flach oder 3-kantig ((verschiedene Formen auf der gleichen Pflanze), zuerst dunkel rotbraun, später glänzend schwarz, oben zugespitzt, von der fast gleich langen Blütenhülle umgeben und nur mit der Spitze aus dieser herausragend
Blätter	Wechselständig angeordnet, lanzettlich, 4–6-mal so lang wie breit, zugespitzt, oberseits mittel- bis dunkelgrün, meist kahl und mit einem schwarzen Fleck versehen; Unterseite nicht drüsig punktiert; Blattstiel weit unterhalb der Mitte der Blattscheide abzweigend; Blattscheiden am Rand mit bis 2 mm langen Borstenhaaren und oft auch noch auf den Flächen behaart

Purpur-Klee
Trèfle pourpre; Trifoglio rosseggiante
Red Trefoil
Trifolium rubens L.

Fabaceae
Hülsenfrüchtler

Fuchsschwanz-Klee

Herkunft / Verbreitung	Mitteleuropäische Pflanze; von Mitteleuropa bis ins Mittelmeergebiet; nordwärts bis Nordfrankreich, Belgien; ostwärts bis Polen, Armenien, Kleinasien
Höhenstufen	Kollin, montan, seltener subalpin
Bodenbeschaffenheit	Auf mässig trockenen bis trockenen, schwach sauren bis neutralen, kalkhaltigen, humosen, flach- bis tiefgründigen Lehm- und Lössböden in warmen Lagen; Tiefwurzler; Halbschatten-Lichtpflanze
Standorte	Am Rand oder in Lücken von Eichen-, Hainbuchen- und Kiefernwäldern, buschige Hänge, im Saum sonniger Hecken; vereinzelt oder in kleinen Gruppen
Blütezeit	Juni und Juli
Bestäubung	Insektenbestäubung: Bienen, Hummeln, Schwärmer, Tagfalter
Aussehen	20–60 cm hoch, aufrecht, meist unverzweigt, mehrjährig, mit kräftiger Hauptwurzel; Stängel oval bis stielrund, kahl, hellgelb, hellgrün und hell rötlichbraun, meist gefüllt; Leitbündel ringförmig angeordnet
Blütenstand	Vielblütige, gestielte, länglich walzenförmige oder schmal eiförmige, 3–7 cm lange Traube; einzeln oder zu 2 am Stängel
Blüten	Zygomorph, leuchtend purpurrot, selten weiss, sitzend oder kurz gestielt
Kelchblätter	5, miteinander verwachsen, mit 5 lang zugespitzten, grünen, ungleich langen (der untere viel länger als die 4 anderen) und zottig behaarten Kelchzähnen; Kelchröhre behaart oder kahl, 20-aderig, zur Fruchtzeit nicht aufgetrieben
Kronblätter	5, bestehend aus Schiffchen (2 Untere verwachsene), 2 seitlichen Flügeln und einer oft eiförmige Fahne; Kronröhre aussen kahl, gerade oder leicht gekrümmt, im unteren Bereich meist weiss, 3–4-mal so lang wie die Kelchröhre
Staubblätter	10, purpur gefärbt; 9 Staubfäden sind bis weit hinauf miteinander verwachsen; der 10. Staubfaden ist frei; Staubbeutel bei der Reife gelb
Fruchtknoten	Die verwachsenen Staubfäden umgeben das einzige oberständige Fruchtblatt
Früchte	Hülsen gerade, braun, mit einem oder mit 2 Samen; diese sind nierenförmig, oval oder rundlich, anfangs hellgelb, später rötlichbraun bis braun und glatt
Blätter	Wechselständig, gestielt, 3-zählig gefingert; Teilblätter länglich bis schmal oval, bis 6,5 cm lang, fein gezähnelt, am Ende meist abgerundet, kahl oder leicht behaart, oberseits mittel- bis dunkelgrün, unterseits mit einer deutlich hervortretenden Mittelader; Nebenblätter zugespitzt, kahl, länger als der Blattstiel

Mittlerer Klee
Trèfle intermédiaire; Trifoglio intermedio
Zigzag Clover, Meadow Clover
Trifolium medium L.

Fabaceae
Hülsenfrüchtler

Zickzack-Klee

Herkunft / Verbreitung	Eurosibirische Pflanze; Europa ohne arktische und mediterrane Gebiete; ostwärts bis zum Kaukasus und nach Westsibirien
Höhenstufen	Kollin, montan, seltener subalpin
Boden-beschaffenheit	Auf frischen bis mässig trockenen, basenreichen, humosen und tiefgründigen Lehmböden; bis 1 m tief wurzelnd; Halbschatten-Lichtpflanze
Standorte	Häufig und gesellig in Busch- und Waldsäumen, lichte Laub- und Nadelwälder, staudenreiche Böschungen; weil Dünger meidend, selten im Kulturland; in der Region verbreitet und ziemlich häufig; Sommerwärme liebend
Blütezeit	Mai bis Juli
Bestäubung	Insektenbestäubung: Bienen, Fliegen, Hummeln, Tagfalter
Aussehen	15–45 cm hoch, aufsteigend, meist verzweigt, zerstreut angedrückt bis leicht abstehend behaart oder auch kahl, mit unterirdischen und weit reichenden Ausläufern und langer Pfahlwurzel; Stängel oval und kantig, grün und rötlich überlaufen, gefüllt; Leitbündel ringförmig angeordnet
Blütenstand	Blüten in eiförmigen bis kugeligen, 2–3 cm breiten, deutlich gestielten Köpfchen; Blütenkopf von den obersten Blättern deutlich abgesetzt
Blüten	Zygomorph, dunkelrosa, purpurn bis karminrot, seltener weiss, sitzend oder nur kurz gestielt, 15–20 mm lang
Kelchblätter	5, miteinander verwachsen; 5 Kelchzähne sind lang, schmal, ungleich lang, aufrecht, grün und bewimpert; unterer Zahn länger als die 4 seitlichen Zähne; Kelchröhre 10-aderig, weisslichgrün bis hellgrün, kahl
Kronblätter	5, bestehend aus Schiffchen (2 Untere verwachsene), 2 seitlichen Flügeln und einer schmal eiförmigen und abgerundeten Fahne; Flügel kürzer als die Fahne; Kronröhre sehr lang, gerade, kahl oder nur mit vereinzelten Haaren
Staubblätter	10; 9 Staubfäden sind bis weit hinauf miteinander verwachsen; der 10. Staubfaden ist frei; Kronblätter zu einer langen Röhre verwachsen
Fruchtknoten	Die Staubfäden umgeben das einzige oberständige Fruchtblatt
Früchte	Hülsen eiförmig bis rundlich; Samen nierenförmig, oft 3-kantig, hellbraun
Blätter	Meist wechselständig, gestielt, 3-zählig; Teilblätter länglich elliptisch bis eiförmig, stumpf oder mit kurzer Spitze, bis 6 cm lang, fast ganzrandig, bewimpert; Nebenblätter ziemlich weit mit dem Blattstiel verwachsen, häutig bis krautig

Rot-Klee
Trèfle des prés; Trifoglio pratense
Red Clover
Trifolium pratense L.

Fabaceae
Hülsenfrüchtler

Roter Wiesen-Klee

Herkunft / Verbreitung	Eurosibirische Pflanze; ganz Europa mit Ausnahme des äussersten Nordens; in Island eingeschleppt; als Kulturpflanze weltweit angebaut
Höhenstufen	Kollin, montan, subalpin, alpin; formenreiche Art
Bodenbeschaffenheit	Auf mässig feuchten bis frischen, nährstoff- und basenreichen, schwach sauren bis neutralen, humosen, tiefgründigen Lehm- und Tonböden; bevorzugt eine wintermilde Klimalage; bis 1 m tief wurzelnd; Bodenverbesserer
Standorte	Felder, bei Felsen, Fettwiesen, Halbtrockenrasen, vereinzelt auf Magerwiesen, lichte Wälder, Wegränder, Weiden
Blütezeit	April bis Oktober
Bestäubung	Insektenbestäubung: Bienen, Hummeln, Tag- und Nachtfalter
Aussehen	10–50 cm hoch, am Grund aufsteigend, auch aufrecht, oft verzweigt, mit grundständiger Blattrosette, mehrjährig, mit einer verdickten und kräftigen Pfahlwurzel; Stängel oval, oft gerillt, vor allem im mittleren und oberen Bereich weisshaarig, meist gefüllt; Leitbündel ringförmig angeordnet
Blütenstand	Vielblütige, eiförmige bis kugeligeTraube (2–4 sind auch möglich)
Blüten	Zygomorph, rosa bis purpurn, sitzend oder sehr kurz gestielt, 10–16 mm lang, nach der Blütezeit nicht nach unten gebogen und nicht abfallend
Kelchblätter	5, miteinander verwachsen, mit 5 lang zugespitzten und bewimperten Kelchzähnen; unterster Kelchzahn so lang wie die zerstreut behaarte und 10-aderige Kelchröhre; Kelch zur Fruchtzeit nicht blasenförmig aufgetrieben
Kronblätter	5, bestehend aus Schiffchen (2 Untere verwachsene), 2 seitlichen Flügeln und einer schmal eiförmigen und abgerundeten Fahne; Flügel nur wenig kürzer als die Fahne; Kronröhre lang, gerade, nur im untersten Teil oft etwas gebogen
Staubblätter	10; 9 Staubfäden miteinander zu einer nektarführenden Röhre verwachsen; der 10. Staubfaden ist frei; die Staubbeutel sind immer frei
Fruchtknoten	Die 9 Staubfäden umgeben das einzige oberständige Fruchtblatt
Früchte	Hülsen eiförmig, 1,5–4 mm lang, 1-samig, aus 2 scharf abgegrenzten Hälften gebildet (obere glatt, untere runzelig); Samen länglich eiförmig, braun
Blätter	3-zählig, gestielt; Teilblätter elliptisch bis eiförmig, bis 3 cm lang, ganzrandig, am Ende ausgerandet, stumpf oder kurz zugespitzt, oberseits mittel- bis dunkelgrün, mit heller Zeichnung; Nebenblätter zugespitzt, pinselförmig behaart

Wende-Klee, Persischer Klee
Trèfle renversé; Trifoglio risupinato
Persian Clover, Reversed Clover
Trifolium resupinatum L.

Fabaceae
Hülsenfrüchtler

Perserklee

Herkunft / Verbreitung	Ursprung: wahrscheinlich Orient; Pflanze im mediterranen Raum seit langer Zeit eingebürgert; nordwärts/westwärts bis Mittel- und Westfrankreich, Portugal; südostwärts bis nach Südrussland, Südwestasien; südwärts bis Nordwestafrika, Kanaren, Azoren; alte Futterpflanze in Südwestasien; in Mitteleuropa als Futterpflanze, zur Gründüngung und als Bienenweide verwendet
Höhenstufen	Kollin, montan, subalpin
Bodenbeschaffenheit	Auf frischen bis wechselfrischen, nährstoffreichen, sandigen oder reinen Tonböden in wärmeren Lagen; bis 25 cm tief wurzelnd
Standorte	Äcker, entlang von grasigen Wegen, Ödland, Schuttplätze, Wiesen
Blütezeit	April bis August
Bestäubung	Insektenbestäubung: Bienen, Hummeln; auch Selbstbestäubung
Aussehen	10–30 cm hoch, niederliegend oder aufsteigend, mehr oder weniger kahl, mit oft ästigem Wurzelwerk, ein- bis mehrjährig; Stängel oval bis stielrund, hellgrün, meist hohl; Leitbündel ringförmig angeordnet
Blütenstand	Aus Blattachseln entspringende, gestielte, 0,5–1,5 cm breite, 6–15 Blüten enthaltende Halbkugeln, die bei der Reife zu Kugeln werden (Ø: 2 cm)
Blüten	Zygomorph, rosa bis purpurviolett, sitzend oder sehr kurz gestielt, 4–8 mm lang, sich umwendend (resupinieren), so dass die Fahne nach unten kommt; Blüten um die Mittagszeit mit starkem Honigduft
Kelchblätter	5, verwachsen; Kelch weisslich bis hellgrün, innen mehr oder weniger kahl, aussen zottig bis filzig behaart, 2-lippig, zur Fruchtzeit stark blasig aufgetrieben; Kelchzähne schmal 3-eckig, dunkelgrün, dunkelrot bis schwärzlich
Kronblätter	5, bestehend aus Schiffchen (2 untere verwachsene, jedoch hier oben stehend), 2 seitlichen Flügeln und einer schmalen und verkehrt herzförmigen Fahne; Flügel gespreizt, viel kürzer als die Fahne; Kronröhre weiss, leicht gebogen
Staubblätter	10; 9 Staubfäden miteinander zu einer nektarführenden Röhre verwachsen; der 10. Staubfaden ist frei; die Staubfadenröhre auch resupiniert
Fruchtknoten	Oberständig, fast sitzend; die 9 Staubfäden umgeben das einzige Fruchtblatt
Früchte	Hülsen eiförmig bis kugelig; Samen eiförmig, gelblich bis olivgrün, glänzend
Blätter	Wechselständig, 3-zählig, gestielt, im oberen Bereich sitzend; Teilblätter verkehrt eiförmig, fein und scharf gesägt, 1–2 cm lang; Nebenblätter zugespitzt

Gewöhnliche Dorn-Hauhechel, Dornige Hauhechel
Bugrane épineuse; Ononide spinosa
Spiny Restharrow
Ononis spinosa L.

Fabaceae
Hülsenfrüchtler

Stachelkraut

Herkunft / Verbreitung	Europäische Pflanze; nordwärts bis Südschweden; ostwärts bis Polen; süd- und südwestwärts bis nach Mittelitalien und zu den Pyrenäen
Höhenstufen	Kollin, montan
Boden-beschaffenheit	Auf feuchten, mässig trockenen bis wechsel- und sommertrockenen, kalkhaltigen, humosen Lehm- und Tonböden; bis 2 m tief wurzelnd
Standorte	Böschungen, Halbtrockenrasen, Kalk-Magerrasen, Moorwiesen, Trockenrasen, Wegränder, sonnige Magerweiden
Blütezeit	Juni bis September
Bestäubung	Insektenbestäubung: Bienen, Hummeln
Aussehen	30–60 cm hoch, aufsteigend bis aufrecht, reich verzweigt, unten verholzt, oben krautig, mehrjährig; Zweige in harte Dornen endend; mit auch kriechenden, jedoch nicht unterirdischen Zweigen; Stängel breit oval bis stielrund, gefüllt, mit 1- oder 2-zeilig angeordneten Haaren, grün, hellbraun bis rötlichbraun; Leitbündel ringförmig angeordnet
Blütenstand	Blüten zu 1–3 in den Blattachseln
Blüten	Zygomorph, 5–15 mm lang, kurz gestielt, rosa
Kelchblätter	5, schmal 3-eckig, bis fast zum Grund frei, zugespitzt, im unteren Teil hellgrün, im oberen Bereich mittel- bis dunkelgrün, oft kürzer als die Hülsenfrucht, mit langen Drüsenhaaren und nur wenigen anderen Haaren
Kronblätter	5, bestehend aus Schiffchen (2 Untere verwachsene), 2 seitlichen Flügeln und einer breit ovalen bis rundlichen, an der Aussenseite leicht drüsig behaarten, streifig geaderten, im unteren Bereich mehrheitlich weisslichen Fahne; Schiffchen aufwärts gekrümmt, oben verschmälert, die Staubblätter umschliessend
Staubblätter	10; alle Staubfäden bis oberhalb der Mitte miteinander verwachsen
Fruchtknoten	Oberständig, eiförmig, aus 1 Fruchtblatt (von den Staubblättern umgeben)
Früchte	Hülsen 0,5–1 cm lang, eiförmig, nur wenig abgeflacht, hellbraun, drüsig behaart; Samen nierenförmig bis rundlich, zuerst hellbraun, später schwarz, mit glatter, punktierter oder mit zahlreichen Spitzchen versehene Oberfläche
Blätter	Wechselständig angeordnet, 3-teilig; Teilblätter 1–3 cm lang, schmal oval, nur sehr kurz gestielt, unregelmässig gezähnt, oberseits dunkelgrün, unterseits hellgrün, fast kahl, zugespitzt; Nebenblätter klein ausgebildet

Saat-Esparsette, Futter-Esparsette — Fabaceae
Esparcette à feuilles de vesce; Lupinella comune — Hülsenfrüchtler
Sanfoin
Onobrychis viciifolia Scop. — Esper

Herkunft / Verbreitung	Südosteuropäische Pflanze; in Süd-, Mittel- und Osteuropa verbreitet; nordwärts bis England; ostwärts bis Polen, Russland, zum Kaukasus, Kleinasien; südwärts bis Sizilien, Sardinien, Nordafrika; auch in den USA kultiviert
Höhenstufen	Kollin, montan, seltener subalpin; einzeln oder in kleinen Gruppen
Bodenbeschaffenheit	Auf mässig trockenen bis trockenen, kalkhaltigen, nicht gedüngten, mehr oder weniger mageren, meist etwas tiefgründigen, lockeren Lehm- und Lössböden in wärmeren Lagen; bis über 2 m tief wurzelnd; Bodenverbesserer; wertvolle Trockenfutterpflanze; seit dem 16. Jahrhundert angebaut; heute eingebürgert
Standorte	Böschungen, Dämme, felsige Rasen, halbtrockene und trockene Wiesen und Weiden, Moränen, Raine, Schuttplätze, Steinfluren, Wegränder
Blütezeit	Mai bis August
Bestäubung	Insektenbestäubung: Bienen, Hummeln, Tagfalter, Schwärmer; keine Selbstbestäubung; gute Bienenweide
Aussehen	30–80 cm hoch, meist aufrecht, aber auch aufsteigend; Stängel oval bis stielrund, zuerst gefüllt, später hohl, mit erhabenen Streifen, nur wenig behaart, beblättert; Leitbündel ringförmig angeordnet
Blütenstand	Vielblütige, zuerst eiförmige, später verlängerte Traube
Blüten	Zygomorph, hellrot bis rosa, dunkelrosa bis dunkelrot gestreift, kurz gestielt, 10–15 mm lang; Tragblätter oft bis zu den Kelchzähnen reichend
Kelchblätter	5, miteinander verwachsen, mit 5 langen, dunkelgrünen, in eine lange Spitze ausgezogenen und mit Drüsenhaaren besetzten Kelchzähnen
Kronblätter	5; Fahne breit eiförmig, am Ende etwas eingekerbt; Schiffchen (aus 2 Kronblättern verwachsen) am Ende breit abgerundet; die 2 seitlichen Flügel verkümmert und viel kleiner als der Kelch
Staubblätter	10; 9 Staubfäden bis weit hinauf verwachsen; 10. Staubfaden frei
Fruchtknoten	Oberständig, aus einem Fruchtblatt, in der Staubfadenröhre eingeschlossen
Früchte	Hülsen eiförmig bis kugelig, 6–8 mm lang, 1-samig, mit netzartig hervortretenden und gezähnten Leisten; Samen nierenförmig, glatt und bräunlich
Blätter	Unpaarig gefiedert, gestielt, mit 6–14 Fiederpaaren; Teilblätter länglich oval bis eiförmig, ganzrandig, kurz gestielt, 15–25 mm lang, vorn abgerundet oder gestutzt und mit einer aufgesetzten Spitze

Zaun-Wicke
Vesce des haies; Veccia delle siepi
Bush Vetch
Vicia sepium L.

Fabaceae
Hülsenfrüchtler

Gemeine Wiesen-Wicke

Herkunft / Verbreitung	Eurosibirische Pflanze; in Europa nordwärts bis Island, jedoch ohne arktische Gebiete; ostwärts bis nach West- und Zentralasien; in der Region verbreitet
Höhenstufen	Kollin, montan, seltener subalpin
Bodenbeschaffenheit	Auf feuchten bis mässig trockenen, nährstoff- und basenreichen, auch mässig sauren, humosen, lockeren Lehm- und Tonböden; bis 1 m tief wurzelnd; Nährstoffzeiger; Halbschatten-Lichtpflanze; gute Futterpflanze
Standorte	Acker- und Wegränder, Fettwiesen, Gebüsche, krautreiche Laubmischwälder, nährstoffreiche Krautsäume, Waldwege, Weiden
Blütezeit	Mai bis August
Bestäubung	Insektenbestäubung: Bienen, Hummeln, Schmetterlinge
Aussehen	20–60 cm hoch, aufrecht und/oder kletternd, unverzweigt oder vom Grund an verzweigt, fast kahl, mit Bodenausläufern, mehrjährig, in Blattform und Blütenfarbe veränderlich; Stängel stielrund, mehrkantig, hohl, hell- bis dunkelgrün, kahl oder kurz weichhaarig; Leitbündel ringförmig angeordnet
Blütenstand	2–5(6)-blütige, blattachselständige, oft scheinbar endständige, etwas eingerollte, kurz gestielte, einseitswendige, abstehende oder nickende Traube
Blüten	1–1,5 cm lang, sitzend oder kurz gestielt, anfangs dunkelrosa, später dunkelrot bis violett, abstehend oder nickend
Kelchblätter	5, verwachsen; Kelchröhre dunkel rotbraun, zerstreut behaart; Kelchzähne ungleich lang, 2–3mal kürzer als die Röhre; die 2 oberen Kb. zusammenneigend
Kronblätter	5; Fahne so lang oder etwas länger als die 2 Flügel; Schiffchen (aus 2 Kronblättern) kürzer als die Flügel, aufwärts gebogen, stumpf, vorn oft violett
Staubblätter	10; 9 Staubfäden verwachsen, das 10. Staubblatt frei; Staubfadenröhre vorn schief endigend (untere Staubfäden länger verwachsen als die Oberen)
Fruchtknoten	Oberständig, aus 1 Fruchtblatt bestehend; die 9 miteinander verwachsenen Staubfäden umgeben den grünen Fruchtknoten
Früchte	Hülsen 2–3,5 cm lang, flach, abstehend oder nickend, anfangs braun und kurzhaarig, später schwarz und kahl; Samen eiförmig bis kugelig, braun, gefleckt
Blätter	Wechselständig angeordnet, paarig gefiedert, mit 4–7 Fiederpaaren und einer Endranke; Fiederblätter 1–3 cm lang, meist schmal eiförmig, zerstreut behaart, mit kurzer Spitze; bei älteren Blättern die Nebenblätter mit roten Nektarien

Wald-Storchschnabel
Géranium des bois; Geranio silvano
Wood Crane's Bill
Geranium sylvaticum L.

Geraniaceae
Storchschnabelgewächse

Berg-Gottesgnad

Herkunft / Verbreitung	Eurosibirische Pflanze; nordwärts bis Island, jedoch ohne arktische Gebiete; ostwärts bis ins Gebiet des Jenissei; süd- und westwärts bis zu den französischen und spanischen Gebirgen; in der Region verbreitet
Höhenstufen	Kollin, montan, subalpin; gelegentlich bis in die alpine Stufe steigend
Boden-beschaffenheit	Auf feuchten bis frischen, nährstoff- und basenreichen, tiefgründigen Lehm- und Tonböden; bis 50 cm tief wurzelnd; Halbschatten-Lichtpflanze
Standorte	Bachschluchten, Bergfettwiesen, Buschsäume, hochstaudenreiche Laub- und Nadelgehölze, im Schutz von Alpenerlen/Arven/Lärchen und Weiden
Blütezeit	Juni bis August; nach der Mahd öfters noch einmal blühend
Bestäubung	Insektenbestäubung: Bienen, Fliegen, Hummeln, Käfer, Tagfalter
Aussehen	30–60 cm hoch, aufrecht, meist gabelig verzweigt, behaart, mit grundständigen Seitentrieben und einem dicken, oft von Nebenblattresten umhüllten Rhizom; Stängel stielrund und mehrkantig, ausgefüllt, grün, vereinzelt bis stark anliegend und abstehend behaart; Leitbündel ringförmig angeordnet
Blütenstand	Blüten immer zu 2 in einem straussähnlichen Gesamtblütenstand vereinigt
Blüten	Radiärsymmetrisch, gestielt, rotviolett, 5-zählig, 2–3 cm breit; Blütenstiele jeweils nach dem Verblühen aufrecht
Kelchblätter	5, miteinander nicht verwachsen, 6–12 mm lang, schmal eiförmig, weiss berandet, mit langer Spitze, mit bis 1 mm langen Drüsenhaaren
Kronblätter	5, miteinander nicht verwachsen, verkehrt eiförmig, 12–18 mm lang, vorn gerundet und nicht oder nur wenig ausgerandet, zuunterst am kurzen Nagel an den Rändern bärtig, auf der Rückseite heller rotviolett, seltener weiss
Staubblätter	10; diese so lang wie die Kelchblätter; Staubfäden (Filamente) allmählich bis auf höchstens 1 mm verbreitert, am Rand bewimpert
Fruchtknoten	Oberständig; Narben öffnen sich erst, wenn die Staubblätter verstäubt sind und sie sich zurückgekrümmt haben (Unterbindung der Selbstbestäubung)
Früchte	Schleuderfrucht in 5 einsamige und trockene Teilfrüchte zerfallend; Frucht mit Schnabel 2,5–3,5 cm lang; jedes Fruchtblatt bildet im unteren verdickten Teil nur 1 Samen aus; Samen oval, braun, mit einer netzartigen Oberfläche
Blätter	Im oberen Teil des Stängels gegenständig; unterstes Blatt meist allein stehend, lang gestielt; alle 5–7-teilig, mit tief geteilten und vielzipfeligen Abschnitten

Sumpf-Storchschnabel
Géranium des marais; Geranio palustre
Marsh Crane's Bill
Geranium palustre L.

Geraniaceae
Storchschnabelgewächse

Sumpfstorchschnabel

Herkunft / Verbreitung	Europäisch-westasiatische Pflanze; nordwärts bis nach Dänemark, Südskandinavien; südost- und ostwärts bis in die nördlichen Balkanländer, Westsibirien; westwärts bis Mittelfrankreich, Pyrenäen
Höhenstufen	Kollin, seltener montan
Bodenbeschaffenheit	Auf nassen, wechselnassen bis feuchten, nährstoffreichen, meist kalkreichen, mehr oder weniger humosen Lehm- und Tonböden oder feuchten Kiesböden; bis 1 m tief wurzelnd
Standorte	Entlang von Bächen, Gräben, im Saum von Auengebüschen (Erlen- und Weidengebüsche), Nass- und Sumpfwiesen, in Hochstauden bei Teichen
Blütezeit	Juni bis September; oft auch noch im Oktober blühend
Bestäubung	Insektenbestäubung: Bienen, Fliegen, Hummeln, Tagfalter
Aussehen	20–80 cm hoch, aufsteigend (mit den schlaffen Stängeln sich an anderen Pflanzen abstützend), gabelig verzweigt, mit grundständigen Seitentrieben und mit dicken meist von Schuppen umhüllten Rhizomen; Stängel oval bis stielrund und jeweils mehreckig, gefüllt, grün, mit abwärts gerichteten Haaren, ohne Drüsenhaare; Leitbündel ringförmig angeordnet (bei älteren Stängeln auch ins Innere rutschend)
Blütenstand	An langen Stielen jeweils 2 Blüten
Blüten	Radiärsymmetrisch, rotviolett, die nächststehenden Blätter überragend; Blütenstiele anliegend behaart, drüsenlos, nach dem Verblühen abwärts gebogen
Kelchblätter	5, miteinander nicht verwachsen, 8–10 mm lang, schmal oval, oft weiss berandet, behaart, mit langer Spitze
Kronblätter	5, miteinander nicht verwachsen, 12–18 mm lang, verkehrt eiförmig, vorn ganzrandig und gerundet, zuunterst weiss und an den Rändern bewimpert
Staubblätter	10, am Grund meist miteinander verbunden; die 5 äusseren und kürzeren Staubblätter am Grund eine Honigdrüse aufweisend
Fruchtknoten	Oberständig, aus 5 Fruchtblättern bestehend; jedes Fruchtblatt bildet im unteren verdickten Teil des langen Schnabels 1 Samen aus
Früchte	5-teilige Spaltfrucht; Samen eiförmig bis zylindrisch, braun, mit feiner Struktur
Blätter	Bis weit über die Mitte 5–7-teilig, behaart, oben kurz gestielt oder sitzend, gegenständig, im unteren Teil lang gestielt; auch mit grundständiger Rosette

Ruprechtskraut
Géranium herbe à Robert
Geranio di San Roberto; Herb Robert
Geranium robertianum L.

Geraniaceae
Storchschnabelgewächse

Stink-Storchschnabel

Herkunft / Verbreitung	Eurasiatisch-nordamerikanische Pflanze; Europa ohne arktische Gebiete; ostwärts bis Westsibirien, Zentral- und Ostasien; südwärts bis Nordafrika; westwärts bis zu den Kanaren; atlantisches Nordamerika; Neuseeland
Höhenstufen	Kollin, montan, seltener subalpin
Bodenbeschaffenheit	Auf feuchten bis frischen, nährstoffreichen, lockeren, humosen Lehmböden in luftfeuchter Klimalage; bevorzugt schattige Orte; Nährstoffzeiger; Schatten-Halbschattenpflanze; bis 25 cm tief wurzelnd
Standorte	Hecken, im Geröll, krautreiche Wälder, schattige Felsen und Mauern, Schuttplätze, ungepflegte Gartenanlagen, Waldsäume
Blütezeit	Mai bis Oktober
Bestäubung	Insektenbestäubung: Bienen, Fliegen, Hummeln, Käfer, Tagfalter
Aussehen	10–50 cm hoch, aufsteigend und/oder aufrecht, verzweigt, 1-jährig (oft mit Blättern überwinternd), mit dünner Pfahlwurzel, ohne vegetative Ausbreitungsorgane; Stängel stielrund, ausgefüllt, grün und rot überlaufen, zerstreut bis stark abstehend behaart; Leitbündel ringförmig angeordnet
Blütenstand	Aus der Achsel des Blattes lang gestielt und 2-blütig
Blüten	Radiärsymmetrisch, mit einem behaarten Stiel (dieser kürzer als derjenige des Blütenstandes), 6–12 mm im Durchmesser
Kelchblätter	5, miteinander nicht verwachsen, schmal 3-eckig, dunkelrosa bis dunkelrot, mit bis 3 mm langen Haaren und einer langen Granne
Kronblätter	5, lebhaft hell- bis dunkelrosa, 9–12 mm lang, gegliedert in einen schmalen und dunkelroten Nagel und einer verkehrt eiförmigen, vorn abgerundeten und am Grund kahlen Platte
Staubblätter	10; 5 äussere vor den Kronblättern stehende und kürzere Staubblätter am Grund mit einer Honigdrüse; innere 5 Staubblätter vor den Kelchblättern stehend und länger ausgebildet; Staubbeutel orange/rötlichbraun; erst nach dem Verblühen der Staubblätter öffnen sich die 5 Narben (Vormännlichkeit)
Fruchtknoten	Oberständig, aus 5 Fruchtblättern bestehend; jedes Fruchtblatt mit 1 Samen
Früchte	5-teilige Spaltfrucht; Samen glatt, braun, fein punktiert
Blätter	Am Stängel gegenständig angeordnet, im Umriss 3- oder 5-eckig, bis zum Grund 3-teilig, beiderseits zerstreut behaart; Abschnitte 2. Ordnung gezähnt

Blutroter Storchschnabel
Géranium sanguin; Geranio sanguigno
Bloody Crane's Bill
Geranium sanguineum L.

Geraniaceae
Storchschnabelgewächse
Gewöhnlicher blutroter Storchschnabel

Herkunft / Verbreitung	Europäische Pflanze; nordwärts bis Irland, Südnorwegen, Südschweden; ost- und südostwärts bis zum Kaukasus, Nordrussland, Armenien, Krim; süd- und westwärts bis Griechenland, Sizilien, Frankreich, Spanien, Portugal
Höhenstufen	Kollin, montan, seltener subalpin
Boden-beschaffenheit	Auf trockenen, sommerwarmen. mageren, kalk- oder sonst basenreichen, humosen, lockeren, steinigen, aber auch tiefgründigen Lehm- und Kalksandböden; Halbschatten-Lichtpflanze; 1–2 m tief wurzelnd
Standorte	Böschungen, Gärten, trockene und felsige Orte, lichte Eichen- und Föhrenwälder, im Saum trockener Buschreihen, Staudenhalden
Blütezeit	Mai bis Juli
Bestäubung	Insektenbestäubung: Bienen, Fliegen, Hummeln; auch Selbstbestäubung
Aussehen	20–50 cm hoch, niederliegend und/oder aufsteigend, meist gabelig verzweigt, abstehend behaart, ausdauernd; Rhizom von Nebenblättern umhüllt; Stängel abstehend behaart; Leitbündel ringförmig angeordnet; früher als Zier- und Heilpflanze verwendet
Blütenstand	Meist Einzelblüten, die die nächststehenden Blätter überragen
Blüten	Lang gestielt, 15–30 mm breit, karminrot, mit Drüsenhaaren an den Stielen
Kelchblätter	5, nicht verwachsen, mittel- bis hellgrün, schmal eiförmig bis schmal elliptisch, oft weiss berandet, mit kurzen und langen Drüsenhaaren, 8–12 mm lang, mit bis 2,5 mm langer und aufgesetzter Spitze
Kronblätter	5, nicht verwachsen, eiförmig bis breit verkehrt eiförmig, am Ende abgerundet oder unregelmässig ausgerandet, zuunterst an den Rändern bewimpert
Staubblätter	10; 2 Kreise mit je 5 Staubblättern; am Grund meist miteinander verbunden; Staubfäden am Grund verbreitert und die Ränder etwas bewimpert
Fruchtknoten	Oberständig, meist 5-fächerig, mit 5 rötlichen Griffeln; der später gebildete Schnabel besteht aus den 5 miteinander verbundenen Griffeln
Früchte	Spaltfrucht; 5 einsamige Teilfrüchte sind an der Spitze mit der Achse verbunden, nur ihr unterer Teil biegt sich nach oben und schleudert die Samen bis 3 m weit; Samen eiförmig bis zylindrisch, braun, mit netzartiger Oberfläche
Blätter	Gegenständig, im Umriss rundlich, 3–6 cm breit, bis fast zum Grund 5-teilig; Grundblätter auch 7-teilig; Unterseite heller grün und oft zerstreut behaart

Schlitzblättriger Storchschnabel
Géranium découpé; Geranio sbrandellato
Cut Leaved Crane's Bill
Geranium dissectum L.

Geraniaceae
Storchschnabelgewächse

Kleiner Taubenfuss

Herkunft / Verbreitung	Mediterrane Pflanze; nordwärts bis Südschweden; ostwärts bis zum Kaukasus und bis Sibirien; südostwärts bis Syrien, Palästina; in den USA, in Australien und Neuseeland eingebürgert; heute fast über die ganze Erde verbreitet
Höhenstufen	Kollin, montan
Boden-beschaffenheit	Auf frischen bis mässig trockenen, nährstoff- und basenreichen, lockeren und lehmigen Böden; Lehmzeiger; auch auf Kiesböden; eine etwas wärmeliebende Pflanzenart; bis höchstens 50 cm tief wurzelnd
Standorte	Bahndämme, Getreide-, Flachs- und Kartoffeläcker, Gärten, Kiesböden, Kunstwiesen, Schuttplätze, Wegränder, Weinberge
Blütezeit	Juni bis September
Bestäubung	Insektenbestäubung: Bienen, Fliegen, Hummeln; auch Selbstbestäubung
Aussehen	10–40 cm hoch, aufsteigend oder auch aufrecht, nicht oder nur wenig verzweigt, 1-jährig, ohne vegetative Ausbreitungsorgane; Stängel breit oval bis stielrund, gefüllt, hellbraun bis hellgrün, rückwärts abstehend behaart und mit Drüsenhaaren; Leitbündel ringförmig angeordnet
Blütenstand	Mit 2 kurz gestielten Blüten
Blüten	4–6 mm lang, dunkelrosa bis dunkelrot, in den obersten Blättern eingebettet und diese nicht überragend
Kelchblätter	5, schmal eiförmig, nicht verwachsen, 4–8 mm lang, hellgrün, nicht deutlich hell berandet, mit einer bis 1,5 mm langen und aufgesetzten Grannenspitze, aussen dicht mit Drüsenhaaren und vereinzelten einfachen Haaren besetzt
Kronblätter	5, miteinander nicht verwachsen, verkehrt herzförmig, über dem bis 1 mm langen Nagel etwas bärtig behaart
Staubblätter	10, höchstens so lang wie die Kronblätter; äussere 5 Staubblätter vor den Kronblättern stehend; die 5 inneren Staubblätter vor den Kelchblättern stehend und länger als die äusseren Stbb.; am Grund der Blüte mit einer Honigdrüse
Fruchtknoten	Oberständig, mit 5 rötlichen Griffeln, die später den Schnabel bilden
Früchte	Spaltfrucht; Teilfrüchte biegen sich nach oben und schleudern die ovalen bis eiförmigen, braunen, mit einer netzartigen Oberfläche versehenen Samen weg
Blätter	Gegenständig, im Umriss breit oval bis rundlich, bis 4 cm breit, rauhaarig, bis tief zum Grund 5- oder 7-teilig; Unterseite etwas heller grün als oberseits

Blut-Weiderich
Salicaire commune; Salcerella comune
Purple Loosestrife
Lythrum salicaria L.

Lythraceae – Weiderichgewächse oder Blutweiderichgewächse

Stolzer Heinrich

Herkunft / Verbreitung Eurasiatische Pflanze; nordwärts bis Schottland, Skandinavien; ostwärts bis Tibet, Japan; südwärts bis Nordafrika; in den USA eingeschleppt; im Gebiet ziemlich häufig anzutreffen; Pflanzenart mit 3 Blütentypen (Tristylie)

Höhenstufen Kollin, seltener montan

Bodenbeschaffenheit Auf nassen bis feuchten, auch wechselfeuchten, zeitweise überschwemmten, kalkarmen, auch kalkreichen, nährstoff- und basenreichen, humosen Lehm- und Tonböden und Sumpfhumusböden; bis 50 cm tief wurzelnd

Standorte Entlang von Bach-, Fluss- und Seeufern, Flachmoore, Gräben, staudenreiche Nasswiesen, Seggen- und Moorwiesen, Verlandungsgesellschaften

Blütezeit Juni bis September

Bestäubung Insektenbestäubung: Bienen, Fliegen, Hummeln, Tagfalter

Aussehen 30–120 cm hoch, aufrecht, oft verzweigt, mehrjährig, am Grund verholzt; Stängel 4- oder mehrkantig, ausgefüllt, unten spärlich behaart, im oberen Bereich mit reichlich kurzen Haaren besetzt; Leitbündel ringförmig angeordnet; mit grundständigen Seitentrieben und dicken Rhizomen

Blütenstand Verlängerte und endständige Ähre

Blüten Purpurrot, in einfachen oder zusammengesetzten Dichasien in den Achseln von Hochblättern an der gemeinsamen Achse (Ähre);

Kelchblätter 5 oder 6, schmal- bis breit 3-eckig, mit verschieden langen Kelchzähnen, mit ebenfalls lang zugespitzten und hellgrünen Aussenkelchzähnen

Kronblätter 5 oder 6, miteinander nicht verwachsen, schmal verkehrt eiförmig, 6–12 mm lang, mit gewelltem Rand; zwischen den Kronblättern ein hohler, kugeliger bis zylindrischer Achsenbecher, der nicht mit dem Fruchtknoten verwachsen ist

Staubblätter Meist 12, in 2 Kreisen angeordnet, am Grund des Achsenbechers eingefügt

Fruchtknoten Oberständig; meist 1 langer Griffel mit einer kopfigen Narbe

Früchte Kapseln 3–6 mm lang, häutig, mit 2 Klappen aufspringend und im Achsenbecher eingeschlossen; Samen zylindrisch bis schmal verkehrt eiförmig, bis 1 mm lang, zuerst weiss, später bräunlichgelb und in grosser Zahl vorhanden

Blätter Lanzettlich, sitzend, am Grund gerundet oder ausgerandet, oben zugespitzt, bis 10 cm lang, ganzrandig, unten gegenständig oder in 3-zähligen Quirlen, im oberen Bereich oft auch wechselständig angeordnet

Rosmarin-Weidenröschen
Epilobe romarin; Garofanino di Dodonaeus
Alpine Willowherb
Epilobium dodonaei Vill.

Onagraceae
Nachtkerzengewächse
Epilobium rosmarinifolium Haenke

Herkunft / Verbreitung	Mittel- und südeuropäische Pflanze; nord- und nordostwärts bis Deutschland und Polen; süd- und südostwärts bis zu den Karpaten, zur Balkanhalbinsel, nach Griechenland und Kleinasien; westwärts bis Frankreich
Höhenstufen	Kollin, montan
Boden-beschaffenheit	Auf feuchten bis trockenen, meist kalkreichen, sandigen, steinigen, lockeren, rohen, humus- und feinerdearmen Kies- und Sandböden; auch auf Feinschutt; bevorzugt wärmere Lagen
Standorte	Alluvionen, Bahnschotter, beweglicher und ruhender Hangschutt, Flussufer, Kiesbänke, Kiesgruben, lückige Pionier-Fluren, Schutthalden, Steinbrüche
Blütezeit	Juni bis September
Bestäubung	Insektenbestäubung: Bienen, Fliegen, Hummeln, Tagfalter; Selbstbestäubung
Aussehen	30–90 cm hoch, aufrecht, meist verzweigt, mehrjährig; Stängel oval bis stielrund, oft etwas kantig, bräunlich und rot, unten meist kahl, im oberen Bereich fein behaart; Leitbündel ringförmig angeordnet; Ausläufer dick, fleischig, rot überlaufen und unterirdisch
Blütenstand	Traube kurz, endständig, lockerblütig, bis zur Spitze mit Tragblättern versehen und sich erst später verlängernd
Blüten	1–1,5 cm lang, aufrecht und abstehend, rosa bis hellrosa
Kelchblätter	4, lanzettlich, zugespitzt, nicht verwachsen, anliegend kurzhaarig, rosa
Kronblätter	4, nicht verwachsen, schmal elliptisch, gegen den Grund zu keilförmig verschmälert, am Ende abgerundet oder stumpf, etwas länger als der Kelch
Staubblätter	8; Staubfäden lang, weisslich bis hellrosa; Staubbeutel hellrosa bis graubraun
Fruchtknoten	Unterständig; Griffel fadenförmig, so lang oder fast so lang wie die Staubblätter, rosa, am Grund bis zu einem Drittel hinauf zottig behaart, nach der Befruchtung herabgebogen; Narbe 4-teilig, rosa bis dunkelrosa
Früchte	Kapseln im jungen Stadium dicht weissfilzig, später etwas rot überlaufen bis bräunlich, kurz angedrückt behaart; Samen länglich, hellbraun, unten stumpf oder abgerundet, oben mit weissem Pappus
Blätter	Wechselständig angeordnet, sitzend oder nur kurz gestielt; Blattspreite etwas linealisch oder lineal lanzettlich, meist ganzrandig (Rand etwas nach unten gebogen), 1–3 mm breit, bis 14-mal so lang wie breit, mit deutlicher Mittelader

Wald-Weidenröschen
Epilobe à feuilles étroites
Garofanino maggiore; Fire Weed
Epilobium angustifolium L.

Onagraceae
Nachtkerzengewächse

Schmalblättriges Weidenröschen

Herkunft / Verbreitung	Eurasiatisch-nordamerikanische Pflanze; nordwärts bis Grönland und Island; ostwärts bis Mittelsibirien, Zentralasien, Japan; südwärts bis Madeira, Kanarische Inseln, Mittelspanien; Kanada und USA
Höhenstufen	Kollin, montan, subalpin
Boden-beschaffenheit	Auf frischen, nährstoffreichen, vorzugsweise kalkarmen, lockeren, sandigen, steinigen, lehmigen Böden; Rohbodenpionier; Bodenfestiger dank den zahlreichen Wurzelsprossen und einer Bewurzelung bis 1 m Tiefe
Standorte	Felsschutt, Gebüsche, Heiden, Ruderalstellen, Schuttplätze; Pionierpflanze in Waldschlägen; sehr oft grosse Gruppen bis ausgedehnte Bestände bildend
Blütezeit	Juni bis August
Bestäubung	Insektenbestäubung: Bienen, Hummeln; Selbstbestäubung; Bienenweide
Aussehen	50–150 cm hoch, aufrecht, meist unverzweigt, mehrjährig, mit weit kriechendem Wurzelstock; Stängel breit oval bis stielrund, oft etwas kantig, gefüllt, grün, oft rot überlaufen, kahl; Leitbündel ringförmig angeordnet
Blütenstand	Lange, endständige und vielblütige Traube
Blüten	Bis 3 cm im Durchmesser, rosa bis purpurn, unter dem Fruchtknoten mit Stiel
Kelchblätter	4, lineal lanzettlich, zugespitzt, mit oft heller Spitze, rot und auch hellgelb, fast so lang wie die Kronblätter, nicht verwachsen, sehr schwach behaart
Kronblätter	4, schmal verkehrt eiförmig bis rundlich, 5–15 mm lang, am Ende breit abgerundet oder etwas ausgerandet, nicht verwachsen, mit kurzem Nagel
Staubblätter	8; Staubfäden am Grund verbreitert und etwas behaart, meist weiss; Staubbeutel länglich, hellrosa bis dunkel rotbraun (je nach Reifegrad)
Fruchtknoten	Unterständig, weisslich und hellrosa, kurz behaart; Griffel meist länger als die Staubblätter, weiss und dunkelrosa, am Grund behaart; die 4 weissen Narben öffnen sich erst, wenn die Staubblätter verblüht sind (Vormännlichkeit)
Früchte	Kapseln stabförmig, am Grund fein behaart, oft rot überlaufen, mit 4 Klappen sich öffnend; Klappen nach dem Aufspringen etwas zurückgerollt; Samen länglich, beiderseits verschmälert, braun, mit Haarschopf; Samenschale glatt
Blätter	Wechselständig angeordnet, 8–15 cm lang, sitzend oder kurz gestielt; Blattspreite lanzettlich, zugespitzt, meist ganzrandig, gegen den Grund zu verschmälert; Unterseite hell bläulichgrün; mit nach unten gebogenem Rand

Zottiges Weidenröschen
Epilobe hérissé; Garofanino d'acqua
Willowherb
Epilobium hirsutum L.

Onagraceae
Nachtkerzengewächse

Rauhaariges Weidenröschen

Herkunft / Verbreitung	Eurasiatische Pflanze; nordwärts bis England, Südskandinavien; ostwärts bis zum Obgebiet und zum Altai; südost- und südwärts bis zum Kaukasus und nach Nordafrika; in den USA eingeschleppt
Höhenstufen	Kollin, montan
Bodenbeschaffenheit	Auf nassen bis feuchten und frischen, nährstoff- und basenreichen, humosen Tonböden; guter Stickstoffzeiger; Bodenfestiger; Halbschatten-Lichtpflanze
Standorte	Bachufer, Bruchwälder, Gräben, feuchte Wiesen, Schilfränder, Staudenfluren, oft herdenweise entlang von Ufern, Weidengebüsche
Blütezeit	Juni bis September
Bestäubung	Insektenbestäubung: Bienen, Fliegen, Hummeln, Tagfalter; Selbstbestäubung
Aussehen	50–120 cm hoch, aufrecht, ästig, zottig und drüsig behaart, mit fleischigen und unterirdischen Ausläufern, mehrjährig; Stängel stielrund, im unteren Bereich bräunlich, darüber grün, gefüllt und später hohl, mit bis 5 mm langen Haaren und gestielten Drüsen; Leitbündel ringförmig angeordnet
Blütenstand	Endständige Blütentraube
Blüten	Radiärsymmetrisch, 4-zählig, bis 2 cm im Durchmesser, purpurrot
Kelchblätter	4, lanzettlich, 8–10 mm lang, hellgrün und hell gelbgrün, kurz zugespitzt mit oft weisslicher Spitze, miteinander nicht verwachsen, den Kronblättern anliegend, fein bewimpert
Kronblätter	4, herzförmig, gegen den Grund zu verschmälert, 12–20 mm lang, miteinander nicht verwachsen, am Ende ausgerandet, beim Blütengrund mit einem Haarring, auf den Flächen mit dunklen Adern
Staubblätter	8, kürzer als die Kronblätter; Staubfäden und längliche Staubbeutel weiss
Fruchtknoten	Unterständig, hellgelb bis hellbraun; Griffel weiss, länger als die Staubblätter; 4 Narben vor dem Aufblühen aufrecht zusammengeneigt, danach sternförmig ausgebreitet und später schneckenförmig eingerollt
Früchte	Kapseln stabförmig, 4-kantig, hellbraun, mit 4 sich nach aussen biegenden Klappen öffnend; Samen schmal oval, mit kleinen Papillen, mit Haarschopf
Blätter	Untere gegenständig, oben auch wechselständig, sitzend, den Stängel oft bis zur Hälfte umfassend; Blattspreite schmal oval, zugespitzt; Blattrand mit nach vorn gerichteten Zähnchen; Seitenblattadern bogig nach oben gerichtet

Kleinblütiges Weidenröschen
Epilobe à petites fleurs
Garofanino minore; Hoary Willowherb
Epilobium parviflorum Schreb.

Onagraceae
Nachtkerzengewächse

Bach-Weidenröschen

Herkunft / Verbreitung	Europäische Pflanze; nordwärts bis Irland, Schottland, Dänemark, Skandinavien; ostwärts bis Estland, Vorder- und Mittelasien und dem Himalayagebiet; südwärts bis nach Nordafrika, Madeira und den Kanarischen Inseln
Höhenstufen	Kollin, montan, seltener subalpin
Bodenbeschaffenheit	Auf nassen bis feuchten, mässig nährstoffreichen, neutralen bis basischen, mehr oder weniger humosen Lehm- und Tonböden; Feuchtigkeit des Bodens kann stark schwanken; eine schlechte Durchlüftung des Bodens wird ertragen; nicht sehr tief wurzelnd; Halbschatten-Lichtpflanze
Standorte	Auenwälder, im Saum fliessender Gewässer, feuchte Ruderalplätze, Gräben, Quellen, Schilfränder, quellige Waldplätze
Blütezeit	Juni bis September
Bestäubung	Insektenbestäubung: Bienen, Hummeln; auch Selbstbestäubung
Aussehen	10–40 cm hoch, aufsteigend und aufrecht, einfach oder wenig verzweigt, mit verlängerten und kriechenden Rhizomen, mehrjährig; Stängel breit oval bis stielrund, gefüllt, grün, rötlichbraun und dunkelrot, dicht abstehend behaart, im Blütenstand auch mit Drüsenhaaren; Leitbündel ringförmig angeordnet
Blütenstand	Aus den Blattachseln des Stängels gestielte Einzelblüten und am Ende der Pflanze eine wenigblütige Traube
Blüten	4-zählig, radiärsymmetrisch, hellrosa, 5–9 mm lang
Kelchblätter	4, miteinander nicht verwachsen, 2–5 mm lang, lanzettlich bis eiförmig, am oberen Ende stumpf, oft etwas gekielt und zerstreut behaart
Kronblätter	4, miteinander nicht verwachsen, verkehrt herzförmig, am oberen Ende stumpf, abgerundet oder ausgerandet, viel länger als der Kelch
Staubblätter	8; diejenigen 4, die vor den Kelchblättern stehen, sind etwas länger und höher eingefügt, als diejenigen 4, die vor den Kronblättern entspringen
Fruchtknoten	Unterständig und sehr lang; Narbe 4-teilig, mit zuletzt abstehenden und zurückgerollten Schenkeln, die damit sternförmig ausgebreitet sind
Früchte	Kapseln 3–7 cm lang, zuerst behaart, später verkahlend, grün, bei der Reife braun und 4-seitig aufspringend; Samen braun, mit Samenhaaren
Blätter	Lanzettlich bis schmal eiförmig, beiderseits behaart, mit kleinen und drüsigen Zähnchen; Untere und Mittlere gegenständig, die Oberen oft wechselständig

Fingerblättrige Zahnwurz, Finger-Zahnwurz **Brassicaceae**
Dentaire à cinq folioles; Dentaria a cinque foglie **Kreuzblütler**
Bitter Cress
Cardamine pentaphyllos (L.) Crantz **Gefingerte Zahnwurz**

Herkunft / Verbreitung	Mittel- und südeuropäische Pflanze; nordwärts bis zum Südschwarzwald; ostwärts: Bodenseegebiet, Alpen bis Kitzbühl; süd- und südostwärts: Alpensüdrand; westwärts: Französischer- und Schweizer Jura, Pyrenäen, Vogesen
Höhenstufen	Vor allem montan, seltener collin und subalpin
Bodenbeschaffenheit	Auf feuchten bis sickerfrischen, nährstoff- und basenreichen, meist kalkhaltigen, lockeren, humosen, oft steinigen Lehmböden und Steinverwitterungsböden; bevorzugt schattige Orte; Schattenpflanze; nur wenige cm tief wurzelnd
Standorte	Buchenmischwälder in schattigen Lagen, krautreiche Buchenwälder, Schluchtwälder vor allem der montanen Stufe
Blütezeit	April und Mai
Bestäubung	Insektenbestäubung: Bienen, Fliegen, Hummeln
Aussehen	20–50 cm hoch, aufrecht, unverzweigt, mehrjährig; Grundachse mit fleischigen, zahnartigen, mit Niederblättern besetzten Rhizomen; Stängel breit oval bis stielrund, ausgefüllt, grün, zuunterst auch rötlichbraun, vor allem im untersten Bereich kurzhaarig; Leitbündel ringförmig angeordnet
Blütenstand	Traubige Blütenstände einzeln oder zu mehreren in rispigen Gesamtblütenständen; Blütentraube aus 8–17 Blüten, die die Blätter überragen
Blüten	Radiärsymmetrisch, lang gestielt, hell rotviolett bis hellviolett
Kelchblätter	4, lanzettlich, 7–10 mm lang, hell- bis dunkelviolett und oft auch etwas grün, mit oft dunklerem Hautrand, miteinander nicht verwachsen
Kronblätter	4, oval, mit etwas gewelltem Rand, am Ende abgerundet, hellviolett, mit dunkleren Adern, miteinander nicht verwachsen
Staubblätter	6; äusserer Kreis mit 2 Staubblättern, innerer Kreis mit deren 4; Staubfäden hellviolett bis weiss; Staubbeutel länglich, hellviolett bis hellgelb
Fruchtknoten	Oberständig, aus 2 miteinander verwachsenen Fruchtblättern; Bildung einer echten und weisslichen Scheidewand, die bei der Frucht erhalten bleibt; mit einer kopfigen Narbe, die schwach 2-lappig ist
Früchte	Schräg bis waagrecht abstehende, vielsamige Schoten; Samen oval, braun
Blätter	Am Stängel meist deren 3, wechselständig angeordnet, lang gestielt; Blattspreite 5-zählig gefingert (oberstes Blatt oft auch nur 3-zählig); Teilblätter lanzettlich bis schmal eiförmig, zugespitzt; Blattrand einfach bis doppelt gesägt

Wiesen-Schaumkraut
Cardamine des prés; Billeri dei prati
Cuckoo Flower
Cardamine pratensis L.

Brassicaceae
Kreuzblütler

Fleischblume

Herkunft / Verbreitung	Eurasiatische Pflanze; nordwärts bis Südskandinavien, Grönland; ostwärts bis Sibirien, Ostasien; in den USA, in Kanada und in Alaska eingeschleppt; in den Zentral- und Südalpen seltener; im Gebiet verbreitet und häufig anzutreffen
Höhenstufen	Kollin, montan, subalpin; sehr oft in grösseren Gruppen auftretend
Boden-beschaffenheit	Auf feuchten bis frischen, nährstoffreichen, etwas kühlen, schwach sauren bis neutralen Lehm- und Tonböden; auch in torfigen Böden überlebensfähig; verdichtete und vernässte Böden werden ertragen; bis 25 cm tief wurzelnd
Standorte	Auenwälder, feuchte Laubmischwälder, Fett-, Moor- und Nasswiesen, Gräben, in Seggenbeständen, bei Teichen, entlang von Ufern und Waldwegen, Weiden; bevorzugt halbschattige Lagen; Halbschattenpflanze
Blütezeit	April bis Juli
Bestäubung	Insektenbestäubung: Bienen, Fliegen, Hummeln
Aussehen	15–60 cm hoch, aufrecht, 1-ästig oder verzweigt, kahl, mehrjährig; Stängel breit oval bis stielrund, hohl und auch mit Gewebe gefüllt, im oberen Bereich grün, unten oft dunkel rotbraun; Leitbündel ringförmig angeordnet; vegetative Vermehrung durch die am Boden aufliegenden und dann wurzelnden Triebe; formenreiche Pflanzenart
Blütenstand	Blüten in endständiger und aufrechter Traube
Blüten	4-zählig, gestielt, blassrosa, hellviolett bis weiss (selten der Fall)
Kelchblätter	4, miteinander nicht verwachsen, schmal oval, 2–6 mm lang, grün, meist weiss berandet, am Ende abgerundet oder stumpf
Kronblätter	4, miteinander nicht verwachsen, verkehrt breit eiförmig, am Ende etwas ausgerandet oder abgerundet, unten kurz gestielt, bis 18 mm lang
Staubblätter	6; äusserer Bereich mit 2 kurzen Staubblättern, innerer Bereich mit 4 etwas längeren Staubblättern; Kronblätter mehrmals länger als die Staubblätter
Fruchtknoten	Oberständig, grün; zwischen den Verwachsungsnähten der Fruchtblätter wird eine sekundäre Scheidewand ausgebildet; Griffel kurz und ziemlich dick
Früchte	Schoten stabförmig, vielsamig; Samen zylindrisch/eiförmig, grün bis braun
Blätter	Grundständige in einer Rosette, unpaarig gefiedert mit 2–7 Fiederpaaren; Stängelblätter 3–8, wechselständig angeordnet, mit höchstens 6 Fiederblattpaaren; Endteilblatt deutlich gestielt; Teilblätter linealisch/schmal oval, ganzrandig

Wilde Malve
Grande Mauve; Malva selvatica
Blue Mallow
Malva sylvestris L.

Malvaceae
Malvengewächse

Gewöhnliche Wilde Malve

Herkunft / Verbreitung	Wahrscheinlich eine südeuropäisch-asiatische Pflanze; heute in den subtropischen und gemässigten Zonen weltweit verbreitet; auch als Kultur- und Heilpflanze kultiviert
Höhenstufen	Kollin, seltener montan
Bodenbeschaffenheit	Auf mehr oder weniger sommertrockenen, nährstoffreichen, humosen Lehm-, Ton- und Sandböden; Stickstoffzeiger; wärmeliebend; Lichtpflanze
Standorte	Düngerhaufen, Hecken, Mauern, Ruderalstellen, Schuttplätze, sonnige Unkrautfluren, Wegränder, Weinberge, Zäune
Blütezeit	Mai bis September
Bestäubung	Insektenbestäubung: Bienen, Fliegen, Hummeln, Wespen
Aussehen	30–120 cm hoch, niederliegend, bogig aufsteigend oder aufrecht wachsend, 2- bis mehrjährig, behaart, mit spindelförmigen und fleischigen Wurzeln, bis in eine Tiefe von 2 m wurzelnd; Stängel oval bis stielrund, mit einfachen Haaren und Büschelhaaren, grün, im unteren Bereich auch rötlichbraun und oft verholzend; Leitbündel ringförmig angeordnet
Blütenstand	Blüten zu 2–6 in Blattachseln; mehrere dieser Teilblütenstände übereinander
Blüten	5-teilig, mit 10–25 mm langen Stielen, meist rosaviolett bis rotviolett
Kelchblätter	3 Aussenkelchblätter je 4–8 mm lang, länglich lanzettlich, auf der Oberseite kahl, unterseits meist behaart, miteinander nicht verwachsen; Innenkelchblätter 5, zu 50–70 % miteinander verwachsen, ihr freier Teil mit 3-eckiger Form
Kronblätter	5, verkehrt eiförmig, viel länger als der Kelch, oben tief ausgerandet, gegen den dicht kurzhaarig bewimperten Grund zu keilförmig verschmälert; Kronblattflächen dunkel gestreift
Staubblätter	Viele; die Staubfäden sind zu einer 10–15 mm langen Röhre verwachsen
Fruchtknoten	Oberständig, aus zahlreichen und ringförmig angeordneten Fruchtblättern bestehend; die Griffel in der unteren Hälfte miteinander verwachsen
Früchte	Zerfallfrüchte 8–10 mm im Durchmesser; Teilfrüchte 9–11, scharf berandet, am Rücken netzig-grubig-höckerig; Samen breit nierenförmig, mit feiner Struktur
Blätter	Wechselständig angeordnet und gestielt; die Blattspreiten im unteren Bereich nicht oder nur wenig geteilt, diejenigen im oberen Teil meist bis oft zur Mitte 3–7-teilig und mit gerundeten und grob gezähnten Abschnitten

Sigmarswurz, Rosen-Malve
Mauve alcée; Malva alcea
Vervain Mallow
Malva alcea L.

Malvaceae
Malvengewächse

Sigmarskraut

Herkunft / Verbreitung	Südeuropäische Pflanze; nordwärts bis Dänemark, Südschweden; ost- und südostwärts bis nach Südrussland und zum Balkan; süd- und südwestwärts bis Italien und Spanien; in den USA eingeführt und verwildert
Höhenstufen	Kollin
Boden-beschaffenheit	Auf frischen bis mässig trockenen, nährstoffreichen, oft kalkhaltigen, neutralen bis basischen, humosen, sandigen oder reinen Lehmböden; wärmeliebende Lichtpflanze; bis mehr als 1 m tief wurzelnd
Standorte	Bahndämme, lichte Gebüsche, Schuttplätze, steinige und helle Hänge, Unkrautfluren, Waldlichtungen, Strassen- und Wegränder, Weiden, Weinberge
Blütezeit	Juli bis September
Bestäubung	Insektenbestäubung: Bienen, Fliegen, Hummeln, Tagfalter
Aussehen	40–120 cm hoch, aufrecht, einfach oder verzweigt, mehrjährig, mit spindelförmiger, meist verholzter Wurzel; Stängel stielrund, zuerst gefüllt, später hohl, hell- bis dunkelgrün, mit Sternhaaren; Leitbündel ringförmig angeordnet
Blütenstand	Blüten von Blattachseln ausgehend und einzeln am Ende behaarter Stiele; im oberen Teil der Pflanze sind die Blüten traubig gehäuft
Blüten	5-teilig, 20–35 mm breit, gestielt, rot bis rosa
Kelchblätter	Aussenkelch lanzettlich bis schmal eiförmig, 4–6 mm lang, zugespitzt, mit Büschelhaaren; Innenkelchblätter 5, miteinander bis zur Mitte verwachsen, mit 3-eckigen Zipfeln, 6–9 mm lang, ebenfalls mit Büschelhaaren
Kronblätter	5, meist breit 3-eckig, am vorderen Ende gewellt oder ausgerandet, gegen den Grund zu verschmälert, am Grund bewimpert, mit dunklen Längsadern
Staubblätter	Viele; Staubfäden rosa, zu einer Röhre vereinigt
Fruchtknoten	Oberständig; Fruchtblätter zahlreich, miteinander ringförmig angeordnet; Griffel zahlreich, dunkelrosa, im unteren Bereich miteinander verwachsen
Früchte	Zerfallfrüchte bis 10 mm breit, in einsamige Teilfrüchte zerfallend; Teilfrüchte 2–3 mm breit, rund, gekielt, mit einer rauen und dunkelgrauen Oberfläche; Samen nierenförmig, bis 2 mm breit, dunkelbraun bis dunkelgrau, glatt
Blätter	Wechselständig angeordnet; die Unteren lang gestielt, rundlich bis herzförmig, 5-lappig bis 5-spaltig, unregelmässig gekerbt, büschelig behaart; Obere bis fast zum Grund 3-, 5- oder 7-teilig, kurz gestielt, mit stumpf gezähnten Zipfeln

Bisam-Malve, Moschus-Malve
Mauve musquée; Malva moscata
Musk Mallow
Malva moschata L.

Malvaceae
Malvengewächse

Indische Hibiscus-Malve

Herkunft / Verbreitung	Südeuropäische Pflanze; nordwärts bis England, Irland, Mittelschweden, Südostnorwegen; südostwärts bis Griechenland, Türkei; süd- und westwärts bis nach Italien, Spanien, Portugal; in den USA kultiviert und verwildert
Höhenstufen	Kollin, seltener montan
Bodenbeschaffenheit	Auf frischen bis mässig frischen, nährstoffreichen, meist kalkarmen, mässig sauren, tiefgründigen, sandigen oder auch reinen Lehmböden; etwas wärmeliebend; Lichtpflanze
Standorte	Schuttplätze, Wegränder, Wiesen, Weiden; bevorzugt sonnige Standorte
Blütezeit	Juli bis September
Bestäubung	Insektenbestäubung: Bienen, Fliegen, Hummeln, Tagfalter
Aussehen	20–50 cm hoch, aufsteigend oder aufrecht, meist stark verzweigt, mehrjährig, mit Moschus-Geruch; Wurzel spindelförmig und Erdstock ästig; Stängel breit oval bis stielrund, gefüllt und später hohl, grün, mit einfachen und gebüschelten Borstenhaaren; Leitbündel ringförmig angeordnet
Blütenstand	Blüten einzeln in den Blattwinkeln, im oberen Teil gehäuft auftretend
Blüten	Radiärsymmetrisch, 3–6 cm im Durchmesser, gestielt, lila, rosa bis weiss
Kelchblätter	Aussenkelchblätter (oft auch als Hochblätter bezeichnet) lineal lanzettlich, am Grund mit dem Kelch verwachsen, grün; Innenkelchblätter 5, im unteren Drittel verwachsen, oberseits filzig behaart, unterseits borstig und büschelhaarig
Kronblätter	5, mit oft etwas dunklen Adern, 3-eckig, gegen den Grund zu keilförmig verschmälert, am Grund mit der Staubfadenröhre etwas verwachsen, oben ausgerandet, 3–4-mal so lang wie der Kelch
Staubblätter	Viele; die Staubfäden zu einer Röhre verwachsen; die Röhre umschliesst den Fruchtknoten und die Griffel
Fruchtknoten	Oberständig, aus zahlreichen ringförmig angeordneten Fruchtblättern
Früchte	Zerfallfrüchte bestehend aus zahlreichen Teilfrüchtchen; diese sind nierenförmig, dicht behaart, an den Seiten querrunzelig, auf dem Rücken abgerundet, einsamig; Samen nierenförmig, grau bis grauschwarz, mit feiner Struktur
Blätter	Wechselständig angeordnet, gestielt; Blattspreite: die untersten Spreiten oft nur bis zur Mitte geteilt, die darüberliegenden Spreiten handförmig 5- oder 7-teilig mit einfachen bis doppelt fiederspaltigen Abschnitten

Drüsiges Springkraut
Impatiente glanduleuse
Balsamina ghiandoloso; Poor man's Orchid
Impatiens glandulifera Royle

Balsaminaceae
Balsaminengewächse
Indisches Springkaut

Herkunft / Verbreitung	Ursprüngliches Verbreitungsgebiet Nord-Pakistan, Kaschmir, Indien, das westliche Himalayagebiet; 1839 nach England eingeführt, danach in vielen europäischen Gärten als Zierpflanze gezogen; schon bald verwildert; heute als invasiver Neophyt bezeichnet; in Ausbreitung begriffen; auch in den USA
Höhenstufen	Kollin, seltener montan
Bodenbeschaffenheit	Auf vernässten bis feuchten, nährstoffreichen, schwach sauren bis etwas basischen Lehm- und Tonböden; mittlere bis schlechte Durchlüftung des Bodens mit Sauerstoff wird ertragen; kein Problem bei stark wechselnder Feuchtigkeit des Bodens während des Jahres; bis 2 m tief wurzelnd
Standorte	Auenwälder, Bach- und Flussufer, Feuchtwiesen, Gärten, Gräben, Hochstaudenfluren, Kiesbänke, Uferböschungen, Waldränder, Waldlichtungen; bevorzugt halbschattige und luftfeuchte Lagen; Halbschattenpflanze
Blütezeit	Juli bis Oktober, spätestens bis zum ersten Frost
Bestäubung	Insektenbestäubung: Bienen, Hummeln; gute Bienenweide
Aussehen	1–2 m (seltener 3 m) hoch, aufrecht, rasch wachsend, 1-jährig, im oberen Teil oft verzweigt, ohne Organe als Energiespeicher; Stängel stielrund, oft deutlich 6-kantig, hohl, bis 5 cm dick, knotig gegliedert, grün, gelblich und rötlich überlaufen; geschnittene Stängel oder deponiertes Schnittgut können Wurzeln bilden, daher nicht auf den Kompost; Leitbündel ringförmig angeordnet
Blütenstand	2–14-blütige, gestielte, aufrechte, abstehende, bogig herabhängende Trauben
Blüten	An einem drüsigen Stiel hängend, 25–40 mm lang, stark süsslich duftend, weinrot, rosa, seltener weiss und zygomorph
Kelchblätter + Kronblätter	3; Unterstes kronblattartig, helmförmig, lang gespornt; Sporn 3–7 mm lang, abwärts gebogen; Kronblätter 5, das Obere grösser ausgebildet; die restlichen 4 sind kleiner und paarweise miteinander verwachsen
Staubblätter + Fruchtknoten	5; Vormännlichkeit vorherrschend, so dass eine Selbstbestäubung nicht oder nur selten eintritt; Fruchtknoten oberständig (pro Pflanze bis 4.300 Samen)
Früchte	Schleuderkapseln 10–50 mm lang, keulenförmig; Samen bis 3 mm, eiförmig bis rundlich, braun, dunkelbraun bis schwarz gefleckt
Blätter	Gegenständig angeordnet, im oberen Bereich auch eine quirlständige Anordnung, gestielt mit Drüsen beim Blattspreitengrund; Blattspreite lanzettlich bis eiförmig, zugespitzt, oft in den Stiel verschmälert, mit gezähntem Rand

Balfours Springkraut
Impatiente de Balfour; Balsamina di Balfour
Balfour's touch-me-not
Impatiens balfourii Hook.

Balsaminaceae
Balsaminengewächse

Kaschmirbalsam

Herkunft / Verbreitung	Ost- und Südostasien als Heimat und Hauptverbreitungsgebiet; von Südostsibirien bis zum Himalayagebiet mit subozeanischem und ozeanischem Klima; als Zierpflanze weit verbreitet, oft verwildert; im südlichen Teil des Kantons Tessin und in Oberitalien ziemlich häufig und in Ausbreitung begriffen; in Mitteleuropa vor allem in Gärten; bereits als invasiver Neophyt bezeichnet
Höhenstufen	Kollin
Bodenbeschaffenheit	Auf feuchten bis frischen, oft wechselfeuchten, nährstoffreichen, neutralen bis basischen, mit einem mittleren Humusgehalt versehenen Böden; verdichtete und vernässte Böden werden ertragen; nicht tief wurzelnd
Standorte	Bachufer, Gärten, Kiesbänke, Ruderalstellen, feuchte Schuttplätze, Unkrautfluren, Uferböschungen, Wald- und Wegränder
Blütezeit	Juni bis Oktober
Bestäubung	Insektenbestäubung: Bienen, Hummeln
Aussehen	20–90 cm hoch, aufrecht, meist nur bei den Blüten verzweigt, 1-jährig, ohne vegetative Ausbreitungsorgane, in grossen Beständen oder Herden auftretend, schwach giftig; Stängel breit oval bis stielrund, zuerst gefüllt, später hohl, grün und rötlichbraun, kahl; Leitbündel ringförmig angeordnet
Blütenstand	Traube mit bis zu 10 lang gestielten Blüten
Blüten	An einem langen und aufwärts gerichteten Stiel aufgerichtet, 15–30 mm lang, weiss und rosa, zygomorph
Kelchblätter	5; 2 sind ausgefallen, daher 3-blättrig; Unterstes kronblattartig, lang gespornt; Sporn 2–5 mm lang, zuerst stark gebogen, erst später gerade ausgerichtet
Kronblätter	5; die 2 Seitlichen sind mit den 2 Hinteren paarweise verwachsen und damit als 2 Kronblätter erscheinend; das mediane Kronblatt grösser ausgebildet
Staubblätter	5; mit den Staubbeuteln den Griffel wie eine Kapuze bedeckend
Fruchtknoten	Oberständig, aus 5 Fruchtblättern verwachsen, von Scheidewänden durchzogen und daher 5-fächerig
Früchte	Kapseln schon bei schwachem Druck mit 5 elastischen Klappen aufspringend und die eiförmigen, dunkel gefleckten Samen wegschleudernd
Blätter	Wechselständig angeordnet, 5–10 cm lang, ohne Drüsen am Stiel; Blattspreite breit lanzettlich, zugespitzt, mit gesägtem Blattrand

Acker-Gauchheil
Mouron des champs; Centonchio dei campi
Scarlet Pimpernel
Anagallis arvensis L.

Primulaceae
Primelgewächse

Weinbergsstern

Herkunft / Verbreitung	Mediterrane Pflanze; in ganz Europa mit Ausnahme des hohen Nordens; heute fast über die ganze Erde verbreitet (z.B. gemässigtes West- und Mittelasien, USA, Mexiko, Westaustralien, Tasmanien)
Höhenstufen	Kollin, montan; bis zu den Voralpen
Bodenbeschaffenheit	Auf frischen, nährstoff- und basenreichen, neutralen bis mässig sauren, humosen Lehmböden; etwas wärmeliebend; bis 40 cm tief wurzelnd
Standorte	Eher feuchte und lehmige Äcker, Brachland, Gärten, Ödland, auf Schutt, Unkrautfluren, Weinberge, entlang von Wegen; gilt im Ackerbau als Unkraut
Blütezeit	Juni bis Oktober
Bestäubung	Insektenbestäubung: Bienen, Hummeln; auch Selbstbestäubung
Aussehen	5–30 cm lang, niederliegend und aufsteigend, oft verzweigt, 1-jährig, mittelgrün bis braungrün, mit dünner Pfahlwurzel; Stängel 4-kantig, ausgefüllt, mit deutlich sichtbaren Leisten, anfangs mit kleinen kugeligen Haaren, die später abbrechen; Leitbündel ringförmig angeordnet
Blütenstand	Aus Achseln von Blättern lang gestielte Einzelblüten
Blüten	Radiärsymmetrisch, 7–15 mm im Durchmesser, orangerot oder auch blau
Kelchblätter	Meist 5, schmal lanzettlich, lang zugespitzt, mit weissem Hautrand, oft dunkel graugrün, nur im untersten Teil miteinander verwachsen
Kronblätter	5, verkehrt eiförmig oder oval, am Ende abgerundet, am Rande fein gezähnelt, flach ausgebreitet, fast bis zum Grund geteilt
Staubblätter	5, ungefähr 2-mal kürzer als die Kronblätter; Staubfäden in diesen Beispielen rot, fein bewimpert, am Grund der Krone angewachsen; Staubbeutel gelb, im unteren Teil leicht herzförmig
Fruchtknoten	Oberständig, aus 5 Fruchtblättern verwachsen, mit langem und bleibendem Griffel; Narbe kugelig
Früchte	Kapseln kugelig, 4–5 mm im Durchmesser, nur wenig kürzer als der Kelch, vom bleibenden Griffel gekrönt, bei der Reife hängend und mit einem Deckel aufspringend; Samen 1–2 mm lang, oval, braun, grobwarzig
Blätter	Kreuzweise gegenständig, ungestielt; Blattspreite breit lanzettlich, oval oder eiförmig, 5–25 mm lang, stumpf oder kurz zugespitzt, unten meist herzförmig, in der Jugend kurz behaart, später verkahlend, unterseits etwas punktiert

Echter Ziest, Heil-Ziest | **Lamiaceae**
Epiaire officinale; Betonica comune | **Lippenblütler**
Wood Betony
Stachys officinalis (L.) Trevis. | **Echte Betonie**

Herkunft / Verbreitung	Westeuropäisch-mediterrane Pflanze; nordwärts bis Belgien, Holland, Dänemark, England, Südskandinavien; ostwärts bis Russland, Westasien; südwärts bis zum Mittelmeer und dem Altai-Gebirge, Nordwestafrika
Höhenstufen	Kollin, montan; vereinzelt bis in die subalpine Stufe
Boden-beschaffenheit	Auf grundfeuchten, wechseltrockenen, sommertrockenen, meist kalkarmen, Lehm- und Tonböden; auch auf torfigen Böden; Magerkeits- und Wechselfeuchtigkeitszeiger; bis 1 m tief wurzelnd
Standorte	Mässig trockene bis nasse Magerwiesen, zerstreut in Moorwiesen, Riedwiesen, lichte Wälder, Zwergstrauchheiden
Blütezeit	Juni bis September
Bestäubung	Insektenbestäubung: Bienen, Fliegen, Hummeln, Falter; Selbstbestäubung
Aussehen	20–70 cm hoch, aufrecht, unverzweigt, mehrjährig, mit steriler Rosette und einem knotigen Rhizom; Stängel meist stumpf 4-eckig, kahl oder anliegend behaart, gefüllt, nur wenig beblättert; Leitbündel ringförmig angeordnet
Blütenstand	Blüten in einer dichten, lang gestielten, am Grund zum Teil unterbrochenen Scheinähre mit kurzen Tragblättern
Blüten	Zygomorph, 7–15 mm lang, sehr kurz gestielt, rot, dunkelrosa, seltener violett
Kelchblätter	5, miteinander verwachsen, 3–7 mm lang, behaart, grün, im oberen Teil dunkelrot; Kelchzähne 3-eckig, zugespitzt; der glockige Kelch ist 2-lippig
Kronblätter	5, miteinander verwachsen; Oberlippe helmförmig, ganzrandig oft auch etwas ausgerandet, schwach behaart; Unterlippe 3-lappig, grösser als die Oberlippe, mit 2 kleinen Seitenzipfeln und einem grossen 2-lappigen Mittelzipfel; Kronröhre gebogen, im unteren Teil weiss
Staubblätter	4, etwas aus der Kronröhre ragend, jedoch die Oberlippe nicht überragend; die äusseren 2 sich am Ende der Blütezeit nach aussen drehend; Staubfäden rosa
Fruchtknoten	Oberständig, aus 2 Fruchtblättern verwachsen; später eine Bildung von Scheidewänden, so dass 4 Fächer mit je einer Samenanlage entstehen
Früchte	Klausenfrüchte in 4 Klausen zerfallend; Klausen 2–4 mm lang, braun, glatt, vorwiegend 3-kantig, mit zusätzlichen Längskanten versehen
Blätter	Grundständige länglich eiförmig, gestielt, am Grund herzförmig, am Ende stumpf, grob gezähnt; Stängelblätter kurz gestielt oder sitzend, viel kleiner

Gefleckte Taubnessel
Lamier tacheté; Falsa ortica macchiata
Spotted Dead Nettle
Lamium maculatum L.

Lamiaceae
Lippenblütler

Roter Bienensaug

Herkunft / Verbreitung	Europäisch-westasiatische Pflanze; nordwärts bis Belgien, Frankreich, südliches Holland, Norddeutschland, Schottland, England; ostwärts bis Estland, Mittelrussland, Südsibirien; südwestwärts bis Mittelspanien, Nordportugal; in Algerien eingeschleppt
Höhenstufen	Kollin, montan, subalpin; seltener in den Zentralalpen
Bodenbeschaffenheit	Auf feuchten bis frischen, nährstoffreichen, schwach sauren bis neutralen, kalkhaltigen, lockeren, mehr oder weniger humosen Lehm- und Tonböden; Nährstoffzeiger; bis 25 cm tief wurzelnd; halbschattige Lagen bevorzugend; Halbschattenpflanze; Kriechpionier
Standorte	Auenwälder, Deponien, Hecken, Hochstaudenfluren, Lichtungen, Schuttplätze, Strassengräben, Uferböschungen, Waldränder, Wiesen
Blütezeit	April bis September
Bestäubung	Insektenbestäubung: Bienen, Fliegen, Hummeln, weitere Hautflügler
Aussehen	15–80 cm hoch, aufrecht, mehrjährig, mit kurzen ober- und unterirdischen Ausläufern, mit kriechendem Wurzelstock; Stängel nur am Grund verzweigt, 4-kantig, hohl, im untersten Teil fast kahl, darüber abstehend und anliegend behaart, oft etwas rötlich angelaufen; Leitbündel ringförmig angeordnet
Blütenstand	Blüten in mehreren übereinander liegenden quirligen Teilblütenständen
Blüten	Zygomorph, 2–3 cm lang, purpurn bis karminrot, seltener weiss, meist ungestielt, mit einer Ober- und Unterlippe versehen
Kelchblätter	5, glockenförmig verwachsen, oft dunkelrot bis violett, zerstreut behaart, mit schmal lanzettlichen, ausgebreiteten, zugespitzten, behaarten Kelchzähnen
Kronblätter	5; Oberlippe aus 2 Kronblättern, helmförmig, meist aufrecht, ganzrandig, aussen behaart; Unterlippe 3-teilig, mit grösserem weiss und dunkelrot geflecktem Mittelabschnitt; 2 seitliche Abschnitte mit je einem schmal lanzettlichen Zahn; Kronröhe gerade oder gebogen; im Innern der Röhre mit weissem Haarring
Staubblätter	4, ungleich lang, der Oberlippe anliegend, behaart; Pollen orangegelb
Fruchtknoten	Oberständig, aus 2 Fruchtblättern verwachsen; es werden 4 Fächer gebildet
Früchte	Klausenfrüchte in 4 einsamige Teilfrüchte (Klausen) zerfallend; Klausen braun
Blätter	Kreuzgegenständig angeordnet, 1–4 cm lang gestielt, herzförmig bis 3-eckig, unregelmässig grob doppelt gekerbt/gesägt, zugespitzt, behaart

Acker-Taubnessel, Rote Taubnessel
Lamier rouge; Falsa ortica purpurea
Read Dead Nettle
Lamium purpureum L.

Lamiaceae
Lippenblütler

Purpurrote Taubnessel

Herkunft / Verbreitung	Europäisch-westasiatische Pflanze; nordwärts bis Irland; ostwärts bis Sibirien, und dem Altai-Gebirge; süd- und südwestwärts bis Kleinasien, Griechenland, Syrien, Mittelitalien, Südfrankreich, Mittelspanien; in den USA eingeschleppt
Höhenstufen	Kollin, montan, subalpin
Bodenbeschaffenheit	Auf feuchten bis frischen, nährstoffreichen, neutralen bis basischen, oft humusarmen, lockeren, sandigen oder reinen Lehmböden; bis 25 cm tief wurzelnd; Stickstoff-Zeiger; Lichtpflanze
Standorte	Äcker, Gärten, Mauern, lückige Unkrautgesellschaften, Schuttplätze, Uferpartien, entlang von Wegen, Weinberge
Blütezeit	März bis Oktober; oft auch über Winter blühend
Bestäubung	Insektenbestäubung: Bienen, Fliegen, Hummeln; auch Selbstbestäubung
Aussehen	10–25 cm hoch, aufsteigend und aufrecht, 1- bis 2-jährig, meist am Grund ästig; Stängel 4-kantig, zu Beginn fast gefüllt, später hohl, grün und rötlichbraun; Leitbündel ringförmig angeordnet
Blütenstand	Mehrere 6–10-blütige quirlige Teilblütenstände in den oberen Blattwinkeln
Blüten	Zygomorph, 6–12 mm lang, sitzend oder nur kurz gestielt, purpurn, mit gerader oder fast gerader Kronröhre, die nur im ganz untersten Teil fast weiss ist
Kelchblätter	5, miteinander bis zur Mitte verwachsen, 5–7 mm lang; Kelchzähne mehr oder weniger gleich lang, behaart, anfangs grün, nicht stechend
Kronblätter	5; Oberlippe aus 2 Kronblättern verwachsen, helmförmig, aufrecht, ganzrandig, aussen deutlich behaart, oft etwas länger als die Unterlippe; diese 3-teilig, mit dunkelrosa Flecken, ihr Mittelabschnitt grösser als die 2 seitlichen Abschnitte mit je einem fadenförmigen Zahn versehen
Staubblätter	4, ungleich lang, der Oberlippe anliegend; Staubfäden behaart
Fruchtknoten	Oberständig, aus 2 Fruchtblättern verwachsen; durch Bildung von Scheidewänden entstehen 4 Fächer, in welchen sich je 1 Samen entwickelt
Früchte	Klausenfrüchte in 4 einsamige Klausen zerfallend; diese sind schmal oval bis schmal eiförmig, kantig, braun, weiss gefleckt, mit einem Elaiosom versehen
Blätter	Gegenständig angeordnet (kreuzgegenständig wenn mehrere Blattpaare am Stängel), gestielt; Blattspreite herzförmig bis rundlich, stumpf gezähnt, zerstreut behaart; obere Hochblätter oft braun bis purpurviolett überlaufen

Stechender Hohlzahn, Gewöhnlicher Hohlzahn
Galéopsis tétrahit; Canapetta comune
Common Hemp Nettle
Galeopsis tetrahit L.

Lamiaceae
Lippenblütler

Dorn-Hohlzahn

Herkunft / Verbreitung	Europäische Pflanze; in fast ganz Europa; nordwärts bis Island, Nordskandinavien; ost- und südostwärts bis Sibirien, zum Kaukasus, Japan; in den USA eingeschleppt; häufig Bildung von grösseren Beständen
Höhenstufen	Kollin, montan, subalpin; vereinzelt bis zur Baumgrenze steigend
Boden-beschaffenheit	Auf frischen, nährstoffreichen, lockeren, meist humosen, gern steinigen, auch sandigen Lehmböden; auch auf Torf anzutreffen; Lichtpflanze; Stickstoffzeiger; Humuszehrer; bis 60 cm tief wurzelnd
Standorte	Äcker, Schuttplätze, im Steinschutt, Unkraut-Gesellschaften, Viehläger, Waldschläge, entlang von Wegen und Zäunen
Blütezeit	Juni bis Oktober
Bestäubung	Insektenbestäubung: Bienen, Hummeln; auch Selbstbestäubung
Aussehen	10–90 cm hoch, aufsteigend und aufrecht, verzweigt, 1-jährig; Stängel stielrund bis 4-eckig, meist hohl, unter den Knoten verdickt, mit zahlreichen steifen Haaren und mit einzelnen dunkelköpfigen Drüsenhaaren, hell- bis dunkelgrün; Leitbündel ringförmig angeordnet
Blütenstand	Im mittleren (hier oft nur eine einzelne Scheinquirle) und oberen Bereich mehrere übereinander liegende Scheinquirlen mit jeweils mehreren Blüten
Blüten	Zygomorph, 15–20 mm lang, meist sitzend, rötlich, purpurn, auch weiss
Kelchblätter	5, bis etwa zur Mitte miteinander verwachsen, weisslichgrün bis mittelgrün; Kelchröhre trichterförmig bis eng glockenförmig; Kelchzähne schmal 3-eckig, meist gleich lang, stachelig begrannt
Kronblätter	5, miteinander verwachsen; Oberlippe aus 2 Kronblättern, aufrecht, helmförmig, aussen behaart; Unterlippe 3-teilig, mit 2 kleinen und hohlen Höckern
Staubblätter	4, unter der Oberlippe aufsteigend, ungleich gross, mit weissen Staubfäden
Fruchtknoten	Oberständig, aus 2 Fruchtblättern verwachsen, durch Scheidewände in 4 Kammern gegliedert mit je einer Samenanlage; 2 Narbenäste ungleich lang
Früchte	Klausenfrüchte zerfallen in 4 einsamige Klausen; diese sind eiförmig bis kugelig, oft etwas 3-kantig, glatt, hell- bis dunkelbraun gefleckt, bis 3 mm lang
Blätter	Kreuzgegenständig angeordnet, gestielt, 3–12 cm lang; Blattspreite breit lanzettlich bis eiförmig, an der Basis breit keilförmig, meist zugespitzt, mit beiderseits oft 10 Zähnen; Blattoberseite oft mt dunkelroten Drüsen

Wirbeldost
Sarriette clinopode; Clinopodio dei boschi
Cushion Calamint
Clinopodium vulgare L.

Lamiaceae
Lippenblütler
Gewöhnlicher Wirbeldost

Herkunft / Verbreitung	Eurasiatisch-nordamerikanische Pflanze; in Europa ohne arktische Gebiete; ostwärts bis Westasien, Indien; süd- und südostwärts bis Syrien, Iran, Nordwestafrika; auch in Arizona, Neu-Mexiko
Höhenstufen	Kollin, montan, subalpin; gelegentlich bis in die alpine Stufe steigend
Bodenbeschaffenheit	Auf frischen bis etwas trockenen, nährstoffreichen, lockeren, humosen, Lehm- und Tonböden; Wurzelkriecher; bis höchstens 1 m tief wurzelnd; bevorzugt vor allem sommerwarme Standorte; Halbschatten-Lichtpflanze
Standorte	Häufig im Saum sonniger Buschreihen, in lichten und grasigen Eichen- und Kiefernwäldern, trockene Hochstaudenfluren, Schlagflächen, Wegränder
Blütezeit	Juli bis September
Bestäubung	Insektenbestäubung: Bienen, Fliegen, Hummeln, Tagfalter
Aussehen	20–60 cm hoch, aufsteigend und aufrecht, einfach oder verzweigt, mit oberirdischen Ausläufern, mehrjährig, fast geruchlos; Stängel 4-eckig, meist ausgefüllt bleibend, grünlichbraun bis grün, locker bis ziemlich dicht abstehend behaart, ohne Drüsenschuppen; Leitbündel ringförmig angeordnet
Blütenstand	Blüten zu 10–20 in dichten, quirligen oder kopfigen Teilblütenständen am Ende der Haupt- und Seitenstängel
Blüten	Zygomorph, nur sehr kurz gestielt, 10–16 mm lang, lebhaft rosa bis purpurn
Kelchblätter	5, bis über die Hälfte verwachsen, 5–8 mm lang, eine schmale Röhre bildend, behaart, in Ober (3)- und Unterlippe (2) gegliedert; Zähne lang ausgezogen
Kronblätter	5, miteinander verwachsen; Oberlippe aufrecht, aus 2 Kronblättern gebildet, etwas ausgerandet; Unterlippe 3-teilig, mit grossem und flachem Mittelteil
Staubblätter	4 (2 längere und 2 kürzere Staubblätter), bei der Oberlippe hervortretend
Fruchtknoten	Oberständig, aus 2 Fruchtblättern verwachsen; zwischen ihnen Bildung von Scheidewänden, so dass 4 Kammern mit je einer Samenanlage entstehen; der Griffel endet in 2 sich spreizende Narben
Früchte	Klausenfrüchte; diese zerfallen in 4 einsamige Teilfrüchte, die Klausen genannt werden; Klausen eiförmig bis kugelig, bis 1 mm im Durchmesser, braun, glatt
Blätter	Gegenständig angeordnet, kurz gestielt 2–4 cm lang; Blattspreite breit lanzettlich bis schmal eiförmig, am Ende stumpf oder abgerundet, ganzrandig oder stumpf gezähnt, zerstreut bis dicht behaart; Unterseite kaum drüsig punktiert

Echter Dost, Oregano
Origan; Origano comune
Oregano, Wild Marjoram
Origanum vulgare L.

Lamiaceae
Lippenblütler

Wilder Majoran

Herkunft / Verbreitung	Eurasiatische Pflanze; nordwärts bis England, Irland, Schottland, Südskandinavien; ostwärts bis Nordrussland, Sibirien, Himalayagebiet, Kleinasien, Iran; südwärts bis zum Mittelmeergebiet; in der Region häufig anzutreffen
Höhenstufen	Kollin, montan, seltener subalpin
Bodenbeschaffenheit	Auf mässig trockenen bis sehr trockenen, basenreichen, meist kalkhaltigen, humosen Lehm- und Lössböden in sommerwarmen Lagen; auch auf Rohböden; bis 60 cm tief wurzelnd; Lichtpflanze
Standorte	Böschungen, Buschweiden, lichte Gehölze, Hochstaudenwiesen, Magerwiesen, freie und sonnige Waldflächen, Staudenhalden, trockene Hänge, Waldränder, lichte Eichen- und Kiefernwälder, entlang von Wegen
Blütezeit	Juli bis September
Bestäubung	Insektenbestäubung: Bienen, Fliegen, Hummeln, Käfer, Tagfalter
Aussehen	20–60 cm hoch, aufsteigend und aufrecht, im oberen Teil verzweigt, mit kurzen Ausläufern, mit etwas holzigem Wurzelstock, aromatisch duftend; Pionierpflanze; Stängel 4-kantig, gefüllt, grün und dunkel rotbraun, gleichmässig oder auf 2 Seiten dichter behaart; Leitbündel ringförmig angeordnet
Blütenstand	Blüten meist am Ende der Zweige ährenartig genähert, einen rispenartigen Gesamtblütenstand bildend; Teilblütenstände auch mit kopfigem Aussehen
Blüten	Zygomorph, 4–8 mm lang, hellrosa, kurz gestielt
Kelchblätter	5, miteinander verwachsen, 2–4 mm lang; Kelch glockenförmig, gleichmässig 5-zähnig; Kelchzähne schmal 3-eckig, grün mit purpurfarbener Einfärbung, auf der Innenseite mit weissen Haaren besetzt
Kronblätter	5, miteinander verwachsen; Oberlippe fast flach, etwas ausgerandet, auf der Aussenseite behaart, oft etwas kürzer als die Unterlippe; diese 3-teilig, mit mehr oder weniger gleich grossen, am Ende abgerundeten Abschnitten
Staubblätter	4; die 2 grösseren Staubblätter überragen die Krone; Staubfäden hellrosa
Fruchtknoten	Oberständig, aus 2 Fruchtblättern gebildet, durch Scheidewände 4-fächerig
Früchte	Klausenfrüchte; Klausen eiförmig bis kugelig, braun, glatt, weiss getupft
Blätter	Gegenständig angeordnet, 1–4 cm lang, gestielt; Blattspreite eiförmig, am Ende zugespitzt oder stumpf, ganzrandig oder etwas gekerbt, behaart bis fast kahl, oberseits dunkelgrün, unterseits weisslichgrün mit drüsigen Grübchen

Wasser-Minze
Menthe aquatique; Menta d'acqua
Water Mint
Mentha aquatica L.

Lamiaceae
Lippenblütler

Bach-Minze

Herkunft / Verbreitung	Eurasiatisch-afrikanische Pflanze; in ganz Eurasien ohne die arktischen und tropischen Gebiete; Nord- und Südafrika; in Australien und in den USA eingeschleppt; in der Region ziemlich häufig
Höhenstufen	Kollin, montan, seltener subalpin
Boden-beschaffenheit	Auf nassen, zeitweise überschwemmten, nährstoff- und basenreichen, modrig-humosen, torfigen oder tonigen Böden; Kriechwurzel-Pionier; bis zu 40 cm tief wurzelnd; Halbschatten-Lichtpflanze
Standorte	Auenwälder, Bruchwälder, Flachmoore, Gross-Seggen-Gesellschaften, Gräben, Moor- und Nasswiesen, im Röhricht, Weidengebüsche, entlang von Ufern
Blütezeit	Juli bis Oktober
Bestäubung	Insektenbestäubung: Bienen, Fliegen, Hummeln, Tagfalter, andere Hautflügler
Aussehen	20–80 cm hoch, meist aufrecht, mehrjährig, mit unter- und oberirdischen Ausläufern (die letzteren beblättert), stark aromatisch duftend (Minzenduft); Grundachse mit kräftigen Wurzeln; Stängel 4-eckig, mit Mark ausgefüllt, später hohl, grün, abstehend behaart; Leitbündel ringförmig angeordnet
Blütenstand	Zahlreiche Blüten meist am Ende der Stängel kopfartig zusammengefasst
Blüten	Noch schwach zygomorph, 5–8 mm lang, gestielt, mit oft 4 mehr oder weniger gleich grossen Zipfeln, rosa oder lila
Kelchblätter	5, bis über die Hälfte miteinander verwachsen, grün, oft violett überlaufen, abstehend behaart, mit oft zahlreichen weissen Punken; Kelchröhre schmal glockenförmig; Kelchzähne gleichartig, zugespitzt, behaart
Kronblätter	5, miteinander verwachsen; Oberlippe aufrecht, am Ende ausgerandet, meist fast gleich gross wie einer der 3 Lappen der Unterlippe; Unterlippe 3-teilig
Staubblätter	4, weit aus der Kronröhre herausragend; Staubfäden kahl, rosa
Fruchtknoten	Oberständig, aus 2 verwachenen Fruchtblättern; Bildung von falschen Scheidewänden führt zu 4 Fächern mit je einer Samenanlage
Früchte	Klausenfrüchte in 4 kleine Klausen zerfallend; Klausen eiförmig bis verkehrt eiförmig, bis 1 mm lang, hellbraun, am unteren Ende mit einem weissen und deutlich sichtbaren Elaiosom, am oberen Ende breit abgerundet
Blätter	Gegenständig angeordnet, 3–8 cm lang, kurz gestielt; Blattspreite eiförmig oder auch rundlich, zugespitzt, anliegend behaart, mit gezähntem Blattrand

Ross-Minze
Menthe à longues feuilles; Menta selvatica
Horse Mint
Mentha longifolia (L.) Huds.

Lamiaceae
Lippenblütler

Langblättrige Minze

Herkunft / Verbreitung	Eurasiatische Pflanze; im grössten Teil Europas; nordwärts bis Belgien, Dänemark, Irland, England, Südschweden; ostwärts bis Indien; im ganzen Mittelmeergebiet und bis Nordwestafrika; in den USA eingebürgert
Höhenstufen	Kollin, montan, subalpin
Boden-beschaffenheit	Auf nassen, wechselnassen, nährstoff- und basenreichen, meist kalkhaltigen, humosen, sandigen oder reinen Tonböden; Nährstoffzeiger; Vernässungszeiger, Halbschatten-Lichtpflanze; bis 50 cm tief wurzelnd
Standorte	Auengehölz, entlang von Ufern und Wegen, Hochstaudenfluren, Hochstaudenläger um Dörfer und Sennhütten, häufig und gesellig in Pionier-Gesellschaften, Quellfluren, Strassengräben, nasse Weiden
Blütezeit	Juli bis September
Bestäubung	Insektenbestäubung: Bienen, Fliegen, Hummeln, Tagfalter, Wespen
Aussehen	30–80 cm hoch, aufsteigend bis aufrecht, einfach oder verzweigt, mehrjährig, von der holzigen Grundachse unterirdische Ausläufer ausgehend, stark aromatisch duftend; Stängel 4-eckig, mit stumpfen Kanten, hohl, mittel- bis dunkelgrün, anliegend filzig behaart; Leitbündel ringförmig angeordnet
Blütenstand	Scheinähren mit zahlreichen allseitswendigen Blüten-Quirlen rispig gehäuft
Blüten	Zygomorph, mit 2 Lippen, 3–6 mm lang, blassrosa bis blasslila
Kelchblätter	5, miteinander meist bis zur Hälfte verwachsen, angedrückt behaart; Kelchzähne 3-eckig, zugespitzt, meist dunkelviolett; Kelch glockenförmig, innen kahl
Kronblätter	5, miteinander verwachsen; Oberlippe rundlich, mit 2 dunklen Flecken, am Ende ausgerandet; Unterlippe 3-teilig, mit je einem Flecken auf jedem Zipfel
Staubblätter	4, mit gleicher Länge, aus der Krone herausragend und spreizend
Fruchtknoten	Oberständig, aus 2 Fruchtblättern verwachsen, mit falschen Scheidewänden, so dass 4 Kammern mit je einer Samenanlage entstehen; Fruchtknoten deshalb von aussen 4-teilig erscheinend; Griffel 2-ästig endend
Früchte	Klausenfrüchte in 4 einsamige Klausen zerfallend; diese Klausen sind eiförmig, bis zu 1 mm lang und mit zahlreichen hellen Punkten versehen
Blätter	Gegenständig angeordnet, sitzend oder kurz gestielt; Blattspreite lanzettlich bis schmal eiförmig, zugespitzt, oberseits grün, anfangs zerstreut behaart, unterseits dicht weissfilzig behaart; Rand mit nach vorn gerichteten Zähnen

Löwenschwanz, Echtes Herzgespann
Agripaume cardiaque; Cardiaca comune
Motherwort
Leonurus cardiaca L.

Lamiaceae
Lippenblütler

Herzspannkraut

Herkunft / Verbreitung	Eurasiatische Pflanze; in Europa nirgends ursprünglich, jedoch fast in allen Ländern eingebürgert; nordwärts bis Irland, Schottland und Südskandinavien; ostwärts bis ins gemässigte Asien, bis zum Himalaya; in Westeuropa als Heilpflanze angebaut; eingeschleppt in den USA
Höhenstufen	Kollin, montan, seltener subalpin; im Gebiet vor allem in den zentralalpinen Tälern; im Kanton Wallis bis 1300 m ü. M.
Bodenbeschaffenheit	Auf frischen, nährstoffreichen, neutralen, lockeren, humosen Lehm- und Tonböden; Stickstoffzeiger
Standorte	Schuttplätze, trockene Weiden, Wegränder, bei Mauern und Zäunen; früher als Heilpflanze auch in Bauerngärten kultiviert
Blütezeit	Juni bis September
Bestäubung	Insektenbestäubung: Bienen, Hummeln
Aussehen	30–120 cm hoch, aufrecht, mehrjährig; Wurzelstock waagrecht mit zahlreichen Nebenwurzeln; Stängel 4-kantig, hohl, mit Längsrillen, grün, auch rötlichbraun, besonders an den Kanten oft dicht behaart; Behaarung auf den Flächen weniger ausgeprägt; Leitbündel ringförmig angeordnet
Blütenstand	Blütenquirlen am Ende der Stängel ährig gehäuft
Blüten	Zygomorph, hell purpurn, fleischrosa, 8–12 mm lang, ungestielt
Kelchblätter	5, miteinander bis hoch hinauf verwachsen, mit 5 grünen, lang zugespitzten und dornigen Kelchzähnen; Kelchröhre trichterförmig
Kronblätter	5, miteinander verwachsen; Oberlippe nur wenig gewölbt, am Ende nicht ausgerandet, vor allem ausserseits dicht zottig behaart; Unterlippe mit 3 bräunlichrot gezeichneten Lappen; der Mittlere jeweils grösser als die beiden Seitlichen; Kronröhre gerade oder schwach gebogen, ebenfalls zottig behaart
Staubblätter	4, bei der Oberlippe aufsteigend, aus der Kronröhre wenig herausragend
Fruchtknoten	Oberständig, aus 2 Fruchtblättern, mit 1 Griffel und 2 kurzen Narbenästen
Früchte	In der Klausenfrucht entwickeln sich 4 Klausen; diese Teilfrüchte bis 3 mm lang, schmal eiförmig, 3-kantig, braun, vorn gestutzt und überall behaart
Blätter	Gegenständig angeordnet, gestielt, 3–12 cm lang; Grundblätter bis gegen die Mitte in 3, 5 oder 7 grob und spitz gezähnte Abschnitte geteilt; obere Blätter kleiner, mit weniger Abschnitten; Hochblätter kleiner, lanzettlich bis eiförmig

Roter Fingerhut
Digitale pourpre; Digitale rossa
Foxglove
Digitalis purpurea L.

Plantaginaceae
Wegerichgewächse

Purpurroter Fingerhut

Herkunft / Verbreitung	Westeuropäische Pflanze; nordwärts bis England, Holland, Irland, Südschweden; ostwärts bis Österreich; südwestwärts bis zu den Pyrenäen
Höhenstufen	Kollin, montan
Boden-beschaffenheit	Auf ziemlich feuchten bis frischen, nährstoffreichen, kalkarmen, mässig sauren, lockeren, humosen, sandigen bis lehmigen Böden; steinige Böden werden auch besiedelt; wintermilde Lagen bevorzugend
Standorte	Buschige Abhänge, Gärten, Holzschläge, Schlagflächen, lichte und krautreiche Wälder, Waldlichtungen, Waldwege, Wegränder
Blütezeit	Juni bis September
Bestäubung	Insektenbestäubung: Bienen, Hummeln; auch Selbstbestäubung
Aussehen	30–150 cm hoch, aufrecht, unverzweigt, 2-jährig (im ersten Jahr bildet sich eine Rosette, im 2. Jahr der blühende Stängel), mit Wurzelverdickungen; Stängel breit oval bis stielrund, oft etwas kantig, hohl, grün und rötlichbraun, angedrückt graufilzig behaart; Leitbündel ringförmig angeordnet; die Pflanze ist offizinell und wird pharmazeutisch genutzt
Blütenstand	Blüten in einer langen Traube und meist einseitswendig angeordnet
Blüten	3–5 cm lang, mit schmal glockiger Gestalt, mit ungleich 2-lippigem Saum, purpurn, im Innern mit dunklen und hellumrandeten Flecken, aussen kahl und innen behaart; Tragblätter breit lanzettlich bis eiförmig, zugespitzt und etwa so lang wie die filzigen Blütenstiele
Kelchblätter	5, im untersten Bereich miteinander verwachsen, grün, kurzglockig; Kelchzähne eiförmig bis breit eiförmig, zugespitzt; der oberste Zahn etwas kürzer
Kronblätter	5; Oberlippe kurz, etwas ausgerandet oder abgerundet, aus 2 Kronblättern; Unterlippe etwas länger, mit 3 breiten Zipfeln; Mittelzipfel am breitesten
Staubblätter	4, in unterer Hälfte der Krone angewachsen; 2 Untere länger als die 2 Oberen; Staubbeutel 2-fächerig mit zuletzt am Grund verschmelzenden Fächern
Fruchtknoten	Oberständig, weiss bis hellgrün, aus 2 Fruchtblättern verwachsen, 2-fächerig
Früchte	Kapseln breit eiförmig, drüsenhaarig, braun, sich mit 2 Klappen öffnend, vielsamig; Samen bis 1 mm lang, eiförmig, warzig, mit einer Längsvertiefung
Blätter	Wechselständig angeordnet, oberseits runzelig und fein flaumig, unterseits angedrückt graufilzig; Grundständige und Untere gestielt; die Oberen sitzend

Echte Wallwurz
Consoude officinale; Consolida maggiore
Common Comfrey
Symphytum officinale L.

Boraginaceae
Raublattgewächse

Beinwell

Herkunft / Verbreitung	Eurasiatische Pflanze; nordwärts bis Island, südliches Skandinavien; ostwärts bis Südrussland, Zentralasien; süd- und südwestwärts bis Sizilien, Spanien; in der Region häufig und auch verbreitet
Höhenstufen	Kollin, montan
Bodenbeschaffenheit	Auf grund- und sickernassen bis feuchten, zum Teil auch wechselnassen, nährstoff- und basenreichen, kiesigen bis sandigen oder reinen Lehm- und Tonböden; auch auf torfigen Böden; Nährstoffzeiger; Halbschatten-Lichtpflanze
Standorte	Auen- und Bruchwälder, Bach- und Flussufer, Gräben, feuchte und nasse Wiesen, Moorwiesen, feuchte Waldränder
Blütezeit	Mai bis August
Bestäubung	Insektenbestäubung: Bienen, Fliegen, Hummeln; auch Selbstbestäubung
Aussehen	40–120 cm hoch, aufsteigend bis aufrecht, ästig verzweigt, mehrjährig, mit knollig verdicktem Rhizom, bis 180 cm tief wurzelnd; Stängel stielrund bis 3-eckig, mittel- bis dunkelgrün, meist hohl, mit langen abstehenden Borstenhaaren und kurzen flaumigen Haaren; Leitbündel ringförmig angeordnet
Blütenstand	Blüten in Wickeln angeordnet und meist nickend
Blüten	1–2 cm lang, röhrenförmig, purpurn, rotviolett oder auch gelblichweiss
Kelchblätter	5; Kelch abstehend behaart, bis gegen den Grund hin 5-teilig oder Kelchblätter nur im unteren Teil miteinander verwachsen; Kelchzähne schmal 3-eckig, zugespitzt, mittel- bis dunkelgrün
Kronblätter	5, miteinander verwachsen, eine schlanke Röhre bildend; Krone vorn erweitert, unter den 5 Zipfeln eingeschnürt; zwischen den Staubblättern 5 schmale, zugespitzte, unbehaarte Schlundschuppen, die nicht aus der Krone herausragen
Staubblätter	5, ungefähr in der Mitte der Kronröhre angewachsen, in ihr eingeschlossen
Fruchtknoten	Oberständig, aus 2 Fruchtblättern verwachsen, durch Scheidewände in 4 Fächer gegliedert; langer Griffel aus der Krone herausragend
Früchte	Klausenfrucht, die in 4 Teilfrüchte zerfällt; Klausen schmal eiförmig, kantig, glatt, dunkelbraun bis schwarz, mit einem weissen Elaiosom versehen
Blätter	Wechselständig angeordnet, bis 25 cm lang, meist lanzettlich, in den geflügelten Stiel verschmälert, zerstreut bis dicht abstehend behaart; Flügel der Blätter bis 4 mm breit und bis zum nächsten Blatt reichend

Acker-Winde
Liseron des champs; Vilucchio comune
Field Bindweed
Convolvulus arvensis L.

Convolvulaceae
Windengewächse

Windeli

Herkunft / Verbreitung	Wahrscheinlich eine südeuropäisch-westasiatische Pflanze; mit Ausnahme der Arktis und der Antarktis über die ganze Welt verbreitet; in der Region verbreitet und häufig anzutreffen
Höhenstufen	Kollin, montan
Bodenbeschaffenheit	Auf frischen bis mässig trockenen, nährstoff- und basenreichen Lehm- und Tonböden, die auch humusarm sein können; Kriechwurzel-Pionier; bis in eine Tiefe von 2 m wurzelnd; bevorzugt wärmere Lagen; Lichtpflanze
Standorte	Äcker, Gärten, lockere Rasen, Schuttplätze, Wegränder, Weinberge
Blütezeit	Juni bis September
Bestäubung	Insektenbestäubung: Bienen, Fliegen, Hummeln, Tagfalter; Selbstbestäubung
Aussehen	Bis 125 cm lang, niederliegend, aufsteigend, verzweigt, oft weit ausgebreitet, auch windend, flaumig behaart oder kahl, mehrjährig, mit weisslichem Rhizom; Stängel 4- bis mehrkantig, gefüllt, grün und braun, unten verholzend; Leitbündel ringförmig angeordnet
Blütenstand	Blüten einzeln in Blattachseln; kleinere Blüten in den Achseln von Vorblättern
Blüten	Radiärsymmetrisch, 15–30 mm im Durchmesser, lang gestielt, rosa, rosa und weiss gestreift, weit trichterförmig
Kelchblätter	5, verwachsen; Kelch aus 3 längeren und 2 kürzeren, ovalen, bis 5 mm langen Kelchblättern bestehend; 2 kleine, in ihrer Form linealische Vorblätter etwa in der Mitte des Stängels, vom Kelch abgerückt
Kronblätter	5, miteinander zu einem weit ausladenden Trichter verwachsen; in der Regel undeutlich zipfelig, selten mit 3 deutlichen Zipfeln
Staubblätter	5, am Grund der Krone angewachsen, nicht aus ihr herausragend; im unteren Teil innerseits mit kopfigen Drüsenhaaren; Staubfäden weiss
Fruchtknoten	Oberständig, aus mehreren Fruchtblättern verwachsen, am Grund mit einem orangegelben Polster, das Nektarien enthält; 1 Griffel mit 2 fadenförmigen, meist mehr oder weniger waagrecht abstehenden Narbenästen
Früchte	Kapseln rundlich bis eiförmig, 5–8 mm lang, 2-fächerig, mit 4 oder 5 Samen; diese verkehrt eiförmig, 3–4 mm lang, punktiert, braun bis schwarz
Blätter	Wechselständig angeordnet, bis 4 cm lang, gestielt; Blattspreite eiförmig, abgerundet oder kurz zugespitzt, an der Basis mit 2 pfeilförmigen Öhrchen

Echte Tollkirsche
Belladone; Belladonna
Deadly Nightshade
Atropa bella-donna L.

Solanaceae
Nachtschattengewächse

Tollkraut

Herkunft / Verbreitung	Eurasiatische Pflanze; nordwärts bis Belgien, Dänemark, Britische Inseln; ostwärts bis Ungarn, Mittelrussland; südostwärts bis zum Kaukasus, Iran, Kleinasien; südwärts bis Italien, Spanien, Nordwestafrika; in den USA eingeführt
Höhenstufen	Kollin, montan
Bodenbeschaffenheit	Auf frischen, nährstoff- und basenreichen, meist kalkreichen, lockeren, humosen Lehm- und Tonböden; auch auf kieselhaltigen Böden; bevorzugt luftfeuchte, halbschattige und wärmere Lagen; Halbschattenpflanze
Standorte	Brandflächen, Laubwälder, Schlagfluren, Waldlichtungen, Waldwege
Blütezeit	Mai bis August
Bestäubung	Insektenbestäubung: Bienen, Hummeln; auch Selbstbestäubung
Aussehen	50–150 cm hoch, aufrecht, verzweigt, 1-jährig (oberirdische Triebe) und mehrjährig (unterirdische Teile); Stängel oval und oft stumpfkantig, unten kahl, im oberen Bereich fein drüsig behaart, anfangs gefüllt, später etwas hohl, grün bis rötlichbraun, oft mit Längsstreifen; Leitbündel ringförmig angeordnet; alle Teile der Tollkirsche sind sehr giftig
Blütenstand	Blüten einzeln, in den Blattachseln entspringend
Blüten	Radiärsymmetrisch, 25–35 mm lang, lang gestielt, rötlichbraun, rötlich braunviolett, schräg abstehend oder nickend
Kelchblätter	5, miteinander im unteren Bereich verwachsen, grün; Kelchzähne 3-eckig, vorn zugespitzt oder abgerundet, fein behaart, der Krone anliegend
Kronblätter	5, miteinander zu einer engen Glocke verwachsen; Krone mit 5-teiligem und zurückgebogenem Rand, kahl, im Innern gelblichgrün und im oberen Bereich rötlichbraun mit dunkel rotbraunen Adern
Staubblätter	5, am Grund der Kronröhre angewachsen; Staubfäden frei, gelblichweiss, im unteren Teil behaart, nicht oder nur wenig aus der Kronröhre herausragend
Fruchtknoten	Oberständig, eiförmig, auf einem ringförmigen Wulst sitzend, 2-fächerig; Griffel sehr lang, mit einer kugeligen oder auch 2-teiligen Narbe
Früchte	Kugelige, zuerst grüne, später schwarz glänzende Beeren mit violettem Saft; Samen zahlreich, nieren- bis eiförmig, braun, mit warziger Oberfläche
Blätter	Gestielt, bis 15 cm lang, als wechselständige Paare angeordnet; Blattspreite breit lanzettlich bis eiförmig, ganzrandig, drüsig flaumig behaart

Bittersüsser Nachtschatten
Morelle douce-amère; Morella rampicante
Bittersweet Nightshade
Solanum dulcamara L.

Solanaceae
Nachtschattengewächse

Bittersüss

Herkunft / Verbreitung	Eurosibirische Pflanze; Europa; in Norwegen bis 66° nördliche Breite; ostwärts bis nach Westasien, Indien, Japan; südwärts bis Nordafrika; auch in den USA; im Kanton Wallis bis 1700 m ü. M.
Höhenstufen	Kollin, montan, seltener subalpin
Bodenbeschaffenheit	Auf nassen bis feuchten, auch wechselnassen, nährstoffreichen, neutralen und humosen Lehm- und Tonböden; auch auf Kies und Torf; Wurzelkriechpionier; Bodenfestiger; Halbschatten-Lichtpflanze; nicht tief wurzelnd
Standorte	Auenwälder, Dünen, Geröllhalden, Gräben, Hecken, auf alten Kopfweiden und altem Mauerwerk, entlang von Ufern, Waldschläge, Weidengebüsche
Blütezeit	Juni bis August
Bestäubung	Insektenbestäubung: Bienen, Fliegen, Hummeln, gelegentlich Wespen
Aussehen	30–150 cm lang, kriechend, aber auch bis 150 cm hoch kletternd, verzweigt, mehrjährig, mit kriechendem Rhizom, grün, olivgrün und braun, unten verholzt (Halbstrauch); Stängel breit oval bis stielrund, kantig, meist hohl, zuunterst kahl, weiter oben etwas behaart; Leitbündel ringförmig angeordnet
Blütenstand	Blüten in rispenartigen, lang gestielten, meist überhängenden Wickeln
Blüten	Radiärsymmetrisch, gestielt, bis 10 mm im Durchmesser, rotviolett bis violett
Kelchblätter	5, miteinander bis weit hinauf verwachsen, behaart, grün bis violett, auch bei der Fruchtreife noch bleibend; 5 Kelchzähne 3-eckig mit oft weissen Rändern
Kronblätter	5, nur zuunterst miteinander verwachsen, schmal 3-eckig, zugespitzt, ausgebreitet und später zurückgeschlagen, am Grund mit je 2 grünen und weiss gesäumten Flecken; Kronröhre sehr kurz
Staubblätter	5; Staubfäden nur kurz; Staubbeutel zu einer Röhre zusammenneigend, an der Spitze mit je 2 Löchern aufspringend
Fruchtknoten	Oberständig, kegelförmig, kahl, aus 2 Fruchtblättern verwachsen, 2-fächerig, mit zahlreichen Samenanlagen; Griffel bei Reife die Staubbeutel überragend
Früchte	Beeren eiförmig, bis 10 mm lang, leuchtend rot, hängend; Samen linsen- bis nierenförmig, zusammengedrückt, hellbraun, mit netzartiger Struktur
Blätter	Wechselständig angeordnet, gestielt, in der Form sehr verschieden; Blattspreite breit lanzettlich, ganzrandig, beiderseits zerstreut behaart, an der Basis oft herzförmig oder mit 1 oder 2 freien Teilblättchen

Rote Pestwurz, Gewöhnliche Pestwurz **Asteraceae**
Pétasite hybride; Farfaraccio maggiore **Korbblütler**
Common Butterbur
Petasites hybridus (L.) P. Gaertn. & al. **Bach-Pestwurz**

Herkunft / Verbreitung	Eurasiatische Pflanze; in ganz Europa; nordwärts bis Irland, Schottland, Südskandinavien; ostwärts bis Nord- und Westasien; eingeführt in den USA
Höhenstufen	Kollin, montan, subalpin
Boden-beschaffenheit	Auf sickernassen, zeitweise überschwemmten, nährstoff- und basenreichen, mehr oder weniger humosen, meist sandig-kiesigen Tonböden in luftfeuchter Klimalage; Wurzelkriech-Pionier; Schwemmland-Festiger
Standorte	Bach- und Flussufer, Erlengebüsch, Nasswiesen, quellige Mergelrutschen
Blütezeit	März bis Mai
Bestäubung	Insektenbestäubung: Bienen, Fliegen, Hummeln, Schmetterlinge
Aussehen	Zur Blütezeit 20–40 cm hoch, zur Zeit der Reife der Samen bis 1 m, aufrecht, mehrjährig, mit knollig verdickten und kriechenden Rhizomen, durch unterirdische Ausläufer ganze Herden bildend; Stängel stielrund, etwas kantig, hohl, am Grund bis 15 mm breit, purpurn überlaufen, filzig behaart, später sehr oft verkahlend; Leitbündel ringförmig angeordnet
Blütenstand	Kurze Traube mit zahlreichen und wohlriechenden Blütenköpfen; starke Verlängerung der Traube von „weiblichen" Pflanzen nach der Blütezeit
Blüten	Zahlreiche Röhrenblüten in einem Köpfchen vereinigt und von Hüllblättern umgeben; Blüten im Prinzip zwittrig, jedoch gelangen nur die Staubblätter oder der Fruchtknoten zur Reife; die Pflanzen sind funktionell 2-häusig; weibliche Blütenstände zu Beginn meist kleiner
Kelchblätter	Zu einem Haarkranz (Pappus) umgewandelt
Kronblätter	5, miteinander verwachsen, rötlichweiss bis schmutzigrot; Kronzipfel 5, schmal 3-eckig, zuerst aufgerichtet und später zurückgebogen
Staubblätter	5; Staubfäden frei; Staubbeutel zu einer Röhre zusammengefügt
Fruchtknoten	Unterständig, aus 2 Fruchtblättern verwachsen; dieser enthält nur eine Samenanlage; Fruchtknoten durch die Staubbeutel umschlossen
Früchte	Achäne (Sonderform einer Nuss) 2–3 mm lang, 4–6-kantig, kahl, oben mit weissem und gezähntem Rand und einem 6–8 mm langen und gelblichweissen Pappus aus einer Reihe rauer Borsten
Blätter	Traube mit rotvioletten Schuppenblättern; spätere Grundständige gestielt, bis 60 cm breit; Leitbündel im Stiel über die ganze Fläche verteilt

Gewöhnlicher Wasserdost **Asteraceae**
Eupatoire chanvrine; Canapa acquatica **Korbblütler**
Hemp Agrimony
Eupatorium cannabinum L. **Kunigundenkraut**

Herkunft / Verbreitung	Eurasiatische Pflanze; in fast ganz Europa; nordwärts bis Nordirland, Schottland, Südschweden, Südfinnland; ostwärts bis zum Ural; süd- und südostwärts bis Sizilien, Nordmarokko, Vorderasien, Kaukasus, Israel; fehlt stellenweise in höheren Lagen der Gebirge und im Mittelmeergebiet
Höhenstufen	Kollin, montan, seltener subalpin
Boden-beschaffenheit	Auf feuchten, wechselfeuchten bis sickerfrischen, nährstoff- und basenreichen, meist kalkreichen, humosen, lockeren Lehm- und Tonböden; Feuchtezeiger
Standorte	Auenwälder, Böschungen, entlang von Bächen und Flüssen, Gräben, Riedwiesen, Schuttplätze, Waldschläge, feuchte Wälder; oft gesellig anzutreffen
Blütezeit	Juli bis September
Bestäubung	Insektenbestäubung: Bienen, Fliegen, Hummeln, Tagfalter
Aussehen	50–150 cm hoch, aufrecht, meist erst im oberen Bereich verzweigt, mehrjährig, mit walzenförmigem und knotigem Rhizom; Stängel stielrund, oft etwas kantig, ausgefüllt, grünlich und rötlichbraun, mit nach oben gerichteten Haaren, dicht beblättert; Leitbündel ringförmig angeordnet
Blütenstand	Zahlreiche Köpfchen in einer doldenartigen Rispe vereinigt
Blüten	Köpfchen mit 4–6 kurz gestielten Röhrenblüten, umgeben von bis 6 mm langen, stumpfen, dachziegelartig angeordneten Hüllblättern (Äussere sind kurz behaart, Innere kahl) mit häutigen, oft rot überlaufenen Rändern; Blütenkopfboden flach, ohne Spreublätter und ohne Haare
Kelchblätter	Zu einem weissen Pappus umgewandelt; dieser wird später 4–5 mm lang
Kronblätter	5, miteinander zu einer Röhre verwachsen, rosarot bis weisslich, in seltenen Fällen kräftig rot, im oberen Teil glockig erweitert, mit 5 kurzen Zipfeln
Staubblätter	5; Staubbeutel eine Röhre bildend, durch die der Griffel durchwächst
Fruchtknoten	Unterständig, aus 2 Fruchtblättern verwachsen; Griffel gleich gefärbt wie die Kronblätter, sehr lang, mit den Narben die Krone überragend
Früchte	Achänen schmal 3-eckig, nach unten verschmälert, 2–3 mm lang, dunkelbraun bis schwarz, mit zahlreichen hellen und sitzenden Drüsen
Blätter	Gegenständig angeordnet, gestielt; Blattspreite bis auf den Grund 3- oder auch 5-teilig, mit lanzettlichen und ungleich gezähnten Abschnitten; Zähne nach vorn gekrümmt; Unterseite zerstreut behaart, auch mit Drüsenhaaren

Wiesen-Flockenblume **Asteraceae**
Centaurée jacée; Fiordaliso stoppione **Korbblütler**
Brown Knapweed
Centaurea jacea L. **Rietchnopf**

Herkunft / Verbreitung	Europäische Pflanze; in ganz Europa; nordwärts bis Nordfrankreich, Holland, Dänemark, Mittelskandinavien; ostwärts bis zum Kaukasus, Armenien, Nordasien; südwärts bis Nordwestafrika; in der Region verbreitet und häufig
Höhenstufen	Kollin, montan, subalpin
Bodenbeschaffenheit	Auf mässig feuchten bis mässig trockenen, nährstoffreichen, schwach sauren bis neutralen, kalkhaltigen, tiefgründigen, humosen, lockeren Lehmböden; milde Lagen werden bevorzugt; bis 2 m tief wurzelnd; Halbschatten-Lichtpflanze
Standorte	Bahndämme, Fluss-Schotter, Magerrasen, Moorwiesen, Schuttplätze, steinige und buschige Hänge, Trockenhänge, Wegränder, Wiesen, lichte Wälder
Blütezeit	Juni bis September
Bestäubung	Insektenbestäubung: Bienen, Fliegen, Hummeln, Tagfalter
Aussehen	10–60 cm hoch, aufrecht, 1-ästig oder oft nur oberhalb der Mitte verzweigt, nur wenig behaart (auch spinnwebig filzig) oder kahl, mehrjährig; Stängel oval, mehrkantig, gefüllt, grün, gelblich oder bräunlichrot, bis zu den Blütenköpfen beblättert; sehr variable Art; Leitbündel ringförmig angeordnet
Blütenstand	Am Ende der Stängel oder der Seitenäste 2–4 cm breite Köpfchen mit einer eiförmigen bis kugeligen Hülle und 50–100 Röhrenblüten; Hüllblätter braun, dachziegelartig übereinander gereiht, mit trockenhäutigen Anhängseln
Blüten	5-teilige Röhrenblüten; die randständigen Blüten vergrössert, meist steril, ausgebreitet; innere Blüten röhrenförmig, im oberen Bereich 5-zipfelig
Kelchblätter	Kein Kelch vorhanden; gelegentlich mit kleinen Borsten
Kronblätter	5, miteinander verwachsen, pfirsichrot und in seltenen Fällen weiss; die inneren Blüten mit schmalen Kronzipfeln
Staubblätter	5; Staubfäden frei; Staubbeutel zu einer Röhre zusammengefügt und den Griffel umschliessend
Fruchtknoten	Unterständig, aus 2 Fruchtblättern verwachsen; nur eine Samenanlage
Früchte	Achänen bis 3 mm lang, schmal verkehrt eiförmig, fein behaart oder kahl, grauweiss bis hellbraun; Pappus fehlend oder nur aus kleinen Borsten bestehend
Blätter	Wechselständig angeordnet, im mittleren und oberen Bereich ganzrandig oder entfernt gezähnt, lanzettlich; untere und grundständige Blätter lanzettlich bis eiförmig, in den Stiel verschmälert, gezähnt, mit fiederartigen Abschnitten

Skabiosen-Flockenblume
Centaurée scabieuse; Fiordaliso vedovino
Greater Knapweed
Centaurea scabiosa L.

Asteraceae
Korbblütler

Trommelschlägel

Herkunft / Verbreitung	Vermutlich eine eurasiatische Pflanze; fast ganz Europa; nordwärts bis Dänemark, Irland, England, Schottland, Südskandinavien; ost- und südostwärts bis zum Kaukasus, zum Baikalsee, Bulgarien, Iran, Westasien
Höhenstufen	Kollin, montan, seltener subalpin
Bodenbeschaffenheit	Auf mässig trockenen, meist kalkhaltigen, humosen, lockeren, steinigen oder reinen Lehm- und Lössböden; ein Rohbodenpionier; Halbschatten-Lichtpflanze; bis 2 m tief wurzelnd; sommerwarme Lagen bevorzugend
Standorte	Föhren- und Flaumeichenwälder, magere Wiesen, Mähwiesen, Raine, Trocken- und Halbtrockenrasen, Wald-, Weg- und Buschränder
Blütezeit	Juni bis August
Bestäubung	Insektenbestäubung: Bienen, Fliegen, Hummeln, Tag- und Nachtfalter
Aussehen	20–120 cm hoch, aufrecht, meist verzweigt, mehrköpfig, mit Rhizomknollen, mehrjährig; Stängel stielrund, mehrkantig, gefüllt, hell- bis dunkelgrün, schwach anliegend behaart bis kahl; Leitbündel ringförmig angeordnet
Blütenstand	Endständige, eiförmige bis kugelige Köpfchen; Hüllblätter 3-eckig, dachziegelartig übereinander liegend, grün und dunkelbraun bis schwarz, mit unverzweigten bis 4 mm langen Fransen, die den grünen Teil der Hülle verdecken
Blüten	Röhrenblüten purpurn, auch rosarot, seltener weiss; Randständige leicht zygomorph, vergrössert, steril, mit 5 schmal lanzettlichen Zipfeln; innere Röhrenblüten mit im unteren Bereich weisser Röhre und meist 5 schmalen Zipfeln; Blütenboden mit zahlreichen Spreublättern, die zur Fruchtzeit abfallen
Kelchblätter	Als weisser Borstenkranz ausgebildet
Kronblätter	5, die nicht hervortretenden Staubblätter umschliessend
Staubblätter	5; Staubfäden frei; Staubbeutel zu einer Röhre zusammengefügt
Fruchtknoten	Unterständig, aus 2 Fruchtblättern verwachsen, mit im Innern eine Samenanlage; Griffel mit 2 kurzen Griffelästen
Früchte	Achänen 3–5 mm lang, meist seitlich etwas zusammengedrückt, kantig, dunkelbraun bis schwarz, im obersten Bereich hellbraun bis weiss, anfangs flaumig behaart, später verkahlend; Pappus braun, so lang wie die Achäne
Blätter	Wechselständig angeordnet, nicht stechend, rauhaarig, 1–2-fach fiederteilig; untere Blätter gestielt; die oberen Blätter meist sitzend

Grosse Klette
Bardane commune; Bardana maggiore
Great Burdock
Arctium lappa L.

Asteraceae
Korbblütler

Butzenklette

Herkunft / Verbreitung	Eurasiatische Pflanze; in ganz Europa; nordwärts bis Dänemark, England, Südskandinavien; ost- und südostwärts bis zum Altai, Kaukasusländer, China, Japan; in den USA und in Argentinien eingeschleppt; in der Region verbreitet
Höhenstufen	Kollin, montan, seltener subalpin
Bodenbeschaffenheit	Auf feuchten, frischen bis mässig frischen, nährstoffreichen, neutralen, humosen, lockeren Lehmböden; Lichtpflanze; Kulturbegleiter
Standorte	Brachäcker, Hochstaudenfluren, im Schotter der Flüsse, Schuttplätze, staudenreiche Unkrautfluren, gruppenweise an Wegrändern, bei Mauern, Dämmen, Ufern, Zäunen, Viehlägern, Weiden
Blütezeit	Juli bis Oktober
Bestäubung	Insektenbestäubung: Bienen, Hummeln, Schmetterlinge
Aussehen	60–150 cm hoch, aufrecht, verzweigt, 1-jährig; Äste aufgerichtet bis ausgebreitet, nur selten überhängend; Wurzel fleischig, spindelförmig, ästig verzweigt, bis 60 cm lang; Stängel mehrkantig, ausgefüllt, grün und rötlichbraun, längsgefurcht, schwach anliegend behaart bis kahl, oft einen Durchmesser bis 2 cm erreichend; Leitbündel ringförmig angeordnet; früher als Heil- und Nutzpflanze (Wurzel, Klettenöl) verwendet
Blütenstand	Köpfe kugelig, lang gestielt und einzeln in der Mitte des Stängels oder in einer doldenartigen Rispe (auch doldenartige Traube möglich); Hüllblätter zahlreich, grün, im jungen Zustand etwas spinnwebig, mit hakenförmiger Spitze; Blütenkopfboden mit zahlreichen Spreublättern
Blüten	Zahlreiche purpurrote Röhrenblüten nur wenig aus dem Kopf hervortretend
Kelchblätter	Zu einem weissen Borstenkranz umgewandelt
Kronblätter	5, miteinander zu einer langen Röhre verwachsen, ohne Drüsen, im unteren Bereich weiss; Kronzipfel lanzettlich und zugespitzt
Staubblätter	5, in der Kronröhre eingeschlossen; Staubbeutel eine Röhre bildend
Fruchtknoten	Unterständig, aus 2 Fruchtblättern verwachsen; Griffel mit 2 Narben
Früchte	Achänen 6–8 mm lang, schmal oval, braun mit oft dunkelbraunen Flecken, mit erhabenen Längslinien; Pappus kurz, weiss bis hellbraun
Blätter	Grundständige 30–50 cm lang, rundlich bis herzförmig; Stiel lang, rinnig, mit Mark gefüllt; Stängelständige an Grösse abnehmend; Unterseite graufilzig

Acker-Kratzdistel
Cirse des champs; Cardo campestre
Canada Thistle, Creeping Thistle
Cirsium arvense L.

Asteraceae
Korbblütler

Acker-Distel

Herkunft / Verbreitung	Eurasiatische Pflanze; fast über die ganze Erde verbreitet; in Europa nordwärts vereinzelt bis 70° nördliche Breite; in Asien in der gemässigten Zone; selten in tropischen und kalten Gebieten; südlichste Verbreitung in Nordafrika; in den USA eingeschleppt; in der Region häufig anzutreffen
Höhenstufen	Kollin, montan, subalpin; Kulturbegleiter
Bodenbeschaffenheit	Auf frischen bis trockenen, nährstoffreichen, kalkarmen und kalkreichen, humosen, oft tiefgründigen, auch steinigen und sandigen Böden aller Art
Standorte	Äcker (gefürchtetes Ackerunkraut), Gärten, Lägerstellen, Ödland, Ruderalstellen, Schuttplätze, entlang von Ufern, Waldschläge, Wegränder
Blütezeit	Juni bis Oktober
Bestäubung	Insektenbestäubung: Bienen, Fliegen,Hummeln, Käfer; Selbstbestäubung
Aussehen	30–150 cm hoch, aufrecht, verzweigt, mehrjährig, mit walzenförmigem und weit kriechendem Wurzelstock; bis 2 m tief wurzelnd; Stängel mehrkantig, meist hohl, grün und besonders unten mit roten Streifen, anliegend behaart bis kahl, im oberen Bereich oft etwas spinnwebig, im unteren Teil mit einzelnen Stacheln; Leitbündel ringförmig angeordnet; Lichtpflanze
Blütenstand	Köpfe eiförmig bis kugelig, 10–30 mm lang, gestielt, mit vielen dachziegelartig übereinander liegenden Hüllblättern, deren kurze Stacheln kaum stechen; zahlreiche Köpfe eine doldenartige Rispe bildend
Blüten	Röhrenblüten purpurrot, lilarot bis hellrosa oder seltener weiss (Pflanzen mit nur weissen Blüten bereits gefunden), zwittrig oder weiblich, 10–20 mm lang
Kelchblätter	Zu einem Pappus umgewandelt
Kronblätter	5, miteinander verwachsen, mit 5 gleichartigen Kronzipfeln
Staubblätter	5, in der Kronröhre eingeschlossen; Pollen wird in Staubbeutelröhre entleert
Fruchtknoten	Unterständig, aus 2 Fruchtblättern verwachsen; Griffel mit Fegehaaren besetzt, schiebt den Pollen durch die Staubbeutelröhre an die Oberfläche
Früchte	Achänen schmal zylinderförmig, seitlich etwas abgeflacht, gegen unten verschmälert, braun, fein behaart bis kahl, mit einem bis 5 mm langen Pappus
Blätter	Wechselständig angeordnet, lanzettlich, ungeteilt, buchtig gezähnt oder fiederteilig mit 3-eckigen bis ovalen, feinstacheligen Abschnitten; Untere kurz gestielt; Obere mit veschmälertem Grund sitzend; Unterseite grün / weissfilzig

Gewöhnliche Kratzdistel, Gemeine Kratzdistel
Cirse commun; Cardo asinino
Bull Thistle
Cirsium vulgare (Savi) Ten.

Asteraceae
Korbblütler

Lanzett-Kratzdistel

Herkunft / Verbreitung Eurasiatische Pflanze; in ganz Europa; nordwärts bis Irland, Dänemark, Skandinavien; ost- und südostwärts bis Sibirien, Iran, Westasien; südwärts bis Sizilien, Zypern, Nordafrika; in Argentinien, Australien, Neuseeland, Peru, Tasmanien und in den USA eingeschleppt; in der Region häufig anzutreffen

Höhenstufen Kollin, montan, seltener subalpin

Bodenbeschaffenheit Auf mässig frischen bis mässig trockenen, nährstoffreichen, humosen, lockeren Lehmböden; bis 2 m tief wurzelnd; Lichtpflanze

Standorte Ödland, Schuttplätze, staudenreiche Unkrautfluren, Wegränder, Waldschläge

Blütezeit Juli bis Oktober

Bestäubung Insektenbestäubung: Bienen, Fliegen, Hummeln, Tagfalter

Aussehen 50–200 cm hoch, aufrecht, verzweigt, meist 2-jährig (im 1. Jahr Bildung einer kräftigen Rosette, im 2. Jahr wächst die blühende Pflanze heran), mit ästiger und spindelförmiger Wurzel; Stängel stielrund, mehrkantig, gefüllt, grün mit rötlichen Streifen, durch herablaufende Blattränder geflügelt, behaart bis fast kahl; Leitbündel ringförmig angeordnet

Blütenstand Köpfe breit eiförmig bis kugelig, 3–5 cm lang, gestielt, einzeln am Ende der Äste; Hüllblätter grün, lanzettlich, mehrreihig, dachziegelartig angeordnet

Blüten Röhrenblüten 25–35 mm lang, hell purpurrot, meist zwittrig, selten mit nur weiblichen Blüten; Blütenkopfboden mit zerschlitzten Spreublättern

Kelchblätter Zu einem langen Pappus umgewandelt

Kronblätter 5, miteinander zu einer langen Röhre verwachsen, mit 5 gleichen Kronzipfeln

Staubblätter 5, im trichterförmigen Teil der Kronröhre eingeschlossen; Staubbeutel bilden eine Röhre, in die der Pollen entleert wird

Fruchtknoten Unterständig, aus 2 Fruchtblättern verwachsen; der Griffel, mit Fegehaaren besetzt, schiebt den Pollen durch die Staubbeutelröhre an die Oberfläche

Früchte Achänen schmal zylindrisch, gegen unten etwas verschmälert, hell- bis dunkelbraun, mit hervortretenden Längsstreifen, vor der Pappusansatzstelle ein kragenförmiger Ring; Pappus 2–3 cm lang, mit federig behaarten Pappusborsten

Blätter Grundrosettenblätter schmal keilförmig, fiederspaltig, mit breit eiförmigen und dornigen Abschnitten; Stängelblätter länglich lanzettlich, fiederspaltig, ihre Abschnitte ungeteilt, 2- oder 3-spaltig, lang und spitz auslaufend

Echter Arznei-Baldrian
Valériane officinale; Valeriana comune
Common Valerian
Valeriana officinalis L.

Caprifoliaceae
Geissblattgewächse

Gebräuchlicher Baldrian

Herkunft / Verbreitung	Osteuropäische Pflanze; in ganz Europa mit Ausnahme des hohen Nordens; nordwärts bis Südschweden; südost- und ostwärts bis zur Krim, zum Kaukasus, Sibirien, West- und Zentralasien, Japan; der äusserste Teil Südeuropas wird gemieden; im Gebiet ziemlich häufig anzutreffen
Höhenstufen	Kollin, montan
Bodenbeschaffenheit	Auf nassen, wechselfeuchten bis trockenen, mässig nährstoffreichen, auch basenreichen, humosen, neutralen Lehm- und Tonböden; an schattigen Orten aber auch in sonniger Lage anzutreffen; bis 50 cm tief wurzelnd
Standorte	Sonnige und felsige Abhänge, Auen, Gräben, Hochstaudenfluren, Moorwiesen, Schluchten, Uferpartien, feuchte Waldlichtungen
Blütezeit	Mai bis September
Bestäubung	Insektenbestäubung: Bienen, Fliegen, Hummeln, Tagfalter
Aussehen	40–150 cm (bis 2 m) hoch, aufrecht, von der Basis heraus vielstängelig, mehrjährig, mit kurzem und walzenförmigem Wurzelstock; keine oder nur kurze unterirdische Ausläufer; Stängel rund, oft mit zahlreichen Längsfurchen, grün, hohl, unten kurzhaarig, oben kahl; Leitbündel ringförmig angeordnet
Blütenstand	Blüten in einer wiederholt 3-spaltigen und schirmförmigen Trugdolde
Blüten	2–6 mm lang, gestielt, hell rotlila bis weiss, mit trichterförmiger Krone
Kelchblätter	5 kurze und eingerollte Zipfel, die zur Blütezeit nur schwach sichtbar sind
Kronblätter	5, miteinander bis oberhalb der Mitte verwachsen; Kronzipfel ausgebreitet und am Ende stumpf oder abgerundet
Staubblätter	Meist 3, am Grund der Kronröhre angewachsen; Staubfäden hell lila bis weiss, länger als die Kronröhre und aus dieser herausragend
Fruchtknoten	Unterständig, 3-fächerig, mt einem fruchtbaren Fach und 2 sterilen Fächern
Früchte	Schliessfrüchte schmal eiförmig, etwas abgeflacht, mit deutlich hervortretenden Längsleisten, braun, meist kahl, 2–4 mm lang, einsamig; die 2 leeren Fächer an der Frucht verschwinden bei der Reife; bis 12 (seltener mehr) federig behaarte und 3–6 mm lange Pappusborsten als Flugorgan
Blätter	Am Stängel gegenständig angeordnet, gestielt; Grundständige unpaarig gefiedert, mit 5–13 Fiederpaaren; mittlere Stängelblätter mit 5–9 Fiederpaaren, ihre Teilblätter lanzettlich bis eiförmig, mit jederseits 5–11 abgerundeten Zähnen

Schopfige Traubenhyazinthe
Muscari à toupet; Giacinto dal pennacchio
Tassel Hyacinth
Muscari comosum (L.) Mill.

Asparagaceae
Spargelgewächse

Schopfige Bisamhyazinthe

Herkunft / Verbreitung	Mediterrane Pflanze; in Mittel- und Südeuropa; nordwärts bis Norddeutschland, England, Dänemark; ostwärts bis Vorderasien; südwärts bis Nordwestafrika; in den USA eingeschleppt; im Gebiet nur in sehr warmen Lagen anzutreffen; gelegentlich in Gärten angepflanzt
Höhenstufen	Kollin, montan
Boden-beschaffenheit	Auf mässig trockenen bis trockenen, basenreichen, tiefgründigen, sandigen Lehm- und Lössböden; auch schwere Böden ertragend
Standorte	Acker- und Wegränder, Felsenheiden, Grasplätze, lichte Gebüsche, lückige Kalkmagerrasen, steile und sonnige Hänge, Trockenwiesen, Weinberge
Blütezeit	April bis Juni
Bestäubung	Insektenbestäubung: Bienen, Hummeln, Schmetterlinge; Selbstbestäubung
Aussehen	30–70 cm hoch, aufrecht, unverzweigt, mehrjährig, mit grossen Zwiebeln (mit braunen Hüllen); Stängel breit oval bis rundlich, gefüllt, kahl, grün und hellbraun; Leitbündel über den gesamten Stängelquerschnitt verteilt
Blütenstand	10–25 cm lange Traube mit zahlreichen fertilen Blüten; an der Spitze ein Schopf mit lang gestielten, aufwärts gerichteten, blauvioletten und sterilen Blüten
Blüten	Die Fertilen glocken- bis krugförmig, lang gestielt, grünlich, hellbraun, graubraun bis hellviolett, aufgerichtet oder waagrecht abstehend
Kelchblätter	Keine Kelchblätter vorhanden
Perigonblätter	6, miteinander verwachsen, 5–9 mm lang, mit je einem gelblichen bis beigen, am Ende weissen und nach aussen gerichteten Zipfel
Staubblätter	6, im unteren Teil des Perigonkruges angewachsen; Staubbeutel dunkelviolett bis schwarz, später durch die austretenden Pollen gelblichweiss erscheinend
Fruchtknoten	Oberständig, eiförmig, bis 12 mm lang, 3-fächerig, mit 6 Samenanlagen; Griffel wie der Fruchtknoten hellgrün und mit einer kleinen Narbe
Früchte	Kapsel breit eiförmig bis kugelig, 6–9 mm lang, scharf 3-kantig und etwas geflügelt, vorn nicht eingesenkt, lang gestielt, bei der Reife waagrecht abstehend, sich am Stängel öffnend; Samen kugelig, dunkelbraun bis schwarz
Blätter	3–6, grundständig, lanzettlich, aufrecht oder gebogen, gegen oben allmählich verschmälert, so lang oder länger als der Blütenstand, unterseits rinnig, mit fein gezähntem Blattrand; im Sommer sind die Blätter verwelkt

Weinbergs-Traubenhyazinthe
Muscari des vignes; Muscari ignorato
Common Grape Hyacinth
Muscari neglectum Guss.

Asparagaceae
Spargelgewächse

Übersehene Bisamhyazinthe

Herkunft / Verbreitung	Mediterrane Pflanze; vor allem im Mittelmeergebiet; nach Mitteleuropa vordringend; ostwärts bis in den Kaukasus; südwärts bis Nordwestafrika
Höhenstufen	Kollin, montan; kann auch in die subalpine Stufe verschleppt sein
Bodenbeschaffenheit	Auf mässig trockenen, kalkhaltigen, neutralen bis basischen, mässig nährstoffarmen bis mässig nährstoffreichen, tiefgründigen Lehm- und Lössböden; warme Lagen bevorzugend; Zwiebel bis in eine Tiefe von 25 cm
Standorte	Äcker, Bahndämme, Brachen, Gebüsche, Halbtrockenrasen, trockene Wiesen, Olivenhaine, Schuttplätze, Steinfluren, warme Waldränder, Weinberge, auch entlang von Zäunen; im Süden in Obstgärten
Blütezeit	März bis Mai
Bestäubung	Insektenbestäubung: Bienen, Hummeln, Tagfalter
Aussehen	20–40 cm hoch, aufrecht, unverzweigt, mehrjährig, mit bis zu 2 cm dicken Zwiebeln; sich nicht nur mit Samen, sondern auch mit Brutzwiebeln vermehrend; Stängel breit oval bis rundlich, gefüllt, kahl, gelblichgrün bis mittelgrün; Leitbündel über den gesamten Stängelquerschnitt verteilt
Blütenstand	Traube 2–5 cm lang, länglich bis schmal eiförmig, mit 30–40 fertilen Blüten, an der Spitze mit einigen wenigen geschlechtslosen Blüten
Blüten	Eiförmig bis kugelig, 4–6 mm lang, kurz gestielt, dunkelblau bis blauschwarz
Kelchblätter	Keine Kelchblätter vorhanden
Perigonblätter	6, bis fast zuoberst miteinander verwachsen; Perigonzipfel weiss, nach aussen gebogen; Blüte wohlriechend (nach Pflaumen duftend)
Staubblätter	6, im unteren Teil des Perigonkruges angewachsen; Staubbeutel dunkelviolett bis schwarz, nach dem Öffnen mit weisslichem Pollen übersät
Fruchtknoten	Oberständig, aus 3 Fruchtblättern verwachsen, mit jeweils 2 Samenanlagen pro Fruchtblatt; Griffel breit, weiss, mit kugeliger Narbe
Früchte	Kapsel breit verkehrt eiförmig bis rundlich, 5–8 mm lang, zuerst olivgrün, später hellbraun bis graubraun, 3- bis mehrkantig, an der Spitze deutlich abgerundet; Samen zuerst braun, später dunkelbraun bis schwarz
Blätter	3–8, grundständig, linealisch, bis 6 mm breit, vorn abgerundet, im Querschnitt halbkreisrund, meist ganzrandig, viel länger als der Stängel, bogig ausgebreitet bis niederliegend; im Sommer sind die Blätter verwelkt

Gemeine Traubenhyazinthe
Muscari à grappe; Muscari atlantico
Grape Hyacinth
Muscari racemosum (L.) Mill.

Asparagaceae
Spargelgewächse

Gemeine Bisamhyazinthe

Herkunft / Verbreitung	Mediterrane Pflanze; Süd- und Mitteleuropa; nordwärts bis Norddeutschland, England; ost- und südostwärts bis zum Kaukasus, Südrussland, Iran, Kleinasien; südwärts bis nach Nordafrika, Syrien
Höhenstufen	Kollin, montan; verschleppt bis in die subalpine Stufe
Bodenbeschaffenheit	Auf mässig trockenen bis trockenen, nährstoffreichen, mehr oder weniger humosen, meist kalkhaltigen, lockeren, sandigen oder reinen Lehm- und Lössböden; bis 25 cm tief wurzelnd; in wärmeren Lagen ziemlich häufig anzutreffen
Standorte	Böschungen, entlang von lichten Buschreihen, Obstgärten, trockene Wiesen, Weinberge; oft Zeiger ehemaliger Weinberge
Blütezeit	März bis Mai
Bestäubung	Insektenbestäubung: Bienen, Hummeln, Tagfalter
Aussehen	10–30 cm hoch, aufrecht, unverzweigt, mehrjährig; Zwiebel eiförmig bis breit eiförmig, bis 1 cm dick, mit einer braunen Hülle; Bildung zahlreicher Nebenzwiebeln; Stängel rund, gefüllt, kahl, weiss, hellgrün bis rötlichbraun; Leitbündel über den gesamten Stängelquerschnitt verteilt
Blütenstand	10–30-blütige Traube am Ende der Stängel
Blüten	3–7 mm lang, gestielt, dunkelblau, nach Pflaumen/Pfirsich duftend; am Ende des Blütenstandes etwas hellere sterile Blüten; die darunterliegenden fertilen Blüten horizontal abstehend oder nickend
Kelchblätter	Keine Kelchblätter vorhanden
Perigonblätter	6, bis fast zuoberst miteinander zu einem Krug verwachsen, bereift; Perigonzipfel breit 3-eckig, abgerundet, weiss, nach aussen gebogen; Tragblätter der Blüten sehr kurz, häutig, ausgerandet oder 2-teilig
Staubblätter	6; Staubfäden zum Teil mit dem Perigonkrug verwachsen; Staubbeutel dunkelblau bis schwarz, nach der Öffnung den weissen Pollen entlassend
Fruchtknoten	Oberständig, aus 3 Fruchtblättern verwachsen, grün, mit je 2 Samenanlagen pro Fruchtblatt; Griffel gleich lang oder etwas länger als der Fruchtknoten
Früchte	Kapseln mit 3 Flügeln, 3-fächerig, grün, dann hellbraun bis graubraun, an der Spitze eingesenkt; Samen eiförmig, bis 2 mm lang, braun bis schwarz
Blätter	3–6, grundständig, linealisch, gegen die Spitze hin nicht verbreitert, im Querschnitt halbkreisförmig, tief rinnig, ausgebreitet bis niederliegend

Leberblümchen | **Ranunculaceae**
Hépatique à trois lobes; Erba trinità | **Hahnenfussgewächse**
Liverleaf
Hepatica nobilis Schreb. | **Blaublume**

Herkunft / Verbreitung	Europäische Pflanze; nordwärts bis Skandinavien (bis 63° nördliche Breite); fehlt in England und Irland; ostwärts bis Japan und Korea; im nördlichen Alpenvorland ziemlich häufig auftretend; auch im gemässigten Nordamerika
Höhenstufen	Kollin, montan, vereinzelt subalpin; bevorzugt warme Lagen
Bodenbeschaffenheit	Auf frischen bis mässig trockenen, nährstoff- und basenreichen, meist kalkhaltigen, lockeren, humosen Lehmböden; bis 50 cm tief wurzelnd
Standorte	Buschige Hänge, Felsenheiden, in krautreichen Buchen- und Eichenwäldern, seltener in Nadelwäldern, Waldränder
Blütezeit	März bis Mai
Bestäubung	Insektenbestäubung: Bienen, Fliegen, Hummeln, Schmetterlinge
Aussehen	5–15 cm hoch, aufrecht, unverzweigt, mehrjährig, mit kurzem, faserigem und dunkelbraunem Wurzelstock; Stängel oval, gefüllt, rötlich, hell- und dunkelbraun, dicht behaart; Leitbündel ringförmig angeordnet
Blütenstand	Mit Einzelblüten
Blüten	20–30 mm im Durchmesser, blauviolett, seltener rosa oder weiss
Kelchblätter	Keine Kelchblätter vorhanden
Perigonblätter	6–10, breit- bis schmal verkehrt eiförmig, ganzrandig, unterseits weisslich bis hell violett, beiderseits kahl; keine Honigdrüsen vorhanden
Staubblätter	Viele, nicht länger als die Perigonblätter; Staubfäden und Staubbeutel weiss
Fruchtknoten	Oberständig, zahlreich, länglich bis schmal eiförmig, zuerst hellgrün, später dunkelgrün bis bräunlichgrün, behaart, mit kurzem Schnabel, mit kopfförmiger weisser Narbe und an einer gewölbten Achse stehend
Früchte	Zahlreiche längliche, behaarte, mit einem Elaiosom (fett- und nährstoffreiches Anhängsel) ausgerüstete Nussfrüche; die Verbreitung der Samen erfolgt vorwiegend durch Ameisen
Blätter	Grundständige im Umriss 3-lappig, am Grund tief herzförmig, mit 3 breit eiförmigen, stumpfen und sich oft etwas überlappenden, ganzrandigen Lappen, lang gestielt, oberseits glänzend dunkelgrün und kahl, unterseits braunrot, behaart, später verkahlend; die 3 Stängelblätter (= Hochblätter) bis 1 cm lang, oval, ganzrandig, sitzend, den Perigonblättern dicht anliegend und einen Kelch vortäuschend; neue Blätter nach der Blütezeit erscheinend

Blauer Eisenhut | **Ranunculaceae**
Aconit napel; Aconito napello | **Hahnenfussgewächse**
Friar's Cap
Aconitum napellus aggr. auct. helv. | **Kapuzinerchäppli**

Herkunft / Verbreitung	Westalpen-Pflanze; Hauptverbreitungsgebiet in den europäischen Gebirgen, vereinzelt auch im Tiefland; nordwärts bis Schweden; südostwärts bis zu den Karpaten; südwestwärts bis zu den Pyrenäen; Licht-Halbschattenpflanze
Höhenstufen	(Kollin), montan, subalpin, alpin
Boden-beschaffenheit	Auf nassen bis sickerfrischen, nährstoff- und basenreichen, humosen Lehm- und Tonböden; Nährstoffzeiger; bis 50 cm tief wurzelnd
Standorte	An Bächen und Quellen, feuchten und überdüngten Alpweiden, um Alphütten herum, Gärten, Hochstaudenfluren, Viehlägerstellen, im Weidengebüsch
Blütezeit	Juni bis September; sehr stark giftige Pflanzenart
Bestäubung	Insektenbestäubung: Bienen, Fliegen, Hummeln (Hummelblume), Käfer
Aussehen	40–150 cm hoch, aufrecht, unverzweigt oder verzweigt, mehrjährig, mit knolliger, rübenartig verdickter und fleischiger Wurzel; Bildung von 2 oder 3 Tochterknollen, die im Frühling neu austreiben; Stängel stielrund mit oft mehreren abgerundeten Kanten, anfangs ausgefüllt, später auch hohl, hell- bis olivgrün, fein anliegend behaart oder kahl; Leitbündel ringförmig angeordnet
Blütenstand	Vielblütige und oft fein behaarte Traube; bei verzweigten Pflanzen überragt die Endtraube die Seitentrauben
Blüten	Zygomorph, 2–3 cm lang, gestielt, dunkel blauviolett
Kelchblätter	Keine Kelchblätter vorhanden
Perigonblätter	5, etwas verwachsen, oft leicht behaart; oberstes Perigonblatt einen aufrechten und hohlen Helm bildend, in diesem 2 freie, langgestielte Honigblätter; 2 mittlere Perigonblätter rundlich, die 2 untersten Perigonblätter elliptisch
Staubblätter	Zahlreich, oft etwas behaart, mit dunkelvioletten bis schwarzen Staubbeuteln
Fruchtknoten	Oberständig, aus meist 3 kahlen Fruchtblättern bestehend
Früchte	Balgkapseln (Balgfrüchte) 1–2 cm lang, mehrsamig, hell- bis dunkelbraun, sich zuoberst öffnend; Samen bis 4 mm lang, eiförmig bis pyramidenförmig, 3-kantig, in den Kanten schmal geflügelt oder mit Querleisten, auf den Flächen glatt oder etwas runzelig, dunkelbraun bis glänzend schwarz
Blätter	Wechselständig angeordnet, im Umriss rhombisch, gestielt, am Stängel dicht stehend; Blattspreite bis zum Grunde 5- oder 7-teilig, oberseits dunkelgrün, unterseits hell- oder weisslichgrün; Abschnitte allmählich zugespitzt

Garten-Feldrittersporn | **Ranunculaceae**
Pied d'alouette des jardins | **Hahnenfussgewächse**
Rocket Larkspur; Speronella fiorcappuccio
Consolida ajacis (L.) Schur | **Hyazinthenblütiger Feldrittersporn**

Herkunft / Verbreitung	Südeuropäisch-südwestasiatische Pflanze; in fast ganz Europa bis Kleinasien; in Mitteleuropa vielerorts als Zierpflanze kultivert und auch verwildert; auch in den USA und Australien verbreitet
Höhenstufen	Kollin
Bodenbeschaffenheit	Auf frischen bis mässig trockenen, nährstoff- und basenreichen, meist kalkhaltigen, humosen, lockeren Lehmböden; bis 50 cm tief wurzelnd; Licht-Halbschattenpflanze; früher als Heilpflanze genutzt; bevorzugt wärmere Lagen
Standorte	Kultiviert in Gärten und von dort verwildert; Ackerränder, Getreideäcker, Raine, Ruderalflächen, Schuttplätze, Wegränder, Weinberge
Blütezeit	Juni bis August
Bestäubung	Insektenbestäubung: Bienen, Hummeln (Hummelblume), Schmetterlinge
Aussehen	30–90 cm hoch, aufsteigend und aufrecht, einfach oder meist reich verzweigt, 1-jährig; Stängel breit oval bis stielrund, hell- bis dunkelgrün, hohl, kahl oder flaumig behaart; Leitbündel ringförmig angeordnet
Blütenstand	Lange, endständige oder bogig aufstrebende, reichblütige Traube
Blüten	Zygomorph, 10–20 mm lang, gestielt, blau bis violett, aber auch weiss und rosa; Blütenstiel mehr oder weniger flaumig behaart, aufwärts gerichtet, mit einem kurzen, zugespitzten und fast anliegenden Vorblatt, dessen Ende den Blütengrund jedoch nicht erreicht
Kelchblätter	Keine Kelchblätter vorhanden
Perigonblätter	5, kronblattartig ausgebildet; das obere und damit hintere Perigonblatt in einen langen, abstehenden und hohlen Sporn verlängert; 4 untere Perigonblätter oval bis eiförmig; 2 Nektarblätter verwachsen und vom Perigon verdeckt; Sporn bis 14 mm lang, etwas drüsig, aufwärts gekrümmt
Staubblätter	Nur wenige; Staubfäden verbreitert und den Fruchtknoten umhüllend
Fruchtknoten	1, oberständig, etwas behaart, in den kurzen Griffel verschmälert
Früchte	Balgfrüchte 15–25 mm lang, schmal zylindrisch, aufrecht, allmählich in den kurzen Griffel übergehend, weichhaarig, später oft kahl, vielsamig; Samen kegelförmig, dunkelbraun bis braunschwarz, mit parallel verlaufenden Leisten
Blätter	Wechselständig angeordnet, stängelständig, fiederspaltig, beiderseits flaumig behaart, später auch verkahlend; die Oberen sitzend, die Unteren gestielt

Saat-Luzerne, Luzerne
Luzerne cultivée; Erba medica
Alfalfa
Medicago sativa L.

Fabaceae
Hülsenfrüchtler

Ewiger Klee

Herkunft / Verbreitung	Wahrscheinlich eine ostmediterrane Pflanze; seit der frühen Antike in verschiedenen Sorten kultiviert; heute weltweit verbreitet und verwildert; in der Gegend verbreitet und häufig anzutreffen
Höhenstufen	Kollin, montan, seltener subalpin; wärmere Lagen bevorzugend
Bodenbeschaffenheit	Auf ziemlich trockenen, nährstoff- und basenreichen, kalkreichen, tiefgründigen, auch sandigen Lehm- und Lössböden; bis 1 m tief wurzelnd
Standorte	Angesät in Wiesen als wertvolle Futterpflanze; Bahnanlagen, Böschungen, Dämme, Deponien, Olivenhaine, Rebberge, Ruderalfluren, Schuttplätze, entlang von Wegen und beim Weidengebüsch
Blütezeit	Juni bis September
Bestäubung	Insektenbestäubung: Bienen, Hummeln, Schmetterlinge; gute Bienenweide
Aussehen	30–90 cm hoch, aufrecht, mehrjährig, mit kurzen unterirdischen Ausläufern und vielen dicken unverholzten Wurzeln; ausserhalb der angesäten Felder als Einzelpflanzen oder in Gruppen anzutreffen; Stängel stielrund oder 4-eckig mit abgerundeten Kanten, zuerst gefüllt, später hohl, grün, kurz behaart; Leitbündel ringförmig angeordnet
Blütenstand	Ei- bis kopfförmige, vielblütige (5–25 Blüten) und endständige Traube
Blüten	Zygomorph, 5–11 mm lang, kurz gestielt, blau, purpurn oder violett
Kelchblätter	5, bis etwa zur Mitte miteinander verwachsen, hellgrün, schwach behaart; Kelchzähne schmal 3-eckig, mittel- bis dunkelgrün, lang zugespitzt
Kronblätter	5, gegliedert in eine grosse Fahne mit dunkelvioletten Streifen, 2 kleinere Flügel und einem aus 2 Kronblättern bestehenden kleinen Schiffchen
Staubblätter	10, vom Schiffchen umschlossen; 9 sind mit ihren Staubfäden verwachsen und umschliessen den Fruchtknoten; 1 Staubblatt ist frei
Fruchtknoten	Oberständig, aus einem Fruchtblatt bestehend
Früchte	Hülsen 4–6 mm im Durchmesser, mit 2–3 Schraubenwindungen schneckenförmig zusammengerollt, unbewehrt, kahl oder fein behaart, mehrsamig, dunkelbraun bis schwarz; reife Samen werden aus den Hülsen herausgeschleudert
Blätter	3-zählig, gestielt, oberseits mittel-/dunkelgrün, unterseits hell blaugrün; Fiederblätter bis 3 cm lang, in der Mitte oder im oberen Drittel am breitesten, stachelspitzig oder abgerundet; Endfiederblatt länger gestielt als die 2 anderen

Rivinus' Veilchen, Hain-Veilchen
Violette de Rivinus; Viola di Rivinus
Wood Violet
Viola riviniana Rchb.

Violaceae
Veilchengewächse

Grossblütiges Veilchen

Herkunft / Verbreitung	Europäische Pflanze; in fast ganz Europa ohne arktische Gebiete; nordwärts bis Finnland, Lappland; südwärts bis zum Mittelmeer; westwärts bis Portugal, Madeire; im Simplongebiet bis 2300 m ü. M.; formenreiche Art
Höhenstufen	Kollin, montan, subalpin
Boden-beschaffenheit	Auf frischen bis mässig trockenen, meist kalkarmen, vorzugsweise sandigen, humosen Lehm- und Tonböden; wärmere und schattige Lagen bevorzugend; Licht-Halbschattenpflanze; bis 50 cm tief wurzelnd; schlechte Durchlüftung des Bodens mit Sauerstoff wird ertragen; schwermetalltolerant
Standorte	Eichen-Hainbuchen- und Eichen-Kiefernwälder, Heiden, Hochstaudenwiesen, unter schattigen Sträuchern, Magerrasen, entlang von Waldrändern
Blütezeit	April und Mai
Bestäubung	Insektenbestäubung: Bienen, Hummeln; auch Selbstbestäubung
Aussehen	5–25 cm hoch, aufsteigend oder aufrecht, mehrjährig, mit dicken Rhizomen; Stängel stielrund bis 3-eckig, mit hervortretenden Leisten, ausgefüllt, hellgrün, weisslichgrün und hell rötlichbraun; Leitbündel ringförmig angeordnet
Blütenstand	Lang gestielte Einzelblüten
Blüten	Zygomorph, 10–25 mm lang, oft nickend, blau bis hellviolett
Kelchblätter	5, schmal 3-eckig, 7–11 mm lang, zugespitzt, im untersten Bereich miteinander verwachsen, hellgrün, mit 1–2 mm langen Anhängseln
Kronblätter	5; die 2 Oberen aufwärts gerichtet, die 2 Seitlichen und das Mittlere abwärts gerichtet; das Mittlere breiter und länger als die Seitlichen, mit dunkelvioletten Streifen und einem hellen Fleck; unterstes Kronblatt mit einem weisslichen bis gelblichweissen (selten blass lila) Sporn; dieser am Ende etwas nach oben gebogen, unten gefurcht und am Ende ausgerandet
Staubblätter	5; die beiden unteren Staubblätter mit einem in den Sporn hineinführenden und Nektar absondernden Anhängsel
Fruchtknoten	Oberständig, aus 3 Fruchtblättern verwachsen; Griffel ziemlich dick, mit einem aufwärts gekrümmten, kahlen oder etwas behaarten Schnabel
Früchte	3-klappig aufspringende Kapseln; Samen eiförmig, hellbraun, mit Elaiosom
Blätter	Grund- und stängelständig, gestielt; Blattspreite nierenförmig bis breit herzförmig, breit gezähnt, mit lanzettlichen Nebenblättern

Wiesen-Storchschnabel
Géranium des prés; Geranio dei prati
Meadow Cran's Bill
Geranium pratense L.

Geraniaceae
Storchschnabelgewächse
Blaue Gottesgnad, Blaues Schnabelkraut

Herkunft / Verbreitung	Eurasiatische Pflanze; nordwärts bis England, Schottland, Südskandinavien; ostwärts bis nach Sibirien, der Mongolei, China, Japan, Korea; südwestwärts bis zu den Pyrenäen; in den USA eingeschleppt
Höhenstufen	Kollin, seltener montan
Boden-beschaffenheit	Auf feuchten bis frischen und auch wechselfrischen, nährstoff- und basenreichen, kalkhaltigen, meist tiefgründigen Lehm- und Tonböden; bis 1 m tief wurzelnd (Tiefwurzler); Nährstoffzeiger; Lichtpflanze; als Gartenpflanze kultiviert und von dort oft verwildert
Standorte	Auenwiesen, entlang von Bächen, Fettwiesen, Gärten, bei Gräben
Blütezeit	Juni bis August, seltener bis in den Oktober blühend; gute Bienenweide
Bestäubung	Insektenbestäubung: Bienen, Fliegen, Hummeln, Tagfalter, Wespen
Aussehen	30–60 cm hoch, aufrecht, verzweigt, mehrjährig, mit kräftigem Wurzelstock; Stängel oval, gefüllt, hellgrün und rötlichbraun, im oberen Bereich und bei den Blütenstielen drüsig behaart; Leitbündel ringförmig angeordnet
Blütenstand	Vielblütiges Dichasium; Hauptachse endet mit einer oder mit 2 Blüten; Nebenachsen die Hauptachse überragend und mit je 2 Blüten endend
Blüten	Radiärsymmetrisch, bis 4 cm im Durchmesser, blauviolett, nach dem Blühen abwärts gerichtet, zur Fruchtzeit jedoch wieder aufgerichtet
Kelchblätter	5, elliptisch bis eiförmig, bis 12 mm lang, miteinander nicht verwachsen, mit bis 4 mm langer und oft rötlicher Granne, mittel- bis dunkelgrün, mit drüsig-flaumiger Behaarung
Kronblätter	5, miteinander nicht verwachsen, breit verkehrt eiförmig, 12–20 mm lang, dunkel violett geadert, ohne oder mit kurzem Nagel, am Grunde bewimpert
Staubblätter	10; Staubfäden am Grunde stark verbreitert und kurz bewimpert
Fruchtknoten	Oberständig, aus 5 Fruchtblättern verwachsen
Früchte	Spaltfrucht, in 5 einsamige Teilfrüchte zerfallend; Teilfrüchte an der Spitze des Schnabels verbunden, lösen sich unten von diesem ab, krümmen sich aufwärts und schleudern die Samen weg; Samen schmal eiförmig oder walzlich, mit gewellter Oberfläche, braun, fein behaart oder kahl
Blätter	Rosettenblätter und die Unteren bis 20 cm breit, 5- oder 7-lappig, bis tief handförmig geteilt, lang gestielt; die Oberen mit schmaleren Abschnitten

Kleines Immergrün
Petite pervenche; Pervinca minore
Common Periwinkle, Lesser Periwinkle
Vinca minor L.

Apocynaceae
Hundsgiftgewächse

Gemeines Immergrün

Herkunft / Verbreitung	Europäisch-westasiatische Pflanze; in Mittel- und Südeuropa; nordwärts bis England; ost- und südostwärts bis zum Kaukasus, Kleinasien
Höhenstufen	Kollin, montan
Bodenbeschaffenheit	Auf frischen, nährstoff- und basenreichen, kalkhaltigen, humosen, lockeren Lehm- und Tonböden; nicht sehr tief wurzelnd; Halbschattenpflanze
Standorte	Artenreiche Buchen- und Buchenmischwälder, Auen, am Rande von Gebüschen, Hecken, Mauern, Waldlichtungen, Weinberge; oft auf Friedhöfen, in Gärten und Parkanlagen angepflanzt; meist in grossen Beständen auftretend
Blütezeit	März bis Mai
Bestäubung	Insektenbestäubung: Bienen, Fliegen, Hummeln
Aussehen	5–20 cm hoch, mehrjährig, mit dünnen und weit kriechenden Rhizomen; sterile Sprosse lang, niederliegend, an den Knoten Wurzeln und ganze Büschel bildend; blühende Sprosse aufrecht, am Grunde verholzend; Stängel oval bis stielrund, gefüllt, grün und rötlichbraun; Leitbündel ringförmig angeordnet
Blütenstand	Aus den oberen Blattwinkeln bilden sich Einzelblüten mit 1–2 cm langen Stielen aus neuen und aufrecht wachsenden Trieben
Blüten	Radiärsymmetrisch, 2–3 cm im Durchmesser, mit trichterförmiger Röhre, hell- bis mittelblau, seltener weiss, rot- oder schwarzviolett
Kelchblätter	5, im unteren Teil miteinander zu einem kurzen Trichter verwachsen, meist hellgrün; Kelchzipfel lanzettlich und fein bewimpert
Kronblätter	5; Zipfel flach ausgebreitet, nach links drehend, am Ende meist abgeflacht, zu einer bis 11 mm langen Röhre verwachsen
Staubblätter	5, in der Kronröhre angewachsen; Staubfäden behaart
Fruchtknoten	Oberständig, hellgrün, aus 2 Fruchtblättern bestehend und 2-fächerig; 2 abgerundete Drüsen am Grunde des Fruchtknotens; 1 Griffel an der Spitze mit einem verdickten Ring, der herabhängende Haarbüschel trägt
Früchte	2 miteinander nur am Grunde verbundene, 15–20 mm lange, oft ungleich grosse Balgfrüchte; Samen zylindrisch, braun, höckerig, ohne Haarschopf
Blätter	Kreuzgegenständig angeordnet, bis 5 cm lang, kurz gestielt; Blattspreite eiförmig, am Spreitengrund verschmälert, oben stumpf oder abgerundet, kahl, lederartig, mit ganzrandigen und leicht nach unten gebogenen Rändern

Kleine Brunelle, Gewöhnliche Braunelle
Brunelle commune; Prunella comune
Self Heal
Prunella vulgaris L.

Lamiaceae
Lippenblütler

Gemeine Braunelle

Herkunft / Verbreitung	Eurasiatische Pflanze; in fast ganz Europa; nordwärts bis Island, in Skandinavien bis 69° nördliche Breite; ostwärts bis Russland, gemässigte Zonen Asiens; südwärts bis Nordafrika
Höhenstufen	Kollin, montan, subalpin
Bodenbeschaffenheit	Auf etwas feuchten bis mässig trockenen, nährstoffreichen, kalkarmen und kalkhaltigen Lehm- und Tonböden; bis 25 cm tief wurzelnd; bevorzugt eine sommerwarme und milde Klimalage; Licht-Halbschattenpflanze
Standorte	Fett-, Mager- und Moorwiesen, vernachlässigte Äcker, lichte Laub- und Nadelwälder, Parkrasen, Schlagflächen, entlang von Ufern, Waldwege
Blütezeit	Juni bis September
Bestäubung	Insektenbestäubung: Bienen, Hummeln, Tagfalter; auch Selbstbestäubung
Aussehen	5–20 cm hoch, aufsteigend oder aufrecht, unverzweigt, mehrjährig, mit oberirdisch kriechenden und wurzelnden Ausläufern; Stängel 4-eckig, mit abgerundeten Kanten, gefüllt, grün und rötlichbraun, zerstreut behaart oder kahl; Leitbündel ringförmig angeordnet (konzentriert in den 4 Ecken)
Blütenstand	In der Regel 6 Blüten in der Scheinquirle; diese zu mehreren übereinander liegend und eine eiförmige bis kugelige, endständige und dem obersten Blattpaar aufsitzende Scheinähre bildend
Blüten	10–15 mm lang, sitzend, meist violett, mit einer geraden und weissen Röhre
Kelchblätter	5, miteinander glockenförmig verwachsen, 6–8 mm lang, abstehend behaart; Kelch deutlich 2-lippig (obere Lippe 3-spitzig, untere Lippe tief 2-spitzig)
Kronblätter	5, miteinander verwachsen; Oberlippe helmförmig, kahl oder mit einigen wenigen Haaren; Unterlippe 3-teilig, ihr mittlerer Lappen gezähnelt und grösser als die seitlichen Abschnitte; Blütenröhre den Kelch nicht überragend
Staubblätter	4; 2 kürzere und 2 längere Staubblätter meist der Oberlippe anliegend
Fruchtknoten	Oberständig, aus 2 Fruchtblättern verwachsen; durch Bildung von Scheidewänden enstehend 4 Kammern; langer, hellvioletter Griffel endet in 2 Narben
Früchte	Klausenfrucht in 4 einsamige Klausen zerfallend; diese sind 1–2 mm lang, eiförmig, etwas 3-kantig, glatt, glänzend, mittel- bis dunkelbraun
Blätter	Gegenständig angeordnet, gestielt, spärlich behaart; Battspreite schmal eiförmig, keilförmig verschmälert; Blattrand ganzrandig oder mit kurzen Zähnen

Wiesen-Salbei
Sauge des prés; Salvia comune
Meadow Clary
Salvia pratensis L.

Lamiaceae
Lippenblütler

Wilder Salbei

Herkunft / Verbreitung	Mediterrane Pflanze; in den meisten Regionen Mittel- und Südeuropas ziemlich verbreitet; nordwärts bis Belgien, Südengland; ostwärts bis Polen, Russland (bis ins obere Wolgagebiet); süd- und südostwärts bis nach Italien, zum Kaukasus, Vorderasien; im Gebiet verbreitet und häufig anzutreffen
Höhenstufen	Kollin, montan, subalpin
Boden-beschaffenheit	Auf mässig frischen bis trockenen, nährstoffarmen bis mittel nährstoffreichen, vorzugsweise kalkhaltigen, humosen, lockeren, auch steinigen Lehmböden; bis 2 m tief wurzelnd; warme Lagen bevorzugend; auch ein Rohboden-Pionier
Standorte	Böschungen, Bahn- und Flussdämme, auf Felsen, Halbtrocken- und Trockenwiesen, Heide- und Steppenwiesen, Kunstwiesen, Schuttplätze, sonnige Raine, Steinbrüche, Strassen- und Wegränder, Weinberge
Blütezeit	Mai bis August
Bestäubung	Wird vor allem durch die Hummeln bestäubt (Hummelblume)
Aussehen	20–80 cm hoch, aufrecht, in der Blütenregion oft verzweigt, im oberen Bereich drüsig klebrig, kurz borstig behaart, mehrjährig, mit dicker verholzter Hauptwurzel; Stängel 4-eckig, hohl, grün und rötlichbraun; Leitbündel ringförmig angeordnet; Individuen mit zwittrigen oder nur mit weiblichen Blüten
Blütenstand	Gesamtblütenstand schmal zylindrisch, bestehend aus zahlreichen locker stehenden und übereinander liegenden 4–8-blütigen Scheinquirlen
Blüten	Zygomorph, kurz gestielt, 20–25 mm lang, dunkelblau bis blauviolett, seltener rötlich oder weiss, in den Achseln kleiner und behaarter Tragblätter
Kelchblätter	5, bis oberhalb der Mitte miteinander zu einer Glocke verwachsen, 6–11 mm lang (bei weiblichen Blüten nur 6 oder 7 mm lang), drüsig behaart
Kronblätter	5; Oberlippe helmartig gewölbt, aus 2 Kronblättern bestehend, fein behaart; Unterlippe 3-teilig; weibliche Blüten nur 10–15 mm lang
Staubblätter	2, meist der Oberlippe anliegend und von ihr verdeckt
Fruchtknoten	Oberständig, aus 2 Fruchtblättern verwachsen; durch falsche Scheidewände entstehen 4 Fächer mit je einer Samenanlage; Griffeläste verschieden lang
Früchte	Klausenfrüchte aus 4 kugeligen / eiförmigen, 2 mm langen, braunen Klausen
Blätter	Grundständige und untere Stängelblätter lang gestielt, bis 8 cm lang; Spreite schmal herzförmig, runzelig, stumpf gezähnt; die Oberen meist ungestielt

Kriechender Günsel
Bugle rampante; Iva comune
Bugle, Bugleweed
Ajuga reptans L.

Lamiaceae
Lippenblütler

Guglkraut

Herkunft / Verbreitung	Europäisch-westasiatische Pflanze; fast in ganz Europa; nordwärts bis Dänemark, England, Südschweden; ost- und südostwärts bis Estland, zum Kaukasus, Kleinasien, Iran; südwärts bis Tunesien; in den USA eingeschleppt
Höhenstufen	Kollin, montan, subalpin, seltener alpin
Boden-beschaffenheit	Auf feuchten bis frischen, nicht zu trockenen, humus- und nährstoffreichen, kalkarmen und kalkreichen, tonigen Böden; bis 25 cm tief wurzelnd; Licht-Halbschattenpflanze; in der Region verbreitet und sehr häufig anzutreffen
Standorte	Forstwege, Gebüsche, Hecken, Lichtungen, Rasen, Waldschläge, Wiesen, bei Weiden, Laub- und Nadelwälder; oft Bildung ganzer Teppiche
Blütezeit	April bis August
Bestäubung	Insektenbestäubung: Bienen, Fliegen, Hummeln, Tagfalter; Selbstbestäubung
Aussehen	10–30 cm hoch, aufrecht, unverzweigt, mehrjährig; oberirdische Ausläufer bis 30 cm lang, beblättert, sich meist nur an den Endknoten bewurzelnd; Stängel stielrund bis 4-eckig, mit oft hervortretenden Leisten, anfangs gefüllt, später hohl, grün, meist auf 2 Seiten stärker behaart als auf den anderen Flächen; Leitbündel ringförmig angeordnet
Blütenstand	Am Ende der Stängel eine zylinderförmige Scheinähre mit 3–10 eng übereinander liegenden Scheinquirlen; einzelne Blüten auch unterhalb der Scheinähre
Blüten	Zygomorph, 10–15 mm lang, sitzend, mit kurzer und dunkel gefärbter Röhre, 2-lippig, blau; Röhre im Innern am Grund mit einem Haarring
Kelchblätter	5, miteinander glockenförmig verwachsen, 3–5 mm lang, zerstreut behaart, dunkelblau bis blauschwarz; Zähne 3-eckig, zugespitzt, gleichartig
Kronblätter	5, miteinander verwachsen, in 2 Lippen gegliedert, nach dem Verblühen nicht abfallend; Oberlippe 2-teilig, kurz; Unterlippe 3-teilig, viel länger als die Oberlippe, mit einem grossen Mittelabschnitt (dieser mit weissen Zeichnungen); Seitenabschnitte oft auch weiss gezeichnet
Staubblätter	4; Staubfäden und Staubbeutel aus der Kronröhre herausragend
Fruchtknoten	Oberständig, aus 2 Fruchtblättern verwachsen, mit 4 einsamigen Fächern
Früchte	Klausenfrüchte in 4 eiförmige, bis 2 mm lange und braune Klausen zerfallend
Blätter	Grundständige verkehrt eiförmig bis spatelförmig, mit oft einem geflügelten Stiel, ganzrandig oder stumpf gezähnt; Stängelblätter sitzend, gegenständig

Wald-Bergminze
Sarriette à feuilles de menthe
Mentuccia con foglie di menta; Wood Calamint
Calamintha menthifolia Host

Lamiaceae
Lippenblütler
Aufsteigende Bergminze

Herkunft / Verbreitung	Mitteleuropäisch-kaukasische Pflanze; nordwärts bis Belgien, Südengland, Irland; südost- und ostwärts bis Ungarn, Kaukasus, Kleinasien; süd- und südwestwärts bis Nordafrika, Azoren, Kanaren, iberische Halbinsel
Höhenstufen	Kollin, seltener montan
Boden-beschaffenheit	Auf eher trockenen, meist humosen, lockeren, steinigen oder reinen Lehm- und Lössböden; auch auf Fels- und Steinböden an warmen und sonnigen Lagen; nicht sehr tief wurzelnd
Standorte	Eichenmischwälder, Felsen, Gebüschränder, im lichten Laubgehölz, Mauern, felsige Südhänge, Steinschutt, Waldlichtungen, Wegränder
Blütezeit	Juli bis September
Bestäubung	Insektenbestäubung: Bienen, Fliegen, Hummeln
Aussehen	20–60 cm hoch, aufsteigend und aufrecht, einfach oder nur wenig verzweigt, mehrjährig; mit kurzem Erdstock und langen Bodenausläufern, die Blüten- und Laubsprosse treiben; melissenähnlich duftend; Stängel stielrund oder auch 4-eckig mit stumpfen Ecken, gefüllt, mässig bis stark behaart, grün und rötlichbraun; Leitbündel ringförmig angeordnet
Blütenstand	Blüten in lockeren, gestielten, 5–20-blütigen, etwas einseitswendigen Zymen (wenn das Weiterwachstum des Blütenstandes die mit einer Blüte endende Hauptachse von 2 gleich kräftigen Seitenachsen übernommen wird)
Blüten	Zygomorph; die Zwittrigen 15–20 mm lang, die Weiblichen etwas kleiner; alle dunkelblauviolett bis violett; mit einer Kronröhre, die den Kelch überragt
Kelchblätter	5, miteinander verwachsen; Oberlippe 3-zähnig und Unterlippe 2-zähnig
Kronblätter	5, miteinander verwachsen; Oberlippe 2-lappig; Unterlippe 3-lappig, länger als die Oberlippe, am Schlund behaart; Mittellappen mit violetten Flecken
Staubblätter	4, unter der Oberlippe aufsteigend; die 2 vorderen Staubblätter sind länger
Fruchtknoten	Oberständig, aus 2 Fruchtblättern verwachsen; durch Bildung von 2 Scheidewänden entstehen 4 Kammern mit je einer Samenanlage
Früchte	Klausenfrüchte in 4 Klausen zerfallend; Klausen (Nüsschen) bis 1mm lang, ei- bis birnenförmig, hellbraun, glatt, oft fein weiss gefleckt
Blätter	Gegenständig angeordnet, gestielt; Blattspreite 3–6 cm lang, breit elliptisch, eiförmig oder 3-eckig, zugespitzt, mit meist flachen Zähnen, etwas behaart

Gewöhnliche Gundelrebe, Gewöhnlicher Gundermann **Lamiaceae**
Lierre terrestre commune; Edera terrestre comune **Lippenblütler**
Ground Ivy
Glechoma hederacea L. **Erdefeu**

Herkunft / Verbreitung	Eurosibirische Pflanze; im grössten Teil Europas; nordwärts bis Irland, Schottland; ostwärts bis Sibirien, gemässigtes Asien bis Japan; südwärts bis zum Mittelmeer (dort vor allem in der montanen Stufe); in den USA eingebürgert
Höhenstufen	Kollin, montan, seltener subalpin
Bodenbeschaffenheit	Auf ziemlich feuchten bis frischen, nährstoff- und basenreichen, humosen, lockeren Lehmböden; Kriechpionier, Flachwurzler (bis höchstens 25 cm tief wurzelnd); Nährstoffzeiger; Licht- und Halbschattenpflanze
Standorte	Im Auengebüsch, entlang von Hecken- und Waldrändern, Wiesen, Gärten
Blütezeit	März bis Juni
Bestäubung	Insektenbestäubung: Bienen, Fliegen, Hummeln
Aussehen	Pflanze niederliegend, dicht behaart bis kahl, mehrjährig, aromatisch duftend; aufrechte Blütentriebe 5–15 cm hoch; nach der Blütezeit zahlreiche oberirdische, beblätterte, sich bewurzelnde und bis 1 m lange Ausläufer treibend; Stängel 4-eckig, mit abgerundeten Kanten, anfangs gefüllt, später hohl, gelblichgrün, braun, dunkelrot; Leitbündel ringförmig angeordnet
Blütenstand	Scheinquirlen: Blüten zu 2–4 in den Blattwinkeln aufrechter Seitentriebe
Blüten	Zygomorph, 10–25 mm lang, gestielt, blauviolett bis violett; auf den einen Pflanzen nur weibliche Blüten, auf anderen Individuen zwittrige Blüten
Kelchblätter	5, miteinander zu einer schmalen Glocke verwachsen, 4–7 mm lang, grün und dunkelbraun, abstehend behaart; Oberlippe 3-zähnig, Unterlippe 2-zähnig
Kronblätter	5, miteinander verwachsen, mit stark erweiterter Röhre; Oberlippe aus 2 Kronblättern verwachsen, flach, oben ausgerandet; Unterlippe 3-spaltig, viel grösser als die Oberlippe, mit grossem, ausgerandetem und bärtigem Mittelteil
Staubblätter	4, unter der Oberlippe der Krone aufsteigend; hintere 2 Staubblätter länger als die 2 Vorderen; Staubblätter nur bei den zwittrigen Blüten vorhanden
Fruchtknoten	Oberständig, aus 2 Fruchtblättern verwachsen; Bildung von 2 Scheidewänden führt zu 4 Kammern mit je einer Samenanlage; Griffel mit 2 kurzen, gleichartigen und spitzen Narbenästen endend
Früchte	Klausenfrüchte; Klausen bis 1 mm lang, eiförmig, braun und glatt
Blätter	Gegenständig angeordnet, gestielt; Spreite nieren- bis herzförmig, kahl oder dicht behaart, stumpf gezähnt; die Oberen dunkelbraun bis violett überlaufen

Persischer Ehrenpreis
Véronique de Perse; Veronica persica
Persian Speedwell
Veronica persica Poir.

Plantaginaceae
Wegerichgewächse

Persien-Ehrenpreis

Herkunft / Verbreitung	Ursprünglich eine westasiatische Pflanze; erst im 19. Jahrhundert von Vorderasien nach Mitteleuropa eingeschleppt und anschliessend eine rasche Ausbreitung erlebend; heute in den gemässigten Zonen weltweit verbreitet
Höhenstufen	Kollin, montan
Bodenbeschaffenheit	Auf frischen bis mässig trockenen, nährstoffreichen, schwach sauren bis basischen, oft auch wenig humosen Lehmböden; bis 20 cm tief wurzelnd
Standorte	Ackerränder, Gärten, Gebüsche, Getreidefelder, Ruderalstellen, Schuttplätze, Unkrautfluren, entlang von Wegen, Weinberge; etwas wärmeliebend
Blütezeit	Februar bis Oktober; blüht an wärmeren Orten auch im Winter
Bestäubung	Insektenbestäubung: Bienen, Fliegen, Hummeln
Aussehen	10–30 cm lang, niederliegend, aufsteigend, einfach oder mit mehreren Stängeln, 1- oder 2-jährig, mit langen fadenförmigen Wurzeln; Stängel breit oval bis stielrund, gefüllt, grün und rötlichbraun, mit krausen und abstehenden Haaren, an den Knoten nicht wurzelnd; Leitbündel ringförmig angeordnet
Blütenstand	Blüten einzeln aus den Achseln von Stängelblättern entspringend
Blüten	Radiärsymmetrisch, 8–13 mm im Durchmesser, mit kurzer Röhre, blau
Kelchblätter	4, miteinander nicht verwachsen, lanzettlich bis schmal oval, am Ende stumpf oder zugespitzt, abstehend behaart, bei der Fruchtreife etwas vergrössert
Kronblätter	4, miteinander nur in der kurzen Röhre verwachsen, ausgebreitet, schmal eiförmig bis breit elliptisch, meist dunkel geadert, mit einem weissen oder gelblichen Schlund; der untere und kleinere Zipfel blau, hellblau oder weiss
Staubblätter	2; Staubfäden weiss, lang, sehr breit ausgebildet; Staubbeutel anfangs schwarz, später durch die austretenden Pollen gelblichweiss bis weiss
Fruchtknoten	Oberständig, aus 2 verwachsenen Fruchtblättern gebildet, 2-fächerig; 1 Griffel
Früchte	Kapsel 6–9 mm breit und 4–6 mm lang, nierenförmig, flach, netzaderig, oben breit eingeschnitten, 2-fächerig, mit nur wenigen drüsigen Haaren besetzt, gestielt; Samen 2–2,5 mm lang, kahnförmig ausgehöhlt, warzig, braun; jede Kapsel enthält bis 15 Samen
Blätter	Im oberen Bereich wechselständig angeordnet und gestielt, im unteren Teil gegenständig angeordnet und meist ungestielt; Blattspreite breit eiförmig, oval oder rundlich, bis 2 cm lang, mit flachem und gekerbtem Blattrand

Gamander-Ehrenpreis
Véronique petit chêne; Veronica comune
Bird's Eye, Speedwell
Veronica chamaedrys L.

Plantaginaceae
Wegerichgewächse

Katzenäuglein

Herkunft / Verbreitung	Eurasiatische Pflanze; in ganz Europa mit Ausnahme des äussersten Nordens (und damit ohne arktische Gebiete) und des äussersten Südens; ostwärts bis Sibirien, Nord-, West- und Kleinasien; im Mittelmeergebiet nur in den Gebirgen; in den USA eingeschleppt; in der Region verbreitet und häufig
Höhenstufen	Kollin, montan, subalpin
Boden-beschaffenheit	Auf mässig feuchten bis frischen, ziemlich nährstoffreichen, lehmigen oder steinigen Böden; höchstens bis 25 cm tief wurzelnd
Standorte	Auenwälder, Böschungen, Fettwiesen, Lägerstellen, lichte Wälder, Waldränder, entlang von Hecken und Wegen, bei Weiden; Licht-Halbschattenpflanze
Blütezeit	April bis August
Bestäubung	Insektenbestäubung: Bienen, Fliegen, Hummeln, Käfer; Selbstbestäubung
Aussehen	10–30 cm hoch, kriechend und aufsteigend, unverzweigt oder erst im oberen Bereich verzweigt, mehrjährig; Stängel breit oval bis stielrund, meist ausgefüllt, grün und olivgrün, deutlich 2-zeilig behaart, zwischen den Haarstreifen kahl oder nur spärlich behaart; Leitbündel ringförmig angeordnet
Blütenstand	In den Achseln von Stängelblättern ausgehende, lang gestielte, locker- und vielblütige Traube; Blüten aufrecht oder abstehend
Blüten	10–15 mm breit, azurblau, selten rosarot oder weiss
Kelchblätter	4, miteinander nicht verwachsen, lanzettlich bis schmal oval, am Ende stumpf oder zugespitzt, zerstreut behaart, auch mit einzelnen Drüsenhaaren
Kronblätter	4, miteinander nur in der kurzen Röhre verwachsen, mit dunkleren Adern, unterseits weisslichblau, mit Ausnahme des untersten Kronblattes rundlich bis breit oval; Kronröhreneingang mit weissen und gefransten Flecken; Blütenstiele mit kurzen drüsigen Haaren, aufrecht oder abstehend
Staubblätter	2; Staubfäden lang, weiss bis hellviolett; keine Staminodien vorhanden
Fruchtknoten	Oberständig, aus 2 verwachsenen Fruchtblättern gebildet, 2-fächerig; Griffel oft länger als die Staubblätter, dunkelblau bis violettblau
Früchte	Kapsel 3-eckig bis verkehrt herzförmig, 2–4 mm lang und 4–6 mm breit, 2-fächerig, fachspaltig, kürzer als der Kelch; Samen 1 mm lang, oval, braun
Blätter	Gegenständig angeordnet, sitzend oder kurz gestielt; Blattspreite eiförmig, bis 35 mm lang, stumpf oder zugespitzt, mit nach vorn gerichteten Zähnen

Zimbelkraut, Mauer-Zimbelkraut
Cymbalaire; Cimbalaria
Ivy-leaved Toadflax, Pennywort
Cymbalaria muralis P. Gaertn. & al.

Plantaginaceae
Wegerichgewächse

Eustett

Herkunft / Verbreitung	Ursprünglich eine mittel- und südosteuropäische Pflanze; heute in fast ganz Europa; ost- und südostwärts bis in die Gebirge der Balkanhalbinsel, Westasien; südwärts bis Nordafrika; in den USA eingeschleppt
Höhenstufen	Kollin, montan
Boden-beschaffenheit	Auf frischen, oft etwas durchsickerten, mässig nährstoffreichen, meist kalkhaltigen, feinerdearmen, nicht zu stark besonnten Steinböden; Spaltenkriecher; etwas wärmeliebend; Licht-Halbschattenpflanze
Standorte	Bachufer, Brückenpfeiler, in Felsen, im Geröll, in Mauerspalten, bei Ruinen, Schuttplätze, Wegränder; wärmere, luftfeuchte, schattige Lagen bevorzugend
Blütezeit	April bis Oktober
Bestäubung	Insektenbestäubung: Bienen, Fliegen, Hummeln, Tagfalter
Aussehen	10–30 cm lang, niederliegend oder hängend, fadenförmig, 1-jährig; Stängel breit oval bis stielrund, gefüllt, hell- und dunkelbraun bis rotbraun, kahl; Leitbündel ringförmig angeordnet
Blütenstand	Lang gestielte Einzelblüten aus Blattachseln entspringend
Blüten	Mit Sporn 7–10 mm lang, hellviolett, mit hellgelbem Gaumen; Blütenstiele nach der Blütezeit gegen den Boden gekrümmt; Sporn kegelförmig, stumpf
Kelchblätter	5, nur an ihrer Basis miteinander verwachsen; Kelchzähne schmal lanzettlich, zugespitzt, hellgrün, kurz behaart oder kahl
Kronblätter	5, miteinander verwachsen, in Ober- und Unterlippe gegliedert; Oberlippe (aus 2 Kronblättern) tief ausgerandet, mit dunklen Streifen, am Ende jeweils abgerundet; Unterlippe 3-teilig, am Grund mit einer den Schlund verschliessenden und nach innen gerichteten Wölbung (Gaumen)
Staubblätter	4, am Grund der Krone angewachsen und von dieser eingeschlossen
Fruchtknoten	Oberständig, aus 2 verwachsenen Fruchtblättern bestehend; velängerter und fadenförmiger Griffel mit einer kopfigen Narbe
Früchte	Kapseln kugelig, rötlich bis rötlichbraun, länger als die Kelchzähne, mit zahnförmigen Klappen aufspringend; Samen eiförmig, bis 1 mm lang, hellbraun, mit welligen Querleisten; Stiel der reifenden Kapsel gegen die Erde gebogen
Blätter	Wechselständig/gegenständigt, gestielt; Blattspreite herz- bis nierenförmig, etwas fleischig, 5- oder 7-lappig, kahl, unterseits weisslichgrün bis violett

Sumpf-Vergissmeinnicht
Myosotis des marais; Water Forget-me-not
Nontiscordardimé delle paludi
Myosotis scorpioides L.

Boraginaceae
Raublattgewächse

Lockerblütiges Vergissmeinnicht

Herkunft / Verbreitung	Eurosibirische Pflanze; fast über die gesamte Nordhalbkugel verbreitet; nordwärts bis Nordskandinavien, Nordlappland; auch im östlichen Teil der USA
Höhenstufen	Kollin, montan, subalpin
Bodenbeschaffenheit	Auf nassen, wechselnassen bis feuchten, nährstoffreichen, mässig sauren, humosen, sandigen oder reinen Lehm- und Tonböden; auch auf Sumpfhumusböden; Nährstoffzeiger; mit kriechendem Wurzelstock
Standorte	Bruchwälder, Gräben, auf Kies und Sand, Bach-, Fluss- und Seeufer, Moore, Verlandungs-Gesellschaften, feuchte und nasse Wiesen; im Gebiet verbreitet
Blütezeit	Mai bis August; Licht-Halbschattenpflanze
Bestäubung	Insektenbestäubung: Fliegen und weitere Hautflügler, Tagfalter
Aussehen	10–40 cm lang, niederliegend, aufsteigend und aufrecht, einfach oder verzweigt, meist mehrjährig; Adventivwurzeln an der langgliedrigen und weit kriechenden Grundachse ersetzen bald die kurzlebige Hauptwurzel; Stängel stielrund, oft mit abstehenden Längskanten, meist hohl, grün und im unteren Bereich auch rötlichbraun, anliegend aufwärts behaart oder auch kahl; mit oberirdischen Ausläufern; Leitbündel ringförmig angeordnet
Blütenstand	Blüten in Trauben oder in traubenartigen, blattlosen Wickeln; die männlichen, weiblichen und zwittrigen Blüten auf der gleichen Pflanze sind möglich
Blüten	Radiärsymmetrisch, 5–8 mm im Durchmesser, hellblau, anfangs oft rosa
Kelchblätter	5, miteinander bis zur Mitte oder noch etwas weiter hinauf verwachsen, grün, 3–5 mm lang, angedrückt behaart; Kelchzähne gleichartig 3-eckig, zugespitzt
Kronblätter	5, miteinander verwachsen, eine kurze Röhre bildend; Kronzipfel elliptisch bis rundlich, flach ausgebreitet, mit weissen Streifen; im Zentrum gelbe, etwas ausgerandete Einstülpungen, die als Schlundschuppen bezeichnet werden
Staubblätter	5, mit weissen Staubfäden, in der Kronröhre eingeschlossen
Fruchtknoten	Oberständig, grün, aus 2 Fruchtblättern verwachsen, durch Scheidewände in jeweils 4 Fächer gegliedert; in jedem Fach entwickelt sich 1 Samen
Früchte	Klausenfrucht in 4 einsamige Klausen (Nüsschen) zerfallend; Nüsschen eiförmig, 1–2 mm lang, abgeflacht, mit 2 oder 3 scharfen Kanten, braunschwarz
Blätter	Wechselständig angeordnet, sitzend, im unteren Bereich auch gestielt; Blattspreite lanzettlich, 2–6 cm lang, abgerundet oder zugespitzt, behaart

Wald-Vergissmeinnicht
Myosotis des forêts; Wood Forget-me-not
Nontiscordardimé dei boschi
Myosotis sylvatica Hoffm.

Boraginaceae
Raublattgewächse

Berg-Vergissmeinnicht

Herkunft / Verbreitung	Europäische Pflanze; in den meisten Bergländern der nördlichen und subarktischen Zone; nördlich bis Schottland (fehlt in Irland und Island), in Norwegen bis 79° nördliche Breite; ostwärts bis Sibirien; süd- und südostwärts bis Süditalien, Griechenland, Marokko, Kleinasien, Himalayagebiet
Höhenstufen	Kollin, montan, subalpin
Bodenbeschaffenheit	Auf feuchten bis frischen, nährstoff- und basenreichen, oft kalkarmen, humosen, lockeren Lehmböden; Nährstoffzeiger; Halbschattenpflanze
Standorte	Hochstaudenfluren, Fettwiesen, lichte Wälder, Wald- und Wegränder, Wildläger; im Flachland vor allem in schattigen Laub- und Nadelwäldern
Blütezeit	April bis September
Bestäubung	Insektenbestäubung: Bienen, Fliegen, Hummeln, Tagfalter; Selbstbestäubung
Aussehen	20–40 cm hoch, aufsteigend und aufrecht, besonders im oberen Bereich verzweigt, 2- bis mehrjährig, beblättert; Stängel breit oval bis stielrund, gefüllt und später auch hohl, grün, im unteren Bereich oft rötlichbraun bis braun, abstehend behaart; Leitbündel ringförmig angeordnet
Blütenstand	Blüten in Trauben oder in traubenartigen, blattlosen, sich nach der Blütezeit stark streckenden Wickeln; Blütenstiele anliegend behaart
Blüten	Radiärsymmetrisch, gestielt, im Durchmesser 4–10 mm, mit kurzer Kronröhre, anfangs rosa, später blau, öfters auch rosa oder weiss bleibend
Kelchblätter	5, miteinander bis etwa zur Mitte verwachsen, 3–5 mm lang, anliegend behaart, mit ebenfalls anliegend behaartem Stiel; Kelchzähne zugespitzt, lanzettlich bis schmal 3-eckig, mit hakig vorwärts gekrümmten Haaren besetzt
Kronblätter	5, miteinander nur in der Röhre verwachsen; Kronzipfel breit elliptisch bis rundlich, flach ausgebreitet, mit weissen Streifen; im Zentrum 5 gelbe Einstülpungen, die als Schlundschuppen bezeichnet werden
Staubblätter	5, an den Kronblättern angewachsen, in der Kronröhre eingeschlossen
Fruchtknoten	Oberständig, gebildet aus 2 miteinander verwachsenen Fruchtblättern
Früchte	Klausenfrucht mit 4 Klausen; sie sind eiförmig, bis 2 mm lang, zugespitzt, mit einem fast flügelartigen Saum, braunschwarz, meist mit dem Kelch abfallend
Blätter	Grundständige in einen langen Stiel verschmälert; Stängelblätter wechselständig angeordnet, sitzend, bis 8 cm lang, beiderseits locker behaart

Gemeiner Natterkopf, Gewöhnlicher Natternkopf
Vipérine commune; Viperina azzurra
Viper's Bugloss
Echium vulgare L.

Boraginaceae
Raublattgewächse

Rauhaariger Natternkopf

Herkunft / Verbreitung	Wahrscheinlich eine mediterran-westasiatische Pflanze; im grössten Teil Europas zu finden; nordwärts bis England, Norwegen; ost- und südostwärts bis zum Ural, Sibirien, Balkanländer, Kleinasien; süd- und südwestwärts bis Sizilien, Mittelspanien, Nordafrika; in den USA eingebürgert
Höhenstufen	Kollin, montan, subalpin; wärmere Lagen bevorzugend
Bodenbeschaffenheit	Auf halbtrockenen bis trockenen, oft nährstoff- und humusarmen, sandigen, steinigen, lockeren Lehm- und Tonböden; auch auf Kies- und Sandböden; Pionierpflanze; Lichtpflanze; bis 2 m tief wurzelnd
Standorte	Ackerränder, Bahnareale, Dämme, Kiesgruben, bei Mauern, Ruderalstellen, sandige Plätze, Steppenheiden, Schuttstellen, Trockenhänge, Wegränder
Blütezeit	Mai bis Oktober
Bestäubung	Insektenbestäubung: Bienen, Fliegen, Hummeln, Tag- und Nachtfalter, Schwebefliegen; eine sehr gute Bienenweide
Aussehen	30–100 cm hoch, aufrecht; eine 2-jährige Halbrosettenpflanze, mit rübenförmig verdickter Wurzel; Stängel breit oval bis stielrund, im oberen Bereich etwas kantig, kurzhaarig, mit zusätzlich auf schwarzen oder roten Knötchen stehende steife und längere Borstenhaare; Leitbündel ringförmig angeordnet
Blütenstand	Blüten in zahlreichen waagrecht abstehenden Wickeln, die zusammen einen bis 50 cm langen, kegelförmigen und rispigen Gesamtblütenstand bilden
Blüten	Schwach zygomorph, 10–25 mm lang, anfangs rosa, später blau, aussen kurz behaart oder nur flaumig behaart, fast 2-lippig, mit kurzer, gerader Kronröhre
Kelchblätter	5, miteinander verwachsen, grün; Kelchzipfel lanzettlich, behaart, zugespitzt
Kronblätter	5, miteinander verwachsen, mit ungleich grossen Kronzipfeln und unregelmässigem Saum; Krone beim Saum 9–12 mm breit
Staubblätter	5, dünn, dunkelrosa, ungleich lang, gebogen, aus der Kronröhre herausragend
Fruchtknoten	Oberständig, aus 2 verwachsenen Fruchtblättern; Griffel lang, abstehend behaart, aus der Krone ragend, an der Spitze wie eine Schlangenzunge 2-spaltig
Früchte	Klausenfrucht zerbricht (auch Zerfallfrucht genannt) in 4 Klausen; diese sind braun, 2–3 mm lang, meist 3-kantig, warzig/runzelig, an Kanten gezähnelt
Blätter	Wechselständig angeordnet, im oberen Bereich ungestielt, unten und in der Mitte kurz gestielt; Blattspreite lanzettlich, zugespitzt, beiderseits behaart

Echte Ochsenzunge, Gewöhnliche Ochsenzunge | **Boraginaceae**
Buglosse officinale; Buglossa comune | **Raublattgewächse**
Alkanet, Common Bugloss
Anchusa officinalis L. | **Wolfsauge**

Herkunft / Verbreitung	Europäische Pflanze; nordwärts bis Dänemark, England, Schottland, Südfinnland, Mitttelschweden; ost- und südostwärts bis zu den baltischen Staaten, Südrussland, Kaukasus, Ukraine, Türkei; süd- und westwärts bis Oberitalien, Frankreich, Spanien; häufiger in den Tälern der östlichen Zentralalpen
Höhenstufen	Kollin, montan, subalpin
Boden-beschaffenheit	Auf sommerwarmen, mässig trockenen, nährstoffreichen, meist kalkarmen, durchlässigen Sand- und Kiesböden; bis 2 m tief wurzelnd; Pionierpflanze
Standorte	Dämme, Grasheiden, Hecken, Schuttplätze, Trockenwiesen mit nicht geschlossener Pflanzendecke, sonnige Unkrautfluren, Wegränder, Weinberge
Blütezeit	April bis Oktober
Bestäubung	Insektenbestäubung: Bienen, Hummeln, Nachtfalter; auch Selbstbestäubung
Aussehen	30–100 cm hoch, aufsteigend und aufrecht, einfach und besonders im oberen Bereich auch verzweigt, 2–3-jährig, mit kräftiger, mehrköpfiger, schwarz berindeter Pfahlwurzel; Stängel breit oval bis stielrund, gefüllt, grün und auch braun, behaart, aber auch mit auf kleinen Knötchen sitzenden und abstehenden Haaren; Leitbündel ringförmig angeordnet
Blütenstand	Rispe mit zahlreichen dichtblütigen und gestielten Doppelwickeln
Blüten	Radiärsymmetrisch, 5–9 mm im Durchmesser, zuerst rosa, später blauviolett, mit bis 10 mm langer Kronröhre; Schlundschuppen weiss, kurzhaarig
Kelchblätter	5, miteinander bis zur Mitte oder etwas darunter verwachsen, grün, abstehend behaart; Kelchzähne schmal 3-eckig, zugespitzt
Kronblätter	5, miteinander verwachsen, breit oval, vorn abgerundet; Kronröhre gerade; Schlundschuppen den Kronenschlund fast vollständig schliessend
Staubblätter	5, in der Kronröhre eingeschlossen; Staubfäden ohne Anhängsel
Fruchtknoten	Oberständig, durch Scheidewände in 4 Kammern gegliedert, in der Kronröhre (mit dem Griffel) eingeschlossen
Früchte	Klausenfrüchte in 4 Klausen zerfallend; Klausen 2–4 mm lang, unregelmässig eiförmig, wulstig und runzelig, braun, mit kleinem Elaiosom
Blätter	Wechselständig und spiralig angeordnet, bis 15 cm lang, im unteren Bereich gestielt, oben sitzend und oft stängelumfassend; Blattspreite lanzettlich, zugespitzt, ganzrandig oder entfernt gezähnt, behaart

Borretsch, Einjähriger Borretsch
Bourrache officinale; Borragine comune
Borage
Borago officinalis L.

Boraginaceae
Raublattgewächse

Blauhimmelstern

Herkunft / Verbreitung	Mediterran-westasiatische Pflanze; alte Kulturpflanze aus dem Mittelmeerraum; fast in ganz Europa und in Nordamerika als Gemüse- und Medizinalpflanze kultiviert; nordwärts bis Südschweden
Höhenstufen	Kollin, montan
Bodenbeschaffenheit	Auf feuchten und nährstoffreichen Böden in wintermilden und warmen Lagen; bis über 1 m tief wurzelnd
Standorte	Buntbrachen, Gärten (aus diesen auch verwildert), Komposthaufen, Ruderalflächen, Schuttplätze, Weinberge
Blütezeit	Mai bis August
Bestäubung	Insektenbestäubung: Bienen, Hummeln, Nachtfalter; auch Selbstbestäubung
Aussehen	20–80 cm hoch, aufsteigend und aufrecht, einfach oder verzweigt, reich beblättert, 1-jährig, mit verzweigter Pfahlwurzel; Stängel breit oval bis stielrund, hohl, bis 1 cm dick, grün, dicht und abstehend behaart, mit zusätzlich auf den Knötchen sitzenden Borstenhaaren; Leitbündel ringförmig angeordnet
Blütenstand	Mehrere gestielte Wickel in Doldenrispen zusammengefasst
Blüten	Radiärsymmetrisch, im Durchmesser 2–3 cm, mit abstehend behaarten Stielen, meist nickend, mit kurzer Röhre, himmelblau, seltener lila; Schlundschuppen weiss, aus der Kronröhre herausragend
Kelchblätter	5, fast bis zum Grund in schmal 3-eckige, zugespitzte, dicht rauhaarige Zipfel geteilt und zur Blütezeit ausgebreitet; Kelchblätter sich nach Abfallen der Kronblätter schliessend und bis auf 2 cm heranwachsend
Kronblätter	5, nur am Grund miteinander verwachsen, 3-eckig, oben fein zugespitzt oder abgerundet, oberseits oft mit feinen weissen Streifen, flach ausgebreitet
Staubblätter	5, die Schlundschuppen weit überragend; Staubfäden verbreitert, mit nach aussen gerichtetem und oft dunklem Fortsatz
Fruchtknoten	Oberständig, aus 2 Fruchtblättern verwachsen, durch Scheidewände in 4 Fächer gegliedert; Griffel lang, mit kopfiger Narbe
Früchte	Klausenfrucht zerbricht in 4 Klausen; diese sitzen dem flachen Griffelpolster auf, sind eiförmig bis halbkugelig, braun und haben eine warzige Oberfläche
Blätter	Grundständige in einer Rosette; Stängelblätter wechselständig angeordnet, bis 10 cm lang, beiderseits behaart, im oberen Bereich am Stängel herablaufend

Büschelblume, Rainfarn-Büschelschön
Phacélie à feuilles de tanaisie; Phacelia
Lacy Phacelia
Phacelia tanacetifolia Benth.

Boraginaceae
Borretschgewächse

Phazelie

Herkunft / Verbreitung	Ursprüngliche Heimat sind die USA (vor allem Arizona) und Mexiko; heute als Futter-, Zier- und Bienennährpflanze weit verbreitet; in Europa vielerorts verschleppt; im Gebiet auch verwildert
Höhenstufen	Kollin
Boden-beschaffenheit	Auf frischen bis trockenen, nährstoffreichen, schwach sauren bis neutralen Böden; bevorzugt eine warme Lage; Lichtpflanze
Standorte	Äcker (in neuerer Zeit als Gründüngungspflanze kultiviert), Bahndämme, Ruderalstellen, Schuttplätze, Steingärten, Strassenränder, Weinberge, Wiesen; in der Heimat auf trockenen Felsen bis 2000 m ü. M.
Blütezeit	Mai bis Oktober
Bestäubung	Insektenbestäubung: Bienen, Fliegen, Hummeln, Käfer, Schmetterlinge, Schwebefliegen; sehr gute Bienenweide; auch Selbstbestäubung
Aussehen	30–70 cm hoch, aufsteigend und aufrecht, vor allem im oberen Bereich verzweigt, 1-jährig (die kalte Jahreszeit nur mit Samen überdauernd), ohne vegetative Ausbreitungsorgane, geruchlos; Stängel breit oval bis stielrund, ausgefüllt, später hohl, grün, rauhaarig; Leitbündel ringförmig angeordnet
Blütenstand	Wickel sind vielblütig, an den Sprossen endständig, mit einseitswendig angeordneten Blüten und vor dem Aufblühen schneckenförmig eingerollt
Blüten	Radiärsymmetrisch, 7–12 mm lang, hellblau bis blauviolett, seltener weiss; Krone glockenförmig, auf der Innenseite am Grund mit 10 paarweise vor den Staubblättern stehenden Öhrchen
Kelchblätter	5; Kelch fast bis zum Grund 5-teilig, 6–8 mm lang, mit lanzettlichen, dicht abstehend behaarten Zipfeln, die zur Fruchtzeit nicht länger als die Kapsel sind
Kronblätter	5, miteinander verwachsen; Kronblattzipfel breit verkehrt eiförmig, ganzrandig, flach ausgebreitet oder nach oben abstehend, wenig behaart bis kahl
Staubblätter	5, bis 2-mal so lang wie die Kronblätter; Staubbeutel anfangs dunkelviolett
Fruchtknoten	Oberständig, grün, behaart; Griffel nur wenig aus der Krone herausragend
Früchte	Kapsel eiförmig, dunkelbraun bis schwarz, 2-klappig aufspringend, 4-samig; Samen schmal oval, mit dicken Rändern, braun, mit warziger Oberfläche
Blätter	Wechselständig angeordnet, unpaarig gefiedert, 4–20 cm lang, nicht oder nur kurz gestielt, behaart; Fiedern auch gefiedert oder nur grob gezähnt

Kornblume
Bleuet; Fiordaliso vero
Cornflower
Centaurea cyanus L.

Asteraceae
Korbblütler

Kornnägelein

Herkunft / Verbreitung	Ostmediterrane Pflanze; dank des Getreideanbaus eine fast weltweite Verbreitung; nordwärts bis Irland, Island, Schottland, Skandinavien; ostwärts bis Russland, gemässigtes Asien, Indien; auch in Australien und in den USA
Höhenstufen	Kollin, montan
Bodenbeschaffenheit	Auf frischen bis mässig frischen, nährstoffreichen, lockeren, wenig humosen, oft kalkarmen Lehm- und Sandböden in wärmeren Lagen; bis 60 cm tief wurzelnd; Lichtpflanze; wegen Unkrautbekämpfung etwas seltener geworden
Standorte	Getreidefelder, oft etwas weniger häufig in Kartoffel- und Rübenfelder, Eisenbahndämme, Feldwege, bei Mühlen, Ödland, Schuttplätze, Verladeorte
Blütezeit	Juni bis Oktober
Bestäubung	Insektenbestäubung: Bienen, Fliegen, Hummeln, Schmetterlinge
Aussehen	20–70 cm hoch, aufrecht, im unteren wie auch im oberen Bereich stark verzweigt, 1-jährig; Stängel oval, grün, oft mehrkantig, hohl, anliegend spinnwebig/filzig behaart; Leitbündel ringförmig angeordnet; Kulturbegleiter seit der jüngeren Steinzeit; Ackerunkraut vor allem im Wintergetreide
Blütenstand	Blütenköpfe einzeln an der Spitze der Stängel; Hülle 10–15 mm lang; Hüllblätter zugespitzt, grün, dachziegelartig übereinander liegend, unregelmässig gefranst; Spreublätter des Blütenbodens mit verzweigter Spitze
Blüten	Im Innern der Köpfe 20–35 zwittrige Röhrenblüten; Randblüten vergrössert, steril; alle Blüten mittel- bis dunkelblau
Kelchblätter	Zu einem Pappus umgewandelt
Kronblätter	5; diejenigen im Innern des Kopfes miteinander zu einer langen Kronröhre verwachsen; Kronblätter der äusseren Blüten ebenfalls miteinander verwachsen
Staubblätter	5; Staubfäden sind frei; Staubbeutel einander so genähert, dass sie eine Röhre bilden, die den Griffel umschliesst
Fruchtknoten	Unterständig; nach der Befruchtung entwickelt sich in ihr eine Achäne
Früchte	Achänen 3–5 mm lang, unten abgerundet, oben flach, an beiden Enden elfenbeinweiss, fein flaumig, mit weissen Streifen, braun bis grauviolett; Pappus aus ungleich langen, zuerst weissen, später braunen und steifen Borsten
Blätter	Wechselständig angeordnet; die unteren oft mit einzelnen Fiederlappen, gestielt, zur Blütezeit meist vertrocknet; obere schmal lanzettlich, sitzend

Berg-Flockenblume
Centaurée des montagnes; Fiordaliso montano
Mountain Knapweed
Centaurea montana L.

Asteraceae
Korbblütler

Berg-Kornblume

Herkunft / Verbreitung	Mittel- und südeuropäische Pflanze; Alpenkette, Pyrenäen, französische und süddeutsche Mittelgebirge, Ardennen, Karpaten
Höhenstufen	Kollin, montan, subalpin; im Mittelland vor allem in Gärten gepflanzt
Bodenbeschaffenheit	Auf frischen, nährstoff- und basenreichen, neutralen, humosen, lockeren, auch steinigen Lehm- und Tonböden; bevorzugt sommerwarme Lagen; Wurzelkriecher; nicht sehr tief wurzelnd; Licht-Halbschattenpflanze
Standorte	Berg- und Schluchtwälder, Bergfettwiesen, feuchte und schattige Tobel, Gebüschränder, Hochstaudenfluren, im lückigen Gehölz, Waldlichtungen
Blütezeit	Mai bis Juli, vereinzelt bis Oktober
Bestäubung	Insektenbestäubung: Bienen, Hummeln, Schmetterlinge
Aussehen	20–60 cm hoch, aufrecht, einzeln oder mit 2 kurzen und einköpfigen Verzweigungen, mehrjährig, mit einem Erdstock, der gelegentlich kriechende Ausläufer treibt; Stängel breit oval bis stielrund, gefüllt, mehrkantig, neben filziger Behaarung auch mit mehrzelligen Haaren, mit zahlreichen Blättern, grün und graugrün; Leitbündel ringförmig angeordnet
Blütenstand	Blütenköpfe einzeln am Ende der Stängel; Hülle 15–25 mm lang; Hüllblätter grün, zugespitzt, dachziegelartig übereinander liegend, mit schwarzem Rand und unregelmässig schwarz gefranst; Blütenkopfboden mit Spreublättern
Blüten	Im Innern der Köpfe zwittrige und rotviolette Röhrenblüten; Randblüten vergrössert, steril, blau bis blauviolett
Kelchblätter	Zu einem kleinen Pappus umgewandelt
Kronblätter	5; diejenigen im Innern des Kopfes miteinander zu einer langen Kronröhre verwachsen und mit schmal lanzettlichen Zipfeln; Kronblätter der äusseren Blüten ebenfalls miteinander verwachsen und mit meist etwas breiteren Zipfeln
Staubblätter	5; Staubfäden sind frei; Staubbeutel einander so genähert, dass sie eine Röhre bilden, die den Griffel umschliesst; Staubbeutelhälften am Grund zugespitzt
Fruchtknoten	Unterständig; nach der Befruchtung entwickelt sich in ihm eine Achäne
Früchte	Achänen 4–6 mm lang, zylindrisch, oft etwas abgeflacht, braun, zerstreut behaart bis kahl; Pappus nur etwa 1mm lang
Blätter	Wechselständig angeordnet; unten oft kurz gestielt; oben sitzend, breit geflügelt und am Stängel herablaufend; Spreite schmal oval bis lanzettlich

Wegwarte
Chicorée sauvage; Cicoria comune
Chicory
Cichorium intybus L.

Asteraceae
Korbblütler

Zichorie

Herkunft / Verbreitung	Eurasiatische Pflanze; nordwärts bis Irland, Schottland, Südskandinavien; ost- und südostwärts bis Estland, Mittelrussland (bis zum Baikalsee), Vorderasien, eingeschleppt in Ostasien; südwärts bis Nordafrika; in den USA, in Südafrika, Australien und Neuseeland eingeschleppt
Höhenstufen	Kollin, montan
Boden-beschaffenheit	Auf frischen bis mässig trockenen, nährstoffreichen, mehr oder weniger humosen, oft kalkreichen Lehmböden; dichte und Salz enthaltende Böden ertragend; wärmere Lagen bevorzugend; Lichtpflanze; bis 150 cm tief wurzelnd
Standorte	Äcker, Bahn- und Flussdämme, Böschungen, Grasplätze, Hecken, Mauern, Schuttplätze, Weg- und Strassenränder, Trockenwiesen, Weiden
Blütezeit	Juni bis Oktober
Bestäubung	Insektenbestäubung: Bienen, Fliegen, Hummeln, Käfer, Tagfalter
Aussehen	20–120 cm hoch, aufrecht, sparrig verzweigt, mehrjährig, mit spindelförmiger Pfahlwurzel (diese wurde früher geröstet und als Kaffee-Ersatz vewendet; alte Heil- und Nutzpflanze), mit Milchsaft; Stängel breit oval bis stielrund, hohl, grün und rötlichbraun, mit langen weissen oder farbigen Streifen, kahl oder häufiger abstehend behaart; Leitbündel ringförmig angeordnet
Blütenstand	Körbchen 2–5 cm im Durchmesser, kurz gestielt oder sitzend, in den Achseln von kleinen Hochblättern; Blütenkörbchenboden ohne Spreublätter; Hüllblätter grün, borstig bewimpert und oft drüsig behaart: die Inneren lanzettlich und aufrecht, die Äusseren schmal eiförmig und abstehend
Blüten	Zungenförmig, hellblau, jeweils bis in den frühen Nachmittag geöffnet
Kelchblätter	Zu einem schuppenförmigen Pappus umgewandelt
Kronblätter	5, verwachsen, oben mit 5 Zähnen endend; Kronröhre aussen kurz behaart
Staubblätter	5; Staubfäden sind frei; Staubbeutel dunkelbraun bis schwarz, einander so genähert, dass sie eine Röhre bilden, die den Griffel umschliesst
Fruchtknoten	Unterständig; Griffel mit 2 Schenkeln; diese sind verlängert, spreizen auseinander, tragen innen die Narben und aussen Fegehaare (Pollen hinaustragend)
Früchte	Achänen prismatisch, 2–3 mm lang, braun, mit kurzen Pappusschuppen
Blätter	Wechselständig angeordnet, unterseits oft steifhaarig; Untere fiederteilig, gestielt, mit grossem Endabschnitt; Obere länglich oder lanzettlich, sitzend

Wilde Karde | **Caprifoliaceae**
Cardère sauvage; Scardaccione selvatico | **Geissblattgewächse**
Common Teasel
Dipsacus fullonum L. | **Weber-Karde**

Herkunft / Verbreitung	Mediterrane Pflanze; in fast ganz Europa; fehlt im arktischen Gebiet; nordwärts bis Skandinavien; ost- und südostwärts bis zum Kaukasus, Kleinasien, Iran; südwärts bis Nordafrika
Höhenstufen	Kollin, montan
Bodenbeschaffenheit	Auf feuchten bis frischen, nährstoff- und basenreichen, vorzugsweise kalkhaltigen, mehr oder weniger humosen, lockeren Lehm- und Tonböden; bis 1 m tief wurzelnd; Lichtpflanze
Standorte	Brachen, Zierpflanze in Gartenanlagen, Schuttplätze, Eisenbahn- und Strassendämme, Steinbrüche, entlang von Ufern, Unkrautfluren, Wegränder
Blütezeit	Juli und August
Bestäubung	Insektenbestäubung: Bienen, Hummeln, Käfer und weitere Hautflügler
Aussehen	50–200 cm hoch, aufrecht, verzweigt, 2-jährig, grün und hellbraun, mit walzenförmiger und gelblicher Wurzel; Stängel stielrund, oft mehrkantig, anfangs ausgefüllt, später hohl, kahl oder zu Beginn spinnwebig behaart, an Flächen und Kanten mit 1–9 mm langen Stacheln; Leitbündel ringförmig angeordnet
Blütenstand	Zylindrische, eiförmige bis kugelige, 3–8 cm lange Köpfe, die von der Mitte aus aufblühen; Hüllblätter schmal lanzettlich, kahl, bogig aufsteigend, mit verschiedenen Längen und die Grössten die Köpfe überragend
Blüten	8–11 mm lang, violett, auch weisslich; die sie umgebenden Spreublätter sind lang, gewimpert, stechend, in eine gerade und biegsame Spitze ausgezogen
Kelchblätter	Aussenkelch unscheinbar, sehr klein, ohne deutliche Zähne; Innenkelch auf dem Fruchtknoten ausgebreitet oder aufwärts gebogen, fast 4-kantig, ganzrandig oder vielzähnig und behaart
Kronblätter	4, miteinander zu einer langen und weissen bis hellvioletten Röhre verwachsen und mit 4 verschieden grossen Zipfeln endend
Staubblätter	4, in der Kronröhre angewachsen, mit dem oberen Teil der Staubfäden die Kronzipfel überragend; Staubbeutel anfangs dunkelviolett
Fruchtknoten	Unterständig, 1-fächerig, 1-samig; Griffeläste 2 (meist ist einer verkümmert)
Früchte	Schliessfrüchte; Nüsschen schmal oval, hellbraun, etwas behaart. mehrkantig
Blätter	Am Stängel gegenständig angeordnet, ganzrandig, unten paarweise verwachsen; Rosettenblätter kurz gestielt, bis 30 cm lang, mit einzelnen Stacheln

Gewöhnliche Wald-Witwenblume
Knautie à feuilles de cardère
Ambretta occidentale; Wood Scabious
Knautia dipsacifolia Kreutzer

Caprifoliaceae
Geissblattgewächse

Wald-Knautie

Herkunft / Verbreitung	Mittel- und südeuropäische Pflanze; Alpen, Alpenvorland, Jura, Gebirge Mitteldeutschlands, Pyrenäen, Karpaten; im Gebiet häufig anzutreffen
Höhenstufen	Kollin, montan, subalpin
Boden-beschaffenheit	Auf feuchten bis sickerfrischen, mässig nährstoff- und basenreichen, lockeren, humosen, meist etwas steinigen Lehm- und Tonböden in kühler und humider Klimalage; Halbschatten- und Schattenpflanze; bis 1 m tief wurzelnd
Standorte	Im Saum von Auenwäldern, Bergfettwiesen, buschige Abhänge, Erlengebüsch, Hochstaudenfluren, Schluchten, Waldplätze, schattige Wald- und Wegränder
Blütezeit	Juni bis September
Bestäubung	Insektenbestäubung: Bienen, Fliegen, Hummeln, Käfer, Schmetterlinge
Aussehen	30–100 cm hoch, aufrecht, einfach oder verzweigt, mehrjährig, mit dicken, unverzweigten und waagrechten Rhizomen; Stängel stielrund, hohl, grün, im oberen Bereich mit krausen, drüsigen Haaren und auch borstig behaart, im unteren Teil steifhaarig; Leitbündel ringförmig angeordnet
Blütenstand	Flacher und vielblütiger Blütenkopf 2–4 cm im Durchmesser, auch mit vergrösserten Randblüten; Köpfchenstiele flaumig und abstehend behaart; Blütenboden gewölbt, behaart, ohne Spreublätter; Hüllblätter grün, lanzettlich bis schmal eiförmig, zugespitzt, behaart
Blüten	Zygomorph, 5–10 mm lang, mit 4 ungleich grossen Kronzipfeln, violett, seltener purpurviolett oder weiss
Kelchblätter	Aussenkelch grün, mit 4 undeutlichen Zähnen, den Fruchtknoten umschliessend; Innenkelch etwas gestielt, aufwärts gebogen, mit 8–10 Borsten
Kronblätter	4, bis über die Hälfte miteinander verwachsen, mit violetter bis weisser und gerader Kronröhre; Kronzipfel nicht spreizend
Staubblätter	4; Staubfäden weiss, aus der Kronröhre herausragend; Staubbeutel violett
Fruchtknoten	Unterständig, aus 2 Fruchtblättern verwachsen, 1-fächerig, eine Samenanlage
Früchte	Schliessfrüchte; die Nüsschen sind schmal oval, 5–6 mm lang und 2–3 mm breit, abgeflacht, kantig, hellbraun, mit 1–2 mm langen Haaren, an der Basis mit einem Elaiosom, das von Ameisen begehrt wird
Blätter	Gegenständig angeordnet, grün; die Unteren gestielt, breit lanzettlich, etwas gezähnt, behaart bis fast kahl; Mittlere und Obere sitzend, etwas kleiner

Feld-Witwenblume, Wiesen-Witwenblume
Knautie des champs; Ambretta comune
Field Scabious
Knautia arvensis (L.) Coult.

Caprifoliaceae
Geissblattgewächse

Acker-Witwenblume

Herkunft / Verbreitung	Europäisch-westasiatische Pflanze; in ganz Europa mit Ausnahme der arktischen Gebiete; nordwärts bis Island, Skandinavien; ost- und südostwärts bis Sibirien, Kaukasien (Gebirgsland, das zu Russland, Georgien, Aserbaidschan, Armenien und der Türkei gehört); in den USA eingeschleppt
Höhenstufen	Kollin, montan, seltener subalpin
Bodenbeschaffenheit	Auf frischen bis mässig trockenen, nährstoff- und basenreichen, kalkarmen aber auch kalkreichen, schwach sauren bis neutralen, mittel- bis tiefgründigen, lockeren Lehmböden in wärmeren Lagen; bis 1 m tief wurzelnd
Standorte	Ackerränder, Bahnanlagen, Böschungen, buschige Hänge, Dämme, Deponien, Fett- und Halbtrockenwiesen, sonnige Raine, Schuttplätze, Steinfluren, Wald- und Wegränder, Weiden, Weinberge; vereinzelt oder in kleinen Gruppen
Blütezeit	Mai bis September
Bestäubung	Insektenbestäubung: Bienen, Fliegen, Hummeln, Käfer
Aussehen	30–100 cm hoch, aufrecht, einfach oder verzweigt, mehrjährig, mit einem verzweigten Rhizom; Stängel stielrund, hohl, grün und hell rötlichbraun, beblättert, im oberen Bereich schwach behaart bis kahl, im mittleren und unteren Teil mit langen rückwärts gerichteten oder senkrecht abstehenden Haaren und mit oder ohne Drüsenhaaren; Leitbündel ringförmig angeordnet
Blütenstand	Zahlreiche zwittrige Blüten in Köpfchen mit 3–4 cm Durchmesser; Hüllblätter mehrreihig, so lang oder kürzer wie die Blüten, 3-eckig, zugespitzt, grün, angedrückt langhaarig
Blüten	Zygomorph, blauviolett, seltener rötlich oder weiss
Kelchblätter	Aussenkelch grün, den Fruchtknoten umschliessend; Innenkelch gestielt, grün, mit 8 zusammenneigenden, gefiederten, 2–3 mm langen Borsten
Kronblätter	4, zu einer bis 9 mm langen Röhre verwachsen, mit ungleich langen Zipfeln
Staubblätter	4; Staubfäden weiss, aus der Kronröhre herausragend; Staubbeutel violett
Fruchtknoten	Unterständig, aus 2 Fruchtblättern, 1-fächerig, mit einer Samenanlage
Früchte	Einsamige Schliessfrüchte; Nüsschen sind 4–5 mm lang, abgeflacht, mit Längskanten, hellbraun, mit langen Haaren, an der Basis mit einem Elaiosom
Blätter	Gegenständig angeordnet, behaart; Untere lanzettlich, meist ungeteilt, gestielt; Mittlere und Obere fiederteilig, ungestielt, mit jederseits bis 8 Abschnitten

Tauben-Skabiose
Scabieuse colombaire; Vedovina selvatica
Small Scabious
Scabiosa columbaria L.

Caprifoliaceae
Geissblattgewächse

Tauben-Krätzkraut

Herkunft / Verbreitung	Europäische Pflanze; in fast ganz Europa mit Ausnahme der arktischen Gebiete und von Irland; nordwärts bis England, Südskandinavien; ost- und südostwärts bis zum Kaukasus, Kleinasien; südwestwärts bis Nordwestafrika
Höhenstufen	Kollin, montan
Bodenbeschaffenheit	Auf mässig trockenen, mässig nährstoffreichen, meist kalkhaltigen, humosen, lockeren, mittel- bis tiefgründigen Lehmböden; bis 1,5 m tief wurzelnd
Standorte	Eisenbahn- und Autobahndämme, felsige Abhänge, Fett-, Mager- und Moorwiesen, lichte Föhrenwälder, trockene Flachmoore, Grasplätze, trockene Hügel, sonnige Kalkmagerrasen, Waldränder
Blütezeit	Juni bis September
Bestäubung	Insektenbestäubung: Bienen, Fliegen, Hummeln, Tagfalter
Aussehen	20–80 cm hoch, aufrecht, einfach oder verzweigt, mehrköpfig, mehrjährig; vegetative Vermehrung durch Wurzelsprosse; Stängel breit oval bis stielrund, gefüllt, später hohl, grün und hell rötlichbraun, im oberen Bereich behaart, unten zerstreut behaart oder kahl; Leitbündel ringförmig angeordnet
Blütenstand	Köpfchen lang gestielt, 2–3 cm im Durchmesser, mit bis 80 Blüten; Köpfchenstiele angedrückt flaumhaarig; Hüllblätter schmal lanzettlich, grün, behaart, etwas kürzer oder so lang wie die Blüten; Köpfchenboden gewölbt, mit kleinen und schmal lanzettlichen Spreublättern besetzt
Blüten	Zygomorph, zwittrig, bis 10 mm lang, meist violett; Randständige vergrössert; Blüten sind vormännlich (Staubblätter öffnen sich vor der Reife der Narben)
Kelchblätter	Aussenkelch schüsselförmig, grün, 1–2 mm hoch; Innenkelch mit meist 5 dunkelbraunen bis schwarzen und 3–5 mm langen Kelchborsten
Kronblätter	Miteinander zu einer Röhre verwachsen, mit 5 verschieden grossen Zipfeln
Staubblätter	4, in der Kronröhre angewachsen; Staubfäden weiss, weit aus der Kronröhre herausragend; Staubbeutel vor der Reife rotviolett bis violett
Fruchtknoten	Unterständig, aus 2 Fruchtblättern verwachsen, 1-fächerig, eine Samenanlage
Früchte	Schliessfrüchte: Nüsschen zylindrisch, 2–3 mm lang, mit 8 tiefen Furchen, hellbraun, behaart, mit hellbraunem Aussenkelch und 5 Innenkelchborsten
Blätter	Gegenständig angeordnet, grün; die Untersten ungeteilt, gestielt, etwas behaart; Stängelblätter 1- oder 2-fach fiederschnittig, mit schmalen Abschnitten

Frühlings-Krokus
Crocus du printemps; Croco bianco
Crocus
Crocus vernus subsp. *albiflorus* (Kit.) Asch. et Greabn.

Iridaceae
Schwertliliengewächse
Frühlings-Safran

Herkunft / Verbreitung	Mittel- und südeuropäische Pflanze; Alpen, Massif Central, Französischer und Schweizer Jura, Schwarzwald, Vogesen; ost- und südostwärts bis zu den Karpaten, Gebirge der Balkanhalbinsel; südwestwärts bis zum Apennin
Höhenstufen	Montan, subalpin, seltener collin und alpin
Bodenbeschaffenheit	Auf frischen, nährstoff- und basenreichen, mässig sauren bis neutralen, humosen, tiefgründigen Lehm- und Tonböden; bis 25 cm tief wurzelnd
Standorte	Alpweiden, Bergwiesen, Gräben, Mulden, im beschatteten Gehölz der Alpen; kann gelegentlich bis in die Ebene hinabsteigen
Blütezeit	März bis Juli
Bestäubung	Insektenbestäubung: Bienen, Hummeln
Aussehen	5–15 cm hoch (in Kultur auch etwas grösser), aufrecht, unverzweigt, mehrjährig, mit kugeligen Knollen
Blütenstand	Blüten einzeln und grundständig
Blüten	Radiärsymmetrisch, am Grund nur mit einem Hochblatt, trichterförmig, weiss, violett oder weiss mit violetten Streifen
Kelchblätter	Keine Kelchblätter ausgebildet
Perigonblätter	6, miteinander zu einer langen Röhre verwachsen, die zum grössten Teil unter der Erdoberfläche ist; freier Teil des Perigons 2–5 cm lang; äussere Perigonabschnitte etwas grösser als die 3 Inneren; alle mit ovaler Form; Schlund behaart, nicht oder nur selten etwas gefärbt
Staubblätter	3, kürzer als die freien Perigonabschnitte; Staubfäden mehrheitlich weiss, kahl oder fast kahl; Staubbeutel pfeilförmig, mit einer intensiven gelben Färbung
Fruchtknoten	Unterständig, 3-fächerig, tief im Boden liegend; Griffel nicht länger als die Staubblätter, mit 3 Narbenästen; diese 3 Narbenschenkel stehen meist aufrecht, sind kleiner als die freien Teile des Perigons, erreichen die Spitzen der Staubblätter meist nicht und haben einen krausen Rand
Früchte	Kapseln 10–15 mm lang, 3-fächerig, vielsamig; Samen kugelig, im Durchmesser 2–3 mm, häutig, hellrosa bis rötlichbraun, mit vorspringender Samennaht
Blätter	Grundständig und zur Blütezeit noch sehr wenig entwickelt; später sind sie linealisch, 2–3 mm breit, 10–20 cm lang, gegen oben plötzlich verschmälert; Mittelstreifen verdickt und weiss; Blattrand kahl und zurückgebogen

Gewöhnliches Feld-Stiefmütterchen, Wildes S. | **Violaceae**
Pensée tricolore; Viola del pensiero | **Veilchengewächse**
Wild Pansy
Viola tricolor L. | **Dreifaltigkeitsblume**

Herkunft / Verbreitung	Eurasiatische Pflanze; in fast ganz Europa und im gemässigten Asien; ohne arktische Gebiete; nordwärts bis Island, Nordskandinavien; ostwärts bis nach Sibirien und zum Altai; südwärts bis zum Mittelmeer
Höhenstufen	Kollin, montan, subalpin
Boden-beschaffenheit	Auf frischen, nährstoffreichen, meist kalkhaltigen, humosen, sandigen Lehmböden; bis 50 cm tief wurzelnd; Licht-Halbschattenpflanze
Standorte	Äcker, Alluvionen, Böschungen, Brachfelder, Dünen, Mager- und Fettwiesen, Ruderalstellen, Wegränder, Weiden
Blütezeit	April bis August
Bestäubung	Insektenbestäubung: Bienen, Hummeln, Käfer, Tagfalter; Selbstbestäubung
Aussehen	10–40 cm hoch, aufsteigend und aufrecht, 1- bis mehrjährig, bereits unten verzweigt; Stängel stielrund und oft auch eckig, hohl, gelblichgrün bis grün, kahl oder etwas kurzhaarig, mit im unteren Teil verkürzten Internodien; diese sind im oberen Bereich verlängert; Leitbündel ringförmig angeordnet
Blütenstand	Lang gestielte, stängelständige Einzelblüten; diese zuoberst auch gehäuft
Blüten	5-teilig, mit dem Sporn 12–30 mm lang, weiss, gelb, blau oder violett und sehr oft mit mehreren dieser Farben
Kelchblätter	5, miteinander nicht verwachsen, lanzettlich bis schmal 3-eckig, bis 16 mm lang, grün und oft etwas violett überlaufen, mit elliptischen Anhängseln
Kronblätter	5, breit verkehrt eiförmig; die 2 oberen und die 2 mittleren nach oben gerichtet (Merkmal der Stiefmütterchen); die 3 unteren mit dunklen Strichen; Unterstes mit einem geraden oder am Ende leicht gekrümmten, stumpfen, weissen und oft etwas violett gefärbten Sporn
Staubblätter	5, mit spornartigen Fortsätzen, um den Fruchtknoten einen Zylinder bildend; Staubfäden sehr kurz; Staubbeutel meist aufgerichtet
Fruchtknoten	Oberständig, aus 3 Fruchtblättern verwachsen, 1-fächerig, mit zahlreichen Samenanlagen; Griffel oft keulig verdickt
Früchte	Kapseln aufrecht, kahl, höchstens so lang wie der Kelch, 3-klappig aufspringend; Samen birnen- bis eiförmig, braun, mit einem kurzen Elaiosom
Blätter	Wechselständig angeordnet, 5–20 mm lang gestielt; Blattspreite lanzettlich bis eiförmig, mit Kerbzähnen; Nebenblätter mit lanzettlichem Endabschnitt

Stinkende Nieswurz
Hellébore fétide; Ellebore puzzolente
Bear's Foot, Stinking Hellebore
Helleborus foetidus L.

Ranunculaceae
Hahnenfussgewächse

Jurrekraut

Herkunft / Verbreitung	Südwesteuropäische Pflanze; vor allem im westlichen und südlichen Europa bis zu den Balearen; nordwärts bis Belgien, England; ostwärts bis Südtirol
Höhenstufen	Kollin, montan
Bodenbeschaffenheit	Auf frischen bis trockenen, kalkreichen, nährstoff- und basenreichen, mässig sauren bis neutralen, humosen, lockeren, auch steinigen Lehm- und Lössböden; bis 50 cm tief wurzelnd; bevorzugt ein winterwarmes Klima
Standorte	Steile und trockene Abhänge, krautreiche Buchen- und Eichenwälder, Forstwege, Rutschhänge, am Rande der Schwarzdorngebüsche, Waldränder, Waldschläge; in den letzten Jahren vermehrt in Gartenanlagen angepflanzt
Blütezeit	Februar bis April
Bestäubung	Insektenbestäubung: Bienen (vor allem Wildbienen), Hummeln
Aussehen	30–90 cm hoch, aufrecht, verzweigt, mehrjährig, im oberen Bereich drüsig, im unteren Teil verholzt, (Halbstrauch), mit braunschwarzer und kräftiger Wurzel; Stängel meist stielrund, ausgefüllt, grün und olivgrün, kahl; Leitbündel ringförmig angeordnet, giftig; dunkelgrüne Grundblätter überwintern
Blütenstand	Blüten in reich verzweigter Rispe
Blüten	Radiärsymmetrisch, 1–3 cm im Durchmesser, grün, waagrecht abstehend oder hängend, unangenehm duftend
Kelchblätter	Keine Kelchblätter ausgebildet
Perigonblätter	5, breit eiförmig, oft rot berandet, glockenförmig zusammenneigend, am Grund mit mehreren grünen und trichterförmigen Honigblättern (Nektarblätter), die nur von Hummeln und einigen Wildbienen erreicht werden; Nektarblätter viel kleiner als die Perigonblätter
Staubblätter	Zahlreich, am Grund ohne Ring; Staubfäden grünlichgelb bis hellgelb, nicht aus der glockenförmigen Blütenhülle herausragend
Fruchtknoten	3–8, alle oberständig, grün, am Grund miteinander verwachsen
Früchte	Balgfrüchte länglich, etwas aufgeblasen, bei der Reife braun, mit oft gebogenem Schnabel, mit Querstreifen, vielsamig; Samen schmal eiförmig, dunkelbraun bis schwarz, mit schmalem Längswulst und einem weissen Elaiosom
Blätter	Grundständige gestielt, 3–9-fach fussförmig geteilt; Stängelständige durch die Reduktion der Spreite bis zu eiförmigen Hochblättern übergehend

Weisser Gänsefuss
Chénopode blanc; Farinello comune
Goosefoot
Chenopodium album L.

Amaranthaceae
Fuchsschwanzgewächse

Ackermelde

Herkunft / Verbreitung	Kosmopolit; in den kühl gemässigten Zonen weltweit verbreitet; fehlt jeweils in den Polargegenden; Kulturbegleiter
Höhenstufen	Kollin, montan, subalpin
Bodenbeschaffenheit	Auf frischen bis trockenen, nährstoffreichen, humosen, rohen Böden aller Art; bis höchstens 90 cm tief wurzelnd
Standorte	Als Unkraut in Äckern; in Gärten, Ruderalstellen, als Erstbesiedler auf Schuttplätzen, entlang von Ufern und Wegen, bei Waldschlägen
Blütezeit	Juli bis Oktober
Bestäubung	Selbstbestäubung
Aussehen	30–100 cm hoch, aufsteigend und aufrecht, mit zahlreichen aufgerichteten und abstehenden Zweigen, mit Mehlstaub belegt und daher graugrün, später diesen verlierend und dann grüner erscheinend, 1-jährig, mit von Wasser gefüllten und später vertrocknenden Blasenhaaren; Stängel breit oval bis stielrund, ausgefüllt, grün, mit helleren Streifen, oft etwas rötlich überlaufen; Leitbündel ringförmig angeordnet; Pionierpflanze; früher eine Gemüsepflanze
Blütenstand	In knäuelartigen Wickeln, die in den Achseln von Laub- und Hochblättern stehen und zusammen einen rispigen Blütenstand bilden
Blüten	Radiärsymmetrisch, ungestielt / kurz gestielt, grün, 5-zählig, ohne Vorblätter
Kelchblätter	Keine Kelchblätter ausgebildet
Perigonblätter	5, miteinander nicht verwachsen, grün, etwas mehlig, zuerst ausgebreitet, später die Frucht einhüllend
Staubblätter	5, mit weisslichen bis hellgelben und etwas dicken Staubfäden; Staubbeutel mit gleicher Färbung und in der Gesamtheit 3-eckig aussehend
Fruchtknoten	Oberständig, aus 2 Fruchtblättern verwachsen, kugelig, etwas abgeflacht, hellgrün, mit 2 Narben
Früchte	Die einzelnen Knäuel können bei der Reife als kleine Sammelfrucht bezeichnet werden; die einzelnen Früchte sind von den Perigonblättern umhüllt; Samen oval, braun bis schwarz, fast glatt, oft mit weissen Körnern bedeckt
Blätter	Wechselständig angeordnet (die unteren können auch gegenständig angeordnet sein), gestielt, vielgestaltig; Blattspreite lanzettlich, oval oder rhombisch, unregelmässig gezähnt oder ganzrandig, zugespitzt, oft auch stachelspitzig

Grosse Brennnessel
Ortie dioïque; Ortica comune
Common Nettle, Stinging Nettle
Urtica dioica L.

Urticaceae
Brennnesselgewächse

Jucknessel

Herkunft / Verbreitung	Ursprüngliche Heimat der Pflanze unbekannt; mit Ausnahme der arktischen und tropischen Gebiete weltweit verbreitet, vor allem in den gemässigten Breiten Eurasiens und Nordamerikas
Höhenstufen	Kollin, montan, subalpin, seltener alpin
Bodenbeschaffenheit	Auf sickerfeuchten bis frischen, nährstoffreichen, neutralen, lockeren, humosen, meist auch tiefgründigen Lehm- und Tonböden; vor allem nitratreiche Böden bevorzugend; Wurzelkriech-Pionier; Stickstoff- und Feuchtigkeitszeiger; bis 1 m tief wurzelnd
Standorte	Auenwälder, um Häuser herum, junge Hecken, Ruderalstellen, Schuttplätze, Viehläger, Wald- und Wegränder, Waldlichtungen, Waldschläge
Blütezeit	Juni bis September
Bestäubung	Die Pollen werden durch den Wind übertragen (Windbestäubung)
Aussehen	30–120 cm hoch, aufrecht, sehr oft unverzweigt, mehrjährig, mit zahlreichen Brenn- und Borstenhaaren, mit ästigem und verholztem Rhizom, mit unterirdischen Ausläufern; zweihäusig; Stängel 4-kantig, zwischen den Internodien hohl, bei den Internodien ausgefüllt, grün, mit zahlreichen abstehenden Brenn- und Borstenhaaren; Leitbündel quadratisch und ringförmig angeordnet; wertvolle Gemüse-, Ersatzfaser-, Heil- und Teepflanze
Blütenstand	Rispen, von Blattachseln ausgehend, aufgerichtet, abstehend und hängend
Blüten	Unscheinbar, grün, in Knäueln angeordnet
Kelchblätter	Keine Kelchblätter ausgebildet
Perigonblätter	Männliche Blüten mit 4-teiligem Perigon; Abschnitte 3-eckig, von gleicher Grösse, zugespitzt, im Innern mit einem knopfartigen Fruchtknotenrudiment; bei weiblichen Blüten 2 kleinere äussere und 2 grössere innere Perigonblätter, die später die Frucht einschliessen
Staubblätter	4, in der Knospe nach innen gebogen; beim Aufblühen schnellen sie nach aussen und geben den Pollen ab (es entstehen ganze Wolken)
Fruchtknoten	Oberständig, 1-fächerig; Griffel kurz oder fehlend; Narbe pinselig behaart
Früchte	Einsamige und braune Nüsschen, die von Perigonblättern umgeben sind
Blätter	Gegenständig angeordnet, gestielt, 5–15 cm lang; Blattspreite länglich herzförmig, grob gesägt, angedrückt behaart, mit meist ausgezogener Spitze

Spitz-Wegerich
Plantain lancéolé; Piantaggine lanciuola
English Plantain, Ribwort Plantain
Plantago lanceolata L.

Plantaginaceae
Wegerichgewächse

Spiesskraut

Herkunft / Verbreitung	Eurasiatische Pflanze; in fast ganz Europa; nordwärts bis Island, Skandinavien; ostwärts bis Nord- und Mittelasien; eingeschleppt in Australien, Neuseeland, Nordafrika und auch in den USA
Höhenstufen	Kollin, montan, subalpin
Boden-beschaffenheit	Auf wechselfeuchten bis frischen, nährstoffreichen, meist tiefgründigen, sandigen oder reinen Lehmböden; bis höchstens 1 m tief wurzelnd
Standorte	Äcker, Dämme, Feldränder, kleine Flächen in Ortschaften, Kohlenmeiler, Parkrasen, grasige Plätze, Raine, Schutthalden, Wegränder, Weiden, Wiesen
Blütezeit	April bis September
Bestäubung	Insektenbestäubung: Bienen, Fliegen, Hummeln und Windbestäubung
Aussehen	10–40 cm hoch, aufsteigend und aufrecht, unverzweigt, mehrjährig, mit abgebissener und reichfaseriger Wurzel; Stängel mehrheitlich 5-eckig, 5-furchig, anliegend behaart, grün und bräunlichgrün, gefüllt, später auch mit Hohlraum; Leitbündel ringförmig angeordnet
Blütenstand	Ähre kugelig, eiförmig bis zylindrisch, 1–3 cm lang, vor dem Aufblühen zugespitzt; Tragblätter kahl, braun, am Rande weisslich, trockenhäutig, zugespitzt
Blüten	Radiärsymmetrisch, 2–4 mm lang, grünlich bis grünlichbraun
Kelchblätter	4, trockenhäutig; die beiden Vorderen zu einem 2-kieligen Blättchen verwachsen, die beiden Hinteren sind frei, daher die 3-Spaltigkeit; Kiel fein behaart
Kronblätter	4, miteinander verwachsen, eine kurze Röhre bildend, mit kahlen Rändern, etwas zusammengedrückt, häutig, mit 4 zurückgebogenen Zipfeln
Staubblätter	4, am Grund der Kronröhre angewachsen, bis 3-mal so lang wie die Kronblätter, weit aus der Krone herausragend, mit weissen Staubfäden und gelblichweissen bis gelblichen Staubbeuteln
Fruchtknoten	Oberständig, aus 2 Fruchtblättern verwachsen, 2-fächerig, in jedem Fach meist 2 (auch mehrere möglich) Samenanlagen; Griffel fadenförmig und behaart
Früchte	Kapseln eiförmig, bis 4 mm lang, hellbraun, mit jeweils 2 Samen, sich mit einem abfallenden Deckel öffnend; Samen länglich bis schmal oval, mit zentraler Anheftungsstelle und einer quellbaren, schleimigen Aussenschicht
Blätter	In grundständiger Rosette, aufrecht, schmal lanzettlich, ganzrandig oder mit entfernt voneinander liegenden Zähnchen, zerstreut behaart oder kahl

Mittlerer Wegerich
Plantain moyen; Piantaggine pelosa
Hoary Plantain
Plantago media L.

Plantaginaceae
Wegerichgewächse

Himmelsbrot

Herkunft / Verbreitung	Eurosibirische Pflanze; in ganz Europa ohne arktische Gebiete und im gemässigten Asien; ostwärts bis nach Sibirien; im Mittelmeerraum seltener
Höhenstufen	Kollin, montan, seltener subalpin
Bodenbeschaffenheit	Auf mässig frischen bis etwas trockenen, mässig nährstoffreichen, kalkhaltigen, humosen, tiefgründigen, sandigen oder reinen Lehmböden; etwas wärmeliebend; Nässe scheuend; bis 1 m tief wurzelnd
Standorte	Bahndämme, Böschungen, Magerwiesen, Wegränder; in der Region häufig
Blütezeit	Mai bis September
Bestäubung	Insektenbestäubung: Bienen, Fliegen, Hummeln; auch Selbstbestäubung und Windbestäubung
Aussehen	20–40 cm hoch, aufrecht, unverzweigt, mehrjährig; Stängel der Blütenähre stielrund, mit breiten Leisten, grün, anliegend behaart, hohl, unbeblättert und länger als die Blätter; Leitbündel ringförmig angeordnet
Blütenstand	Ähre zylindrisch, 2–8 cm lang, zur Fruchtzeit eine Länge von 15 cm erreichend; Tragblätter kahl, etwas kürzer als der Kelch, ohne Grannen
Blüten	Radiärsymmetrisch, 4-teilig, bis 4 mm lang, grünlichweiss, wohlriechend
Kelchblätter	4, schmal 3-eckig, stumpf oder zugespitzt, hell- bis mittelgrün, schwach behaart, nur am Grunde miteinander verwachsen, trockenhäutig, bis zur Fruchtreife an der Blüte bleibend
Kronblätter	4, miteinander verwachsen, kahl, trockenhäutig, mit 4 zurückgeschlagenen, grünlichweissen bis weisslichen und zugespitzten Zipfeln; Krone nur eine kurze Röhre bildend
Staubblätter	4, alle gleich lang, in der Kronröhre angewachsen, weit aus der Blüte herausragend; Staubfäden lila und weiss
Fruchtknoten	Oberständig, aus 2 Fruchtblättern verwachsen, mit mehreren Samenanlagen; Griffel mit behaarter Narbe
Früchte	Kapseln braun, 3–8-samig, sich mit einem abfallenden Deckel öffnend; Samen 1–2 mm lang, länglich, mit einer zentralen Anheftungsstelle, mit einer quellbaren und verschleimenden Aussenschicht (gute Haftung an Schuhen)
Blätter	In grundständiger Rosette, in einen kurzen Stiel verschmälert, dem Boden anliegend; Blattspreite elliptisch bis eiförmig, etwas behaart, fast ganzrandig

Breit-Wegerich
Grand plantain; Piantaggine maggiore
Common Plantain
Plantago major L.

Plantaginaceae
Wegerichgewächse

Grosser Wegerich

Herkunft / Verbreitung	Ursprünglich eine eurosibirische Pflanze; verbreitet nicht nur in ganz Europa, sondern auch in Nord- und Mittelasien; verschleppt über die ganze Welt
Höhenstufen	Kollin, montan, subalpin, seltener alpin
Bodenbeschaffenheit	Auf feuchten bis frischen, nährstoffreichen, mehr oder weniger humosen, oft dichten Lehm- und Tonböden; bis über 50 cm tief wurzelnd
Standorte	Gras- und Dorfplätze, Lägerstellen, zwischen Pflastersteinen, Raine, Ruderalstellen, vor Sennhütten, um Häuser, feuchte Trittrasen, Uferpartien, in ungepflegten Wiesen, aber auch Weiden, Wege und Wegränder
Blütezeit	Juni bis Oktober
Bestäubung	Windbestäubung
Aussehen	5–30 cm hoch, oft aufrecht, meist mehrjährig, trittfest, salzertragend, mit abgebissenem und langfaserigem Wurzelstock; Stängel oval bis stielrund, hell- bis mittelgrün, hohl, im oberen Bereich angedrückt und im unteren Teil etwas abstehend behaart oder kahl; Leitbündel ringförmig angeordnet
Blütenstand	Ähre schmal zylindrisch, 2–10 cm lang, vielblütig; Tragblätter eiförmig, grün, mit breitem und weissem Randhäutchen und kürzer als der Kelch
Blüten	Radiärsymmetrisch, 4-teilig, bis 2 mm lang, grün bis grünlichgelb
Kelchblätter	4, am Grund miteinander verwachsen, breit elliptisch, grün, mit gekielter Mittelader, am Rand mit einem breiten und weissen Hautsaum, trockenhäutig, bis zur Reife der Kapsel bleibend
Kronblätter	4, miteinander verwachsen, dünnhäutig, grünlichgelb, grünlichweiss bis gelblichweiss; Krone mit einer kahlen Röhre, 4-zipfeligem und zurückgeschlagenem Saum, bis zur Fruchtreife bleibend und vertrocknend
Staubblätter	4, am Grund der Krone eingefügt, aus der Krone herausragend, zuerst hell lila, nach dem Verstäuben bräunlichgelb
Fruchtknoten	Oberständig, grün, 2-fächerig, mit mehreren Samenanlagen
Früchte	Kapseln 2–4 mm lang, ei- bis birnenförmig, hell- bis mittelbraun, oft 8-samig, sich mit einem abfallenden Deckel öffnend; Samen meist schmal oval, braun, mit weissen Flecken, mit quellbarer und schleimiger Aussenschicht
Blätter	Grundständige Rosette mit am Boden aufliegenden oder etwas aufgerichteten, gestielten Blättern; Spreite breit eiförmig, am Ende abgerundet oder stumpf

Strahlenlose Kamille
Matricaire odorante; Camomilla falsa
False Chamomile
Matricaria discoidea DC.

Asteraceae
Korbblütler

Strahllose Kamille

Herkunft / Verbreitung	Ursprünglich eine ostasiatisch-nordamerikanische Pflanze; seit dem 19. Jahrhundert in grossen Teilen Europas eingebürgert; nordwärts bis Island, Schweden; heute in kühlgemässigten Zonen weltweit verbreitet
Höhenstufen	Kollin, montan, seltener subalpin
Bodenbeschaffenheit	Auf mässig feuchten bis frischen, stickstoffhaltigen, mehr oder weniger humosen, offenen, oft festen und dichten Lehm- und Tonböden; bis 50 cm tief wurzelnd; Licht-Halbschattenpflanze; Kulturbegleiter
Standorte	Acker- und Wegränder, Bahn- und Hafenanlagen, Feldwege, Heiden, Ödland, Kies- und Schotterplätze, Ruderalstellen, Schuttplätze in Siedlungsnähe
Blütezeit	Mai bis August, vereinzelt bis Oktober
Bestäubung	Insektenbestäubung: Vor allem durch Fliegen
Aussehen	5–30 cm hoch, aufrecht, verzweigt, kahl, 1-jährig, von intensivem Geruch; Stängel breit oval, hell- bis olivgrün, im oberen Teil meist sparrig verzweigt; Leitbündel ringförmig angeordnet
Blütenstand	Köpfchen 5–10 mm im Durchmesser, gestielt; Blütenkopfboden aufgewölbt, später hohl und ohne Spreublätter; Hüllblätter schmal eiförmig, stumpf, fast alle gleich lang, mehrreihig angeordnet, mit einem breiten und durchscheinenden Hautrand; unterhalb des Köpfchens manchmal behaart
Blüten	Röhrenblüten grünlichgelb bis grünlich; Zungenblüten in der Regel fehlend
Kelchblätter	Als kleiner Pappus in Form eines kleinen Krönchens ausgebildet oder in der ganzen Blüte fehlend
Kronblätter	4- oder 5-zähnig; alle miteinander röhrig verwachsen; mit einem krugförmigen Kronenschlund und 4 oder 5 oft etwas nach aussen gerichteten Kronzipfeln
Staubblätter	5; eine Röhre bildend, die den Griffel umschliesst
Fruchtknoten	Unterständig; Griffel mit 2 Narben
Früchte	Achänen 1–2 mm lang, kahl, oben oft mit kurzem oder gezähneltem Rand, bei der Innenseite mit 4 undeutlichen Längsstreifen, blassbraun, bei Nässe verschleimend und an Schuhen und Tieren kleben bleibend
Blätter	Wechselständig angeordnet, 2–3-fach fiederteilig, kahl, grün bis blaülichgrün; Blattabschnitte schmal lineal, dicht stehend, etwas dicklich, bis 1,5 mm breit, mit spitzen Zipfeln, die meist nicht stachelspitzig sind

Literaturverzeichnis – Fotonachweis

BALTISBERGER, M., NYFFELER R., WIDMER, A.:	Systematische Botanik, 4. Auflage, vdf Hochschulverlag AG, ETH Zürich, 2013
BINZ A., BECHERER, A.:	Schul- und Exkursionsflora für die Schweiz,18. Auflage, Verlag Schwabe & Co. AG, Basel, 1986
BONNIER, G.:	La Grande Flore en couleur, 1. Auflage, Edition Delachaux et Niestlé S.A., Neuchâtel, 1990
EGGENBERG, ST., MÖHL, A.:	Flora Vegetativa, 3. Auflage, Haupt Verlag, Bern, Stuttgart, Wien, 2013
ERHARDT, W., GÖTZ, E., BÖDEKER, N., SEYBOLD, S,: (ZANDER, R., Begründer)	Handwörterbuch der Pflanzennamen, 18. Auflage, Verlag Eugen Ulmer KG, Stuttgart, 2008
GARCKE, A.:	Illustrierte Flora, 23. Auflage, Verlag Paul Parey, Berlin, Hamburg, 1972
GRAF, J.:	Tafelwerk zur Pflanzensystematik, J.F. Lehmanns Verlag, München, 1975
HEGI, G.:	Illustrierte Flora von Mitteleuropa, Gesamtwerk mit verschiedenen Auflagen,Verlag Paul Parey, Berlin, Hamburg, 1967–1980
HESS, H.E., LANDOLT, E., HIRZEL, L.:	Flora der Schweiz, Band 1–3, 2. Auflage, Birkhäuser Verlag, Basel, Stuttgart, 1967
KREMER, B.P.:	Steinbachs Grosser Pflanzenführer, 2. Auflage, Verlag Eugen Ulmer KG, Stuttgart, 2016
LANDOLT, E.:	Flora Indicativa, 2. Auflage, Haupt Verlag Bern, Stuttgart, Wien, 2010
OBERDORFER, E.:	Pflanzensoziologische Exkursionsflora, 5. Auflage, Verlag Eugen Ulmer KG, Stuttgart, 1983
SCHMEIL - FITSCHEN, SEYBOLD, S.:	Flora von Deutschland und angrenzender Länder, 93. Auflage, Verlag Quelle & Meyer GmbH & C0., Wiebelsheim, 2006
STRASBURGER, E.:	Lehrbuch der Botanik, 30. Auflage, Verlag Gustav Fischer, Stuttgart, 1971

Sämtliche in diesem Buch zusammengestellten Abbildungen sind Aufnahmen des Autors.

Artenverzeichnis: Deutsche Namen

Artenverzeichnis: Deutsche Namen

Artenverzeichnis: Deutsche Namen

Artenverzeichnis: Deutsche Namen

Artenverzeichnis: Deutsche Namen

Artenverzeichnis: Französische / Italienische Namen

Artenverzeichnis: Englische Namen

Artenverzeichnis: Englische Namen / Wissenschaftliche Namen